5.2.4 制作平板电脑广告　　第5章 课堂练习 制作饮品广告　　第5章 课后习题 制作餐饮广告

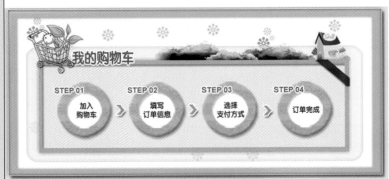

6.3.4 制作动态菜单　　第6章 课堂练习 制作家电销售广告

第6章 课后习题 制作动态按钮　　7.5.2 制作 LOADING 加载条　　7.6.2 制作促销广告

第7章 课堂练习 制作舞动梦想加载条　　第7章 课后习题 制作美好回忆动画

8.2.3 制作太空旅行

第 8 章 课堂练习
制作发光效果

第 8 章 课后习题
制作小精灵撒花

9.2.3 制作少儿英语屋

第 9 章 课堂练习 制作情人节
音乐贺卡

第 9 章 课后习题 制作美味蛋糕

10.1.6 制作系统时钟

第 10 章 课堂练习 制作下雪效果

第 10 章 课后习题 制作鼠标跟随效果

11.2.6 制作房地产广告

第 11 章 课堂练习 制作啤酒广告

第 11 章 课后习题 制作旅游广告

12.2 制作网络公司网页标志

12.3 制作化妆品公司网页标志

12.4 制作传统装饰图案网页标志

第 12 章 课堂练习 制作科杰龙电子标志　　第 12 章 课后习题
制作商业中心信息系统图标　　13.2 制作圣诞节贺卡

13.3 制作端午节贺卡　　13.4 制作春节贺卡　　第 13 章 课堂练习 制作生日贺卡

第 13 章 课后习题 制作母亲节贺卡　　14.2 制作万圣节照片　　14.3 制作个人电子相册

14.4 制作浪漫婚纱相册　　第 14 章 课堂练习 制作儿童电子相册　　第 14 章 课后习题 制作旅游相册

15.2 制作健身舞蹈广告　　15.3 制作时尚戒指广告

4

15.4 制作手机广告

第 15 章 课堂练习
制作电子商务广告

LUXFESTIVAL

第 15 章 课后习题
制作音乐广告

16.2 制作数码产品网页

16.3 制作化妆品网页

16.4 制作房地产网页

第 16 章 课堂练习 制作美肤网页

第 16 章 课后习题 制作美发网页

17.2 制作时装节目包装动画

17.3 制作卡通歌曲

17.4 制作圣诞宣传片

第 17 章 课堂练习 制作动画片片头

第 17 章 课后习题 制作英文歌曲

工业和信息化人才培养规划教材

职业教育系列

◎ 顾彬 王慧 主编

◎ 鞠牡 刘伟 高青 副主编

Flash CC
动画制作与应用（第3版）

人民邮电出版社

北京

图书在版编目（CIP）数据

Flash CC动画制作与应用 / 顾彬，王慧主编. -- 3
版. -- 北京：人民邮电出版社，2015.7（2018.6重印）
工业和信息化人才培养规划教材. 职业教育系列
ISBN 978-7-115-38753-0

Ⅰ．①F… Ⅱ．①顾… ②王… Ⅲ．①动画制作软件—
高等职业教育—教材 Ⅳ．①TP391.41

中国版本图书馆CIP数据核字(2015)第049468号

内 容 提 要

Flash 是一款功能强大的交互式动画制作软件。本书将对 Flash 目前的主流版本 Flash CC 的基本操作方法、各个绘图和编辑工具的使用、各种类型动画的设计方法以及动作脚本在复杂动画和交互动画设计中的应用进行详细的介绍。

全书分为上下两篇。上篇主要包括 Flash CC 基础知识、绘制与编辑图形、对象的编辑和操作、编辑文本、外部素材的使用、元件和库、制作基本动画、层与高级动画、声音的导入和编辑、动作脚本应用基础、组件和动画预设等内容；下篇精心安排了标志设计、贺卡设计、电子相册设计、广告设计、网页设计、节目片头设计等几个应用领域的 30 个精彩实例，并对这些案例进行了全面的分析和讲解。

本书适合作为职业院校数字媒体艺术类专业 Flash 课程的教材，也可供相关从业人员自学参考。

◆ 主　　编　顾　彬　王　慧
　　副主编　鞠　牡　刘　伟　高　青
　　责任编辑　桑　珊
　　责任印制　杨林杰

◆ 人民邮电出版社出版发行　　北京市丰台区成寿寺路 11 号
　　邮编　100164　电子邮件　315@ptpress.com.cn
　　网址　http://www.ptpress.com.cn
　　北京鑫正大印刷有限公司印刷

◆ 开本：787×1092　1/16　　彩插：2
　　印张：18.5　　　　　　　2015 年 7 月第 3 版
　　字数：482 千字　　　　　2018 年 6 月北京第 7 次印刷

定价：49.80 元（附光盘）

读者服务热线：(010)81055256　印装质量热线：(010)81055316
反盗版热线：(010)81055315
广告经营许可证：京东工商广登字 20170147 号

第3版前言 FOREWORD

　　Flash 是由 Adobe 公司开发的网页动画制作软件。它功能强大，易学易用，深受网页制作爱好者和设计人员的喜爱，已经成为这一领域最流行的软件之一。目前，我国很多职业院校的数字媒体艺术类专业，都将 "Flash" 作为一门重要的专业课程。为了帮助职业院校的教师全面、系统地讲授这门课程，使学生能够熟练地使用 Flash 来进行创意设计，我们几位长期在职业院校从事 Flash 教学的教师和专业网页动画设计公司经验丰富的设计师共同编写了本书。

　　本书具有完善的知识结构体系。在基础技能篇中，按照"软件功能解析 → 课堂案例 → 课堂练习 → 课后习题"这一思路进行编排。通过软件功能解析，使学生快速熟悉软件功能和制作特色；通过课堂案例演练，使学生深入学习软件功能和动画设计思路；通过课堂练习和课后习题，拓展学生的实际应用能力。在案例实训篇中，根据 Flash 在设计中的各个应用领域，精心安排了30个专业设计实例，通过对这些案例的全面分析和详细讲解，可以使学生在学习过程中更加贴近实际工作，艺术创意思维更加开阔，实际设计制作水平不断提升。在内容编写方面，我们力求细致全面、重点突出；在文字叙述方面，我们注意言简意赅、通俗易懂；在案例选取方面，我们强调案例的针对性和实用性。

　　本书配套光盘中包含了书中所有案例的素材及效果文件。另外，为方便教师教学，本书配备了详尽的课堂练习和课后习题的操作步骤视频以及 PPT 课件、教学大纲等丰富的教学资源，任课教师可到人民邮电出版社教学服务与资源网（www.ptpedu.com.cn）下载使用。本书的参考学时为 48 学时，其中实践环节为 21 学时，各章的参考学时参见下面的学时分配表。

章　节	课程内容	学时分配	
		讲　授	实　训
第 1 章	Flash CC 基础知识	1	
第 2 章	绘制与编辑图形	1	1
第 3 章	对象的编辑和操作	1	1
第 4 章	编辑文本	1	1
第 5 章	外部素材的使用	2	1
第 6 章	元件和库	1	1
第 7 章	制作基本动画	2	1
第 8 章	层与高级动画	1	1
第 9 章	声音的导入和编辑	1	1
第 10 章	动作脚本应用基础	1	1
第 11 章	组件和动画预设	1	1
第 12 章	标志设计	1	1
第 13 章	贺卡设计	3	2
第 14 章	电子相册设计	3	2
第 15 章	广告设计	2	2
第 16 章	网页设计	2	2
第 17 章	节目片头设计	3	2
课　时　总　计		27	21

由于编者水平有限，书中难免存在错误和不妥之处，敬请广大读者批评指正。

编　者

2015 年 1 月

Flash

教学辅助资源及配套教辅

素材类型	名称或数量	素材类型	名称或数量
教学大纲	1 套	课堂实例	32 个
电子教案	17 单元	课后实例	32 个
PPT 课件	17 个	课后答案	32 个
第 2 章 绘制与编辑图形	绘制购物招贴	第 8 章 层与高级动画	制作太空旅行
	绘制透明按钮		制作发光效果
	绘制搜索栏		制作小精灵撒花
	绘制咖啡店标志	第 9 章 声音的 导入和编辑	制作少儿英语屋
第 3 章 对象的编辑 和操作	绘制风景插画		制作情人节音乐贺卡
	制作商场促销吊签		制作美味蛋糕
	绘制时尚卡片	第 10 章 动作脚本 应用基础	制作系统时钟
	绘制老式相机		制作下雪效果
第 4 章 编辑文本	制作啤酒标志		制作鼠标跟随效果
	制作可乐瓶盖	第 11 章 组件和动画预设	制作房地产广告
	制作变色文字		制作啤酒广告
第 5 章 外部素材的使用	制作名胜古迹鉴赏		制作旅游广告
	制作平板电脑广告	第 12 章 标志设计	制作网络公司网页标志
	制作饮品广告		制作化妆品公司网页标志
	制作餐饮广告		制作传统装饰图案网页标志
第 6 章 元件和库	制作动态菜单		制作科杰龙电子标志
	制作家电销售广告		制作商业中心信息系统图标
	制作动态按钮	第 13 章 贺卡设计	制作圣诞节贺卡
第 7 章 制作基本动画	制作 LOADING 下载条		制作端午节贺卡
	制作促销广告		制作春节贺卡
	制作舞动梦想加载条		制作生日贺卡
	制作美好回忆动画		制作母亲节贺卡

素材类型	名称或数量	素材类型	名称或数量
第14章 电子相册设计	制作万圣节照片	第16章 网页设计	制作数码产品网页
	制作个人电子相册		制作化妆品网页
	制作浪漫婚纱相册		制作房地产网页
	制作儿童电子相册		制作美肤网页
	制作旅游相册		制作美发网页
第15章 广告设计	制作健身舞蹈广告	第17章 节目片头设计	制作时装节目包装动画
	制作时尚戒指广告		制作卡通歌曲
	制作手机广告		制作圣诞宣传片
	制作电子商务广告		制作动画片片头
	制作音乐广告		制作英文歌曲

上篇　基础技能篇

CONTENTS

目录

2

CONTENTS 目录

CONTENTS
目录

下篇　案例实训篇

CONTENTS 目录

CONTENTS
目录

上篇　基础技能篇

第 1 章　Flash CC 基础知识

　　本章主要讲解 Flash CC 的基础知识和基本操作方法。通过学习这些内容，读者可以认识和了解 Flash CC 工作界面的构成，并掌握文件的基本操作方法和技巧，为以后的动画设计和制作打下一个坚实的基础。

课堂学习目标　　／　了解Flash CC的工作界面
　　　　　　　　　　／　掌握文件操作的方法和技巧

1.1　工作界面

　　Flash CC 的工作界面由以下几部分组成：菜单栏、工具箱、场景和舞台、时间轴、"属性"面板以及浮动面板，如图 1-1 所示。

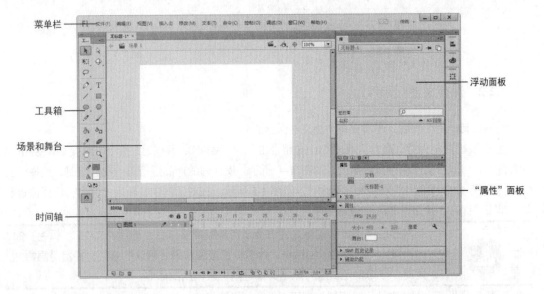

图 1-1

1.2　文件操作

在一个空白的文件中绘图，首先需要在 Flash 中新建一个空白文件。如果要对图形或动画进行修改和处理，就需要在 Flash 中打开需要的动画文件。修改或处理动画后，可以将动画文件保存。下面将讲解如何新建、保存和打开动画文件。

1.2.1　新建文件

新建文件是使用 Flash CC 进行设计的第一步。

选择"文件 > 新建"命令，或按 Ctrl+N 组合键，弹出"新建文档"对话框，如图 1-2 所示。在对话框中，可以创建 Flash 文档，并设置 Flash 影片的媒体和结构；或创建基于窗体的 Flash 应用程序，应用于 Internet；也可以创建用于控制影片的外部动作脚本文件等。选择完成后，单击"确定"按钮，即可完成新建文件的任务，如图 1-3 所示。

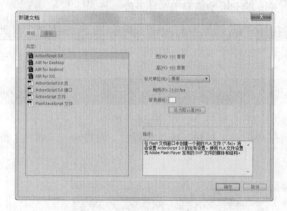

图 1-2

图 1-3

1.2.2　保存文件

编辑和制作完动画后，还需要将动画文件保存。

通过"文件 > 保存"命令（或按 Ctrl+S 组合键）、"文件 > 另存为"命令（或按 Ctrl+Shift+S 组合键），可以将文件保存在磁盘上，如图 1-4 所示。设计好的作品进行第一次存储时，选择"文件 > 保存"命令，弹出"另存为"对话框，如图 1-5 所示。在对话框中，输入文件名，选择保存类型，单击"保存"按钮，即可将动画保存。

提示　　　当对已经保存过的动画文件进行了各种编辑操作后，选择"文件 > 保存"命令，将不弹出"另存为"对话框，计算机直接保留最终确认的结果，并覆盖原始文件。因此，在未确定要放弃原始文件之前，应慎用此命令。

若既要保留修改过的文件，又不想放弃原文件，可以选择"文件 > 另存为"命令，弹出"另存为"对话框。在对话框中，可以为更改过的文件重新命名、选择路径并设定保存类型，然后进行保存。这样，原文件保留不变。

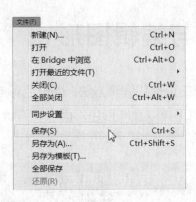

图 1-4   图 1-5

1.2.3 打开文件

如果要修改已完成的动画文件，必须先将其打开。

选择"文件 > 打开"命令，或按 Ctrl+O 组合键，弹出"打开"对话框。在对话框中搜索路径和文件，确认文件类型和名称，如图 1-6 所示。然后单击"打开"按钮，或直接双击文件，即可打开所指定的动画文件，如图 1-7 所示。

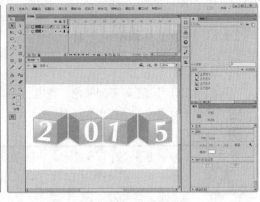

图 1-6   图 1-7

技 巧　　　在"打开"对话框中，也可以一次同时打开多个文件。只要在文件列表中将所需的几个文件选中，并单击"打开"按钮，系统就会逐个打开这些文件，以免多次反复调用"打开"对话框。在"打开"对话框中，按住 Ctrl 键，用鼠标单击可以选择不连续的文件；按住 Shift 键，用鼠标单击可以选择连续的文件。

第 2 章　绘制与编辑图形

本章主要讲解了 Flash CC 的绘图功能、图形的选择和编辑方法、图形色彩应用。通过学习这些内容，读者可以熟练运用绘制和编辑工具以及图形色彩面板，设计制作出精美的图形和图案元素。

课堂学习目标	/ 掌握绘制基本线条与图形的方法
	/ 掌握选择图形的方法和技巧
	/ 掌握编辑图形的方法和技巧
	/ 掌握图形色彩的应用方法

2.1　绘制基本线条与图形

使用 Flash 软件创造的任何充满活力的作品都是由基本图形组成的。Flash 提供了多种工具来绘制线条、图形或动画的运动路径。

2.1.1　线条工具和铅笔工具

1．线条工具

应用线条工具可以绘制不同颜色、宽度、线型的直线。启用"线条"工具☑有以下两种方法：

➡ 单击工具箱中的"线条"工具☑

➡ 按 N 键

提示　使用"线条"工具☑时，如果在按住 Shift 键的同时拖曳鼠标进行绘制，则只能在 45° 或 45° 的倍数方向绘制直线。另外要注意，无法为线条工具设置填充属性。

2．铅笔工具

应用铅笔工具可以像使用实物铅笔一样在舞台中绘制出任意的线条和形状。启用"铅笔"工具☑有以下两种方法：

➡ 单击工具箱中的"铅笔"工具☑

➡ 按 Y 键

2.1.2　椭圆工具和基本椭圆工具

1．椭圆工具

应用"椭圆"工具◎，在舞台上单击鼠标并按住鼠标左键不放，向需要的位置拖曳鼠标，可以绘制出椭圆图形；如果在按住 Shift 键的同时绘制图形，则可以绘制出圆形。启用"椭圆"工具◎有以下两种方法：

➡ 单击工具箱中的"椭圆"工具 ⬤

➡ 按 O 键

2．基本椭圆工具

"基本椭圆"工具 ⬤ 的使用方法和功能与"椭圆"工具 ⬤ 相同，唯一的区别在于"椭圆"工具 ⬤ 必须要先设置椭圆属性，然后再绘制，绘制好之后不可以再次更改椭圆属性。而"基本椭圆"工具 ⬤ 在绘制前设置属性和绘制后设置属性都是可以的。启用"基本椭圆"工具 ⬤ 有以下两种方法：

➡ 单击工具箱中的"椭圆"工具 ⬤，在工具下拉菜单中选择"基本椭圆"工具 ⬤

➡ 按 Shift + O 组合键

2.1.3　矩形工具和基本矩形工具

1．矩形工具

应用矩形工具可以绘制出不同样式的矩形。启用"矩形"工具 ⬛ 有以下两种方法：

➡ 单击工具箱中的"矩形"工具 ⬛

➡ 按 R 键

2．基本矩形工具

"基本矩形"工具 ⬛ 和"矩形"工具 ⬛ 的区别与"椭圆"工具 ⬤ 和"基本椭圆"工具 ⬤ 的区别相同。启用"基本矩形"工具 ⬛ 有以下两种方法：

➡ 单击工具箱中的"矩形"工具 ⬛，在工具下拉菜单中选择"基本矩形"工具 ⬛

➡ 按 Shift + R 组合键

2.1.4　多角星形工具

应用多角星形工具可以绘制出不同样式的多边形和星形。启用"多角星形"工具 ⬤ 有以下一种方法：

➡ 单击工具箱中的"多角星形"工具 ⬤

2.1.5　刷子工具

应用刷子工具可以像现实生活中的刷子涂色一样在舞台中创建出刷子般的绘画效果，如书法效果就可以使用刷子工具实现。启用"刷子"工具 ✏ 有以下两种方法：

➡ 单击工具箱中的"刷子"工具 ✏

➡ 按 B 键

在工具箱的下方，系统设置了 5 种刷子的模式可供选择，如图 2-1 所示。

"标准绘画"模式：会在同一层的线条和填充上以覆盖的方式涂色。

"颜料填充"模式：对填充区域和空白区域涂色，其他部分（如边框线）不受影响。

"后面绘画"模式：在舞台上同一层的空白区域涂色，但不影响原有的线条和填充。

"颜料选择"模式：在选定的区域内进行涂色，未被选中的区域不能涂色。

"内部绘画"模式：在内部填充上绘图，但不影响线条。如果在空白区域中开始涂色，该填充不会影响任何现有填充区域。

应用不同模式绘制出的效果如图 2-2 所示。

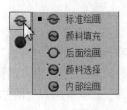
图 2-1

标准绘画　　颜料填充　　后面绘画　　颜料选择　　内部绘画

图 2-2

2.1.6　钢笔工具

应用钢笔工具可以绘制精确的路径。如在创建直线或曲线的过程中，可以先绘制直线或曲线，再调整直线段的角度、长度以及曲线段的斜率。启用"钢笔"工具 ✐ 有以下两种方法：

➡　单击工具箱中的"钢笔"工具 ✐

➡　按 P 键

2.2　选择图形

若要在舞台上修改图形对象，则需要先选择对象，再对其进行修改。Flash 提供了几种选择对象的方法。

2.2.1　选择工具

选择工具可以完成选择、移动、复制、调整向量线条和色块的功能，是使用频率较高的一种工具。启用"选择"工具 ▶ 有以下两种方法：

➡　单击工具箱中的"选择"工具 ▶

➡　按 V 键

启用"选择"工具 ▶ 后，工具箱下方会出现图 2-3 所示的按钮，利用这些按钮可以完成以下工作。

图 2-3

"贴紧至对象"按钮 ⌀：自动将舞台上两个对象定位到一起，一般制作引导层动画时可利用此按钮将关键帧的对象锁定到引导路径上。此按钮还可以将对象定位到网格上。

"平滑"按钮 S：可以柔化选择的曲线条。当选中对象时，此按钮变为可用。

"伸直"按钮 ካ：可以锐化选择的曲线条。当选中对象时，此按钮变为可用。

1．选择对象

启用"选择"工具 ▶，在舞台中的对象上单击鼠标进行点选，如图 2-4 所示。按住 Shift 键，再点选对象，可以同时选中多个对象，如图 2-5 所示。

启用"选择"工具 ▶，在舞台中拖曳出一个矩形即可框选对象，如图 2-6 所示。

图 2-4　　　　　　　　图 2-5　　　　　　　　图 2-6

2．移动和复制对象

启用"选择"工具，点选中对象，如图 2-7 所示。按住鼠标左键不放，可直接拖曳对象到任意位置，如图 2-8 所示。

图 2-7　　　　　　　　图 2-8

启用"选择"工具，点选中对象，按住 Alt 键，拖曳选中的对象到任意位置，选中的对象即被复制，如图 2-9 和图 2-10 所示。

图 2-9　　　　　　　　图 2-10

3．调整向量线条和色块

启用"选择"工具，将鼠标移至对象，鼠标下方出现圆弧，如图 2-11 所示。拖曳鼠标，可对选中的线条和色块进行调整，效果如图 2-12 所示。

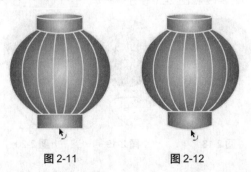

图 2-11　　　　　　　　图 2-12

2.2.2 部分选取工具

启用"部分选取"工具 有以下两种方法：

➡ 单击工具箱中的"部分选取"工具

➡ 按 A 键

启用"部分选取"工具 ，在对象的外边线上单击，对象上出现多个节点，如图 2-13 所示。可拖曳节点来调整控制线的长度和斜率，从而改变对象的曲线形状，如图 2-14 所示。

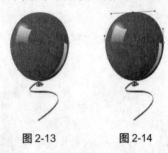

图 2-13   图 2-14

提示

若想增加图形上的节点，可选择"钢笔"工具 在图形上单击来增加节点。

在改变对象的形状时，"部分选取"工具 的光标会产生不同的变化，其表示的含义也不同。

带黑色方块的光标 ：当鼠标放置在节点以外的线段上时，光标变为 ，如图 2-15 所示。这时，可以移动对象到其他位置，如图 2-16 和图 2-17 所示。

图 2-15   图 2-16   图 2-17

带白色方块的光标 ：当鼠标放置在节点上时，光标变为 ，如图 2-18 所示。这时，可以移动单个的节点到其他位置，如图 2-19 和图 2-20 所示。

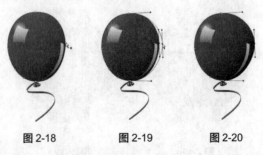

图 2-18   图 2-19   图 2-20

变为小箭头的光标：当鼠标放置在节点调节手柄的尽头时，光标变为，如图 2-21 所示。这时，可以调节与该节点相连线段的弯曲度，如图 2-22 和图 2-23 所示。

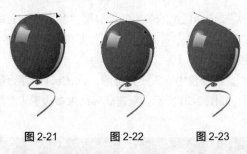

图 2-21　　　　　图 2-22　　　　　图 2-23

提 示　　　在调整节点的手柄时，调整一个手柄，另一个相对的手柄也会随之发生变化。如果只想调整其中的一个手柄，按住 Alt 键再进行调整即可。

此外，我们还可以将直线节点转换为曲线节点，并进行弯曲度调节。选择"部分选取"工具，在对象的外边线上单击，对象上显示出节点，如图 2-24 所示。用鼠标单击要转换的节点，节点从空心变为实心，表示可编辑，如图 2-25 所示。

按住 Alt 键，用鼠标将节点向外拖曳，节点增加出两个可调节手柄，如图 2-26 所示。应用调节手柄可调节线段的弯曲度，如图 2-27 所示。

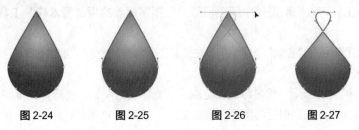

图 2-24　　　　图 2-25　　　　图 2-26　　　　图 2-27

2.2.3　套索工具

应用套索工具可以按需要在对象上选取任意一部分不规则的图形。启用"套索"工具有以下两种方法：

➡ 单击工具箱中的"套索"工具

➡ 按 L 键

启用"套索"工具，在场景中导入一张位图，按 Ctrl+B 组合键将位图分离。用鼠标在位图上任意勾选想要的区域，形成一个封闭的选区，如图 2-28 所示。松开鼠标左键，选区中的图像被选中，如图 2-29 所示。

图 2-28　　　　　　图 2-29

2.2.4　多边形工具

应用多边形工具可以按需要选择任意的多边形。启用"多边形"工具 🖂 有以下两种方法：

➡ 单击工具箱中的"套索"工具 🔎，在工具下拉菜单中选择"多边形"工具 🖂

➡ 按 Shift + L 组合键

启用"多边形"工具 🖂，在场景中导入一张位图，按 Ctrl+B 组合键将位图分离。用鼠标在位图上多边形的区域进行绘制，如图 2-30 所示。双击鼠标结束多边形工具的绘制，选区中的图像被选中，如图 2-31 所示。

图 2-30　　　　　　　　　　　　　　　图 2-31

2.2.5　魔术棒工具

使用魔术棒工具可以选取图像中颜色相似的位图图形。启用"魔术棒"工具 🪄 有以下两种方法：

➡ 单击工具箱中的"套索"工具 🔎，在工具下拉菜单中选择"魔术棒"工具 🪄

➡ 按 Shift + L 组合键

选中"魔术棒"按钮 🪄，将鼠标放在位图上，光标变为 ✳，在要选择的位图上单击鼠标，如图 2-32 所示。与点取点颜色相近的图像区域被选中，如图 2-33 所示。

图 2-32　　　　　　　　　　　　　图 2-33

通过魔术棒"属性"面板可以设置魔术棒的属性，应用不同的属性，魔术棒选取的图像区域大小不相同。选择"窗口 > 属性"命令，弹出魔术棒"属性"面板，如图 2-34 所示。

"阈值"选项：可以设置魔术棒的容差范围，输入数值越大，魔术棒的容差范围也越大。可输入数值的范围为 0～200。

"平滑"选项：此选项中有 4 种模式可供选择。选择的模式不同

图 2-34

时，在魔术棒阈值数相同的情况下，魔术棒所选的图像区域也会产生轻微的不同。

在魔术棒"属性"面板中设置不同阈值后，如图 2-35 和图 2-37 所示，所产生的不同效果如图 2-36 和图 2-38 所示。

图 2-35

图 2-36

图 2-37

图 2-38

2.3　编辑图形

使用绘图工具创建的矢量图比较单调，如果结合编辑工具，改变原图形的色彩、线条、形态等属性，就可以创建出充满变化的图形效果。

2.3.1　墨水瓶工具和颜料桶工具

1．墨水瓶工具

使用墨水瓶工具可以修改矢量图形的边线。启用"墨水瓶"工具有以下两种方法：

➡　单击工具箱中的"墨水瓶"工具。

➡　按 S 键

2．颜料桶工具

使用颜料桶工具可以修改矢量图形的填充色。启用"颜料桶"工具有以下两种方法：

➡　单击工具箱中的"颜料桶"工具。

➡　按 K 键

在工具箱的下方，系统设置了 4 种填充模式可供选择，如图 2-39 所示。

"不封闭空隙"模式：选择此模式时，只有在完全封闭的区域才能

图 2-39

11

填充颜色。

"封闭小空隙"模式：选择此模式时，当边线上存在小空隙时，允许填充颜色。

"封闭中等空隙"模式：选择此模式时，当边线上存在中等空隙时，允许填充颜色。

"封闭大空隙"模式：选择此模式时，当边线上存在大空隙时，允许填充颜色。当选择"封闭大空隙"模式时，无论空隙是小空隙还是中等空隙，也都可以填充颜色。

2.3.2　滴管工具

使用滴管工具可以吸取矢量图形的线型和色彩，然后可以利用颜料桶工具，快速修改其他矢量图形内部的填充色；或利用墨水瓶工具，快速修改其他矢量图形的边框颜色及线型。

启用"滴管"工具 ![] 有以下两种方法：

　▣　单击工具箱中的"滴管"工具 ![]

　▣　按 I 键

2.3.3　橡皮擦工具

橡皮擦工具用于擦除舞台上无用的矢量图形边框和填充色。启用"橡皮擦"工具 ![] 有以下两种方法：

　▣　单击工具箱中的"橡皮擦"工具 ![]

　▣　按 E 键

如果想得到特殊的擦除效果，在工具箱的下方，系统设置了 5 种擦除模式可供选择，如图 2-40 所示。

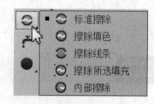

图 2-40

"标准擦除"模式：擦除所有图形的线条和填充。

"擦除填色"模式：仅擦除填充区域，其他部分（如边框线）不受影响。

"擦除线条"模式：仅擦除图形的线条部分，但不影响其填充部分。

"擦除所选填充"模式：仅擦除已经选择的填充部分，但不影响其他未被选择的部分。（如果场景中没有任何填充被选择，则擦除命令无效。）

"内部擦除"模式：仅擦除起点所在的填充区域部分，但不影响线条填充区域外的部分。

提示　　导入的位图和文字不是矢量图形，不能擦除它们的部分或全部，所以必须先选择"修改 > 分离"命令，将它们分离成矢量图形，才能使用橡皮擦工具擦除它们的部分或全部。

2.3.4　任意变形工具和渐变变形工具

在制作图形的过程中，可以应用任意变形工具来改变图形的大小及倾斜度，也可以应用填充变形工具改变图形中渐变填充颜色的渐变效果。

1．任意变形工具

使用任意变形工具可以改变选中图形的大小，还可以旋转图形。启用"任意变形"工具 ![] 有以下两种方法：

→　单击工具箱中的"任意变形"工具 。

→　按 Q 键

在工具箱的下方，系统设置了 4 种变形模式可供选择，如图 2-41 所示。

图 2-41

2．渐变变形工具

使用渐变变形工具可以改变选中图形的填充渐变效果。启用"渐变变形"工具 有以下两种方法：

→　单击工具箱中的"渐变变形"工具

→　按 F 键

提示

通过移动中心控制点，可以改变渐变区域的位置。

2.3.5　课堂案例——绘制购物招贴

案例学习目标

使用颜料桶工具添加填充颜色。

案例知识要点

使用"矩形"工具、"颜料桶"工具绘制背景图效果；使用"文本"工具添加文字；使用"多角星形"工具绘制装饰星星，效果如图 2-42 所示。

效果所在位置

光盘/Ch02/效果/绘制购物招贴. fla。

1．制作背景效果

（1）选择"文件 > 新建"命令，在弹出的"新建文档"对话框中选择"ActionScript 3.0"选项，单击"确定"按钮，进入新建文档舞台窗口。按 Ctrl+J 组合键，弹出"文档设置"对话框，将"舞台大小"选项设为 445 × 600 像素，将"舞台颜色"选项设为黄绿色（#DADF00），单击"确定"按钮，完成舞台属性的修改，如图 2-43 所示。

（2）在"时间轴"面板中将"图层 1"图层重新命名为"背景"。选择"矩形"工具 ，在工具箱中将"笔触颜色"设为黑色，"填充颜色"设为无，在舞台窗口中绘制多个矩形，效果如图 2-44 所示。

图 2-42

（3）选择"颜料桶"工具 ，在工具箱中将"填充颜色"设为淡黄色（#FFF9B1），分别在图形的内部单击鼠标填充颜色。选择"选择"工具 ，分别双击矩形的边线，将其选中，按 Delete 键，将其删除，效果如图 2-45 所示。

（4）用与上述相同的方法分别再绘制 6 个矩形，并分别设置矩形的填充颜色为青色（#C3D600）、绿色（#14A83A）、淡绿色（#6FD72A）、绿色（#6FD72A），效果如图 2-46 所示。

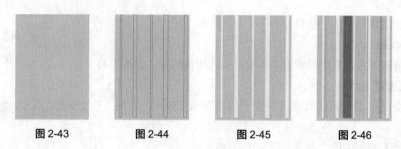

图 2-43   图 2-44   图 2-45   图 2-46

（5）选择"矩形"工具 ▣，在工具箱中将"笔触颜色"设为无，"填充颜色"设为黄绿色（#C3D600），如图 2-47 所示。用相同的方法再绘制一个矩形，并设置矩形的填充颜色为绿色（#14A83A），效果如图 2-48 所示。

（6）选择"文件 > 导入 > 导入到舞台"命令，在弹出的"导入"对话框中选择"Ch02 > 素材 > 绘制购物招贴 > 01、02"文件，单击"打开"按钮，文件分别被导入到舞台窗口中，分别拖曳人物和购物袋图片到适当的位置，并调整到合适的大小，效果如图 2-49 所示。

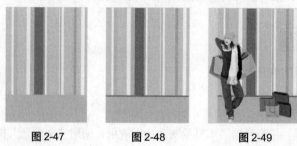

图 2-47   图 2-48   图 2-49

2．添加文字和装饰图形

（1）单击"时间轴"面板下方的"新建图层"按钮 🔁，创建新图层并将其命名为"文字"。选择"矩形"工具 ▣，在工具箱中将"笔触颜色"设为无，"填充颜色"设为黑色，在舞台窗口的右上方绘制一个矩形，效果如图 2-50 所示。

（2）选择"文本"工具 Ｔ，在文本工具"属性"面板中进行设置，如图 2-51 所示，在舞台窗口中输入需要的蓝色（#00ABD9）英文，如图 2-52 所示。

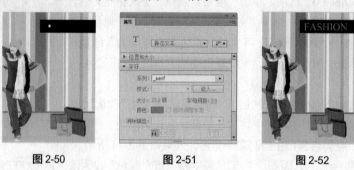

图 2-50   图 2-51   图 2-52

（3）选择"文本"工具 Ｔ，在舞台窗口中选取字母"A"，在文本"属性"面板中，将"颜色"选项修改为绿色（#8FC320），取消文字的选取状态，效果如图 2-53 所示。用相同的方法依次设置其他英文的颜色为白色、黄色（#F7ED11）、梅红色（#E5007F）、白色、粉色（#F4B4CF），文字效果如图 2-54 所示。

图 2-53   图 2-54

（4）选择"文本"工具 T ，在文本工具"属性"面板中进行设置，在舞台窗口中分别输入大小为 20，字体为"方正兰亭纤黑简体"的梅红色（#E5007F）文字。选择"选择"工具 ，将文字选取，在文本"属性"面板中将"字母间距"选项设为 2，按 Enter 键，效果如图 2-55 所示。

（5）选择"多角星形"工具 ，在多角星形"属性"面板中，将"笔触颜色"设为无，"填充颜色"设为梅红色（#E5007F），并单击"工具设置"选项组中的"选项"按钮 选项... ，在弹出的"工具设置"对话框中进行设置，如图 2-56 所示，单击"确定"按钮。在舞台窗口中绘制一个星星图形，效果如图 2-57 所示。

图 2-55   图 2-56   图 2-57

（6）选择"文件 > 导入 > 导入到舞台"命令，在弹出的"导入"对话框中选择"Ch02 > 素材 > 绘制购物招贴 > 03"文件，单击"打开"按钮，文件分别被导入舞台窗口中，拖曳文字图片到适当的位置，并调整到合适的大小，效果如图 2-58 所示。

（7）选择"多角星形"工具 ，在多角星形工具的"属性"面板中，将"笔触颜色"设为无，"填充颜色"设为绿色（#14A83A），并单击"工具设置"选项组中的"选项"按钮 选项... ，在弹出的"工具设置"对话框中进行设置，如图 2-59 所示，单击"确定"按钮。在舞台窗口中绘制一个星星图形，效果如图 2-60 所示。

图 2-58   图 2-59   图 2-60

（8）使用相同的方法，再次绘制草绿色（#CCFF00）与玫红色（#FF6666）星星图形，效果如图 2-61 所示。选择"椭圆"工具 ，绘制一个蓝绿色（#99FFCC）圆形，效果如图 2-62 所示。

（9）选择"选择"工具 ，将图形群组拖曳到字母 O 的左下方，效果如图 2-63 所示。购物招贴效果制作完成，按 Ctrl+Enter 组合键即可查看效果，如图 2-64 所示。

图 2-61   图 2-62   图 2-63   图 2-64

2.4　图形色彩

在 Flash 中，根据设计和绘图的需要，我们可以应用纯色编辑面板、颜色面板和颜色样本面板来设置所需要的纯色、渐变色和颜色样本等。

2.4.1　纯色编辑面板

在纯色编辑面板中可以选择系统设置的颜色，也可根据需要自行设定颜色。

在工具箱的下方单击"填充颜色"按钮 ，弹出"颜色样本"面板，如图 2-65 所示。在面板中可以选择系统设置好的颜色，如想自行设定颜色，可以单击面板右上方的颜色选择按钮 ，弹出"颜色选择器"面板，如图 2-66 所示。

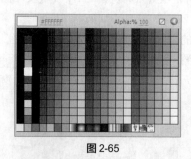

图 2-65

图 2-66

在面板左侧的颜色选择区中选择要自定义的颜色，如图 2-67 所示。滑动面板右侧的滑动条来设定颜色的色相，如图 2-68 所示，单击"确定"按钮，完成自定义颜色。

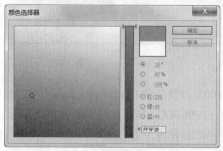

图 2-67

图 2-68

2.4.2 颜色面板

在颜色面板中可以设定纯色、渐变色以及颜色的不透明度。选择"窗口 > 颜色"命令，或按 Ctrl+Shift+F9 组合键，弹出"颜色"面板。

图 2-69

1．自定义纯色

在"颜色"面板"颜色类型"下拉列表中选择"纯色"选项，面板效果如图 2-69 所示。

"笔触颜色"按钮 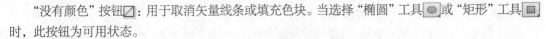：可以设定矢量线条的颜色。

"填充颜色"按钮：可以设定填充色的颜色。

"黑白"按钮：单击此按钮，线条与填充色恢复为系统默认的状态。

"没有颜色"按钮：用于取消矢量线条或填充色块。当选择"椭圆"工具或"矩形"工具时，此按钮为可用状态。

"交换颜色"按钮：单击此按钮，可以切换线条颜色和填充色。

"红（R）""绿（G）""蓝（B）"选项：可以用精确数值来设定颜色。

"Alpha（A）"选项：用于设定颜色的不透明度，数值选取范围为 0～100%。

在面板右侧的颜色选择区域内，可以根据需要选择相应的颜色。

2．自定义线性渐变色

在"颜色"面板"颜色类型"下拉列表中选择"线性渐变"选项，面板效果如图 2-70 所示。将鼠标放置在滑动色带上，鼠标光标变为，在色带上单击鼠标左键增加颜色控制点，并在面板上方为新增加的控制点设定颜色及不透明度，如图 2-71 所示。要删除控制点，只需将控制点向色带下方拖曳即可。

3．自定义径向渐变色

在"颜色"面板"颜色类型"下拉列表中选择"径向渐变"选项，面板效果如图 2-72 所示。用与定义线性渐变色相同的方法在色带上定义径向渐变色，定义完成后，在面板的左下方显示出定义的渐变色，如图 2-73 所示。

图 2-70　　　　　　图 2-71　　　　　　图 2-72　　　　　　图 2-73

4．自定义位图填充

在"颜色"面板"颜色类型"下拉列表中选择"位图填充"选项，如图 2-74 所示。弹出"导入到库"对话框。在对话框中选择要导入的图片，如图 2-75 所示。

单击"打开"按钮，图片被导入到"颜色"面板中，如图 2-76 所示。选择"椭圆"工具，在场景中绘制出 1 个椭圆，椭圆被刚才导入的位图所填充，如图 2-77 所示。

图 2-74　　　　　　　　　图 2-75　　　　　　　　　图 2-76　　　　　图 2-77

选择"渐变变形"工具 ▣ ，在填充位图上单击，出现控制点。向内拖曳左下方的方形控制点，如图 2-78 所示。松开鼠标后效果如图 2-79 所示。

向上拖曳右上方的圆形控制点，改变填充位图的角度，如图 2-80 所示。松开鼠标后效果如图 2-81所示。

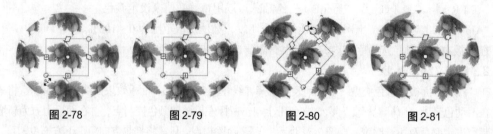

图 2-78　　　　　　　　图 2-79　　　　　　　　图 2-80　　　　　　　　图 2-81

2.4.3　课堂案例——绘制透明按钮

📋 **案例学习目标**

使用颜色面板设置图形颜色和透明度。

📋 **案例知识要点**

使用"颜色"面板和"椭圆"工具绘制按钮效果，使用"渐变变形"工具调整高光效果，使用"文本"工具输入文字，使用"导入到舞台"命令导入素材，最终效果如图 2-82 所示。

📋 **效果所在位置**

光盘/Ch02/效果/绘制透明按钮.fla。

（1）选择"文件 > 新建"命令，在弹出的"新建文档"对话框中选择"ActionScript 3.0"选项，单击"确定"按钮，进入新建文档舞台窗口。在"时间轴"面板中新建图层并将其命名为"渐变圆"，如图 2-83 所示。

（2）选择"椭圆"工具 ⬭，在工具箱中将"笔触颜色"设为黑色，"填充颜色"设为无，在舞台窗口中绘制出一个圆形，效果如图 2-84 所示。

图 2-82

图 2-83

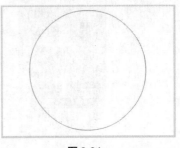

图 2-84

（3）再次绘制一个同心圆，效果如图 2-85 所示。选择"线条"工具 ✏️，在圆形中绘制多条斜线，效果如图 2-86 所示。

（4）选择"窗口 > 颜色"命令，弹出"颜色"面板，单击"填充颜色"按钮 🖌️ ，在"颜色类型"下拉列表中选择"径向渐变"，在色带上添加控制点，将控制点颜色依次设为深灰色（#666666）、红色（#FF0000）、浅红色（E62626）、深灰色（#666666），如图 2-87 所示。

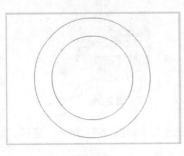

图 2-85

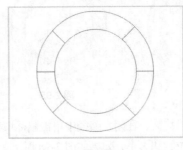

图 2-86

图 2-87

（5）选择"颜料桶"工具 🪣，在闭合路径中单击鼠标左键填充渐变，如图 2-88 所示。选择"渐变变形"工具 ▣，单击渐变图形，向下拖曳中心控制点到适当位置，如图 2-89 所示。改变渐变大小，效果如图 2-90 所示。

图 2-88　　　　　　　　　　图 2-89　　　　　　　　　　图 2-90

（6）在"颜色"面板中的色带上添加控制点，将控制点颜色依次设为深灰色（# 999999）、白色、白色、深灰色（#999999），如图 2-91 所示。分别在闭合路径中添加渐变，并选择"渐变变形"工具 ▣，改变渐变位置和大小，效果如图 2-92 所示。在"颜色"面板中的色带上添加控制点，将控制点颜色依次设为深灰色（#999999）、浅灰色（#CCCCCC）、浅灰色（#CCCCCC）、深灰色（#999999），如图 2-93 所示。

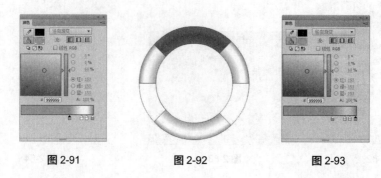

图 2-91   图 2-92   图 2-93

（7）分别在闭合路径中添加渐变，并选择"渐变变形"工具 ▦，改变渐变位置和大小，效果如图 2-94 所示。选择"选择"工具 ▨，删除路径，效果如图 2-95 所示。在"颜色"面板中将渐变颜色设为由白到黑，如图 2-96 所示。

图 2-94   图 2-95   图 2-96

（8）选择"颜料桶"工具 ▨，在闭合路径中单击鼠标填充渐变，如图 2-97 所示。选择"渐变变形"工具 ▦，改变渐变位置和大小，效果如图 2-98 所示。

（9）选择"选择"工具 ▨，删除内部的圆形路径，选取外部的圆形路径，如图 2-99 所示，按 Ctrl+X 组合键将选中的路径剪切，单击"时间轴"面板下方的"新建图层"按钮 ▤，创建新图层并将其命名为"透明圆"。选择"编辑 > 粘贴到当前位置"，将图形原位粘贴到"透明圆"图层中。

图 2-97   图 2-98   图 2-99

（10）在"颜色"面板"渐变类型"下拉列表中选择"纯色"，将"填充颜色"设为白色，"Alpha"选项设为 30，如图 2-100 所示。选择"颜料桶"工具 ▨，在圆形路径中单击鼠标填充颜色，删除路径，效果如图 2-101 所示。

（11）在"时间轴"中创建新图层并将其命名为"文字"。选择"文本"工具 T，在文本工具"属性"面板中进行设置，将"颜色"选项设置为黑色，其他选项的设置如图 2-102 所示。

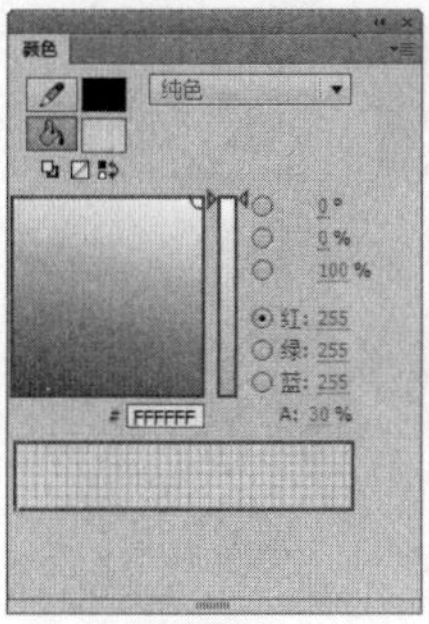

图 2-100

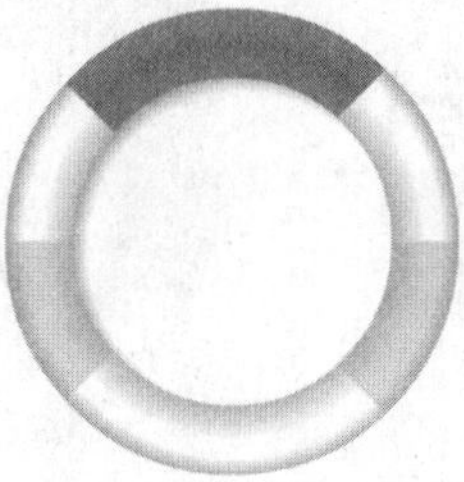

图 2-101

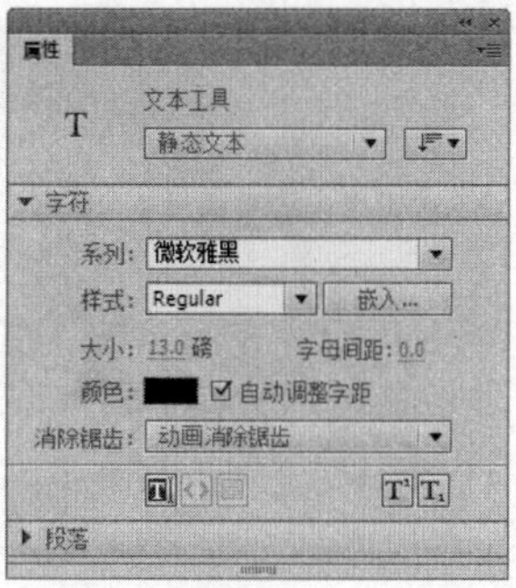

图 2-102

（12）在舞台窗口中输入需要的文字，效果如图 2-103 所示。在文本工具“属性”面板中进行设置，如图 2-104 所示。在舞台窗口中输入需要的英文，效果如图 2-105 所示。

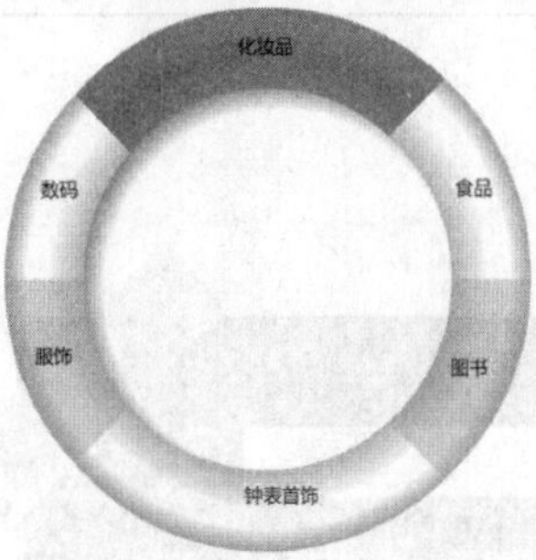

图 2-103

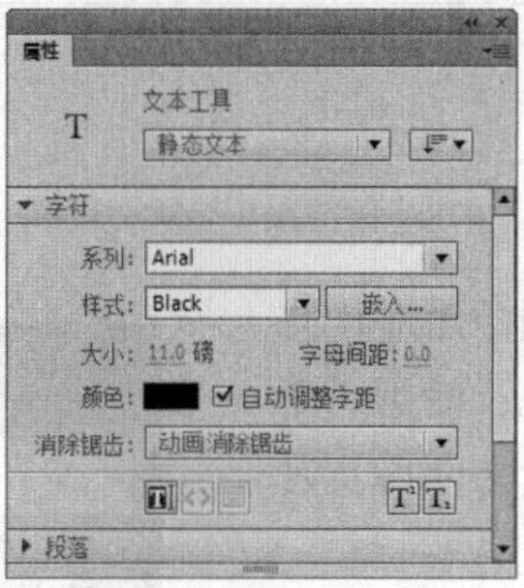

图 2-104

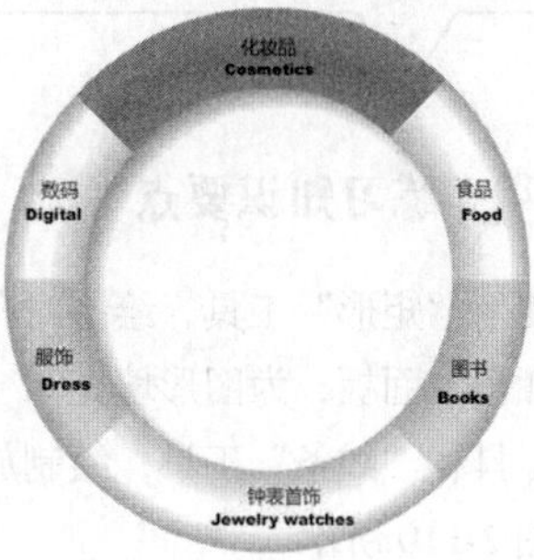

图 2-105

（13）选择“选择”工具，按住 Shift 键，将需要的文字选中，如图 2-106 所示。在文本“属性”面板中，将“颜色”选项设为红色（#990000），效果如图 2-107 所示。

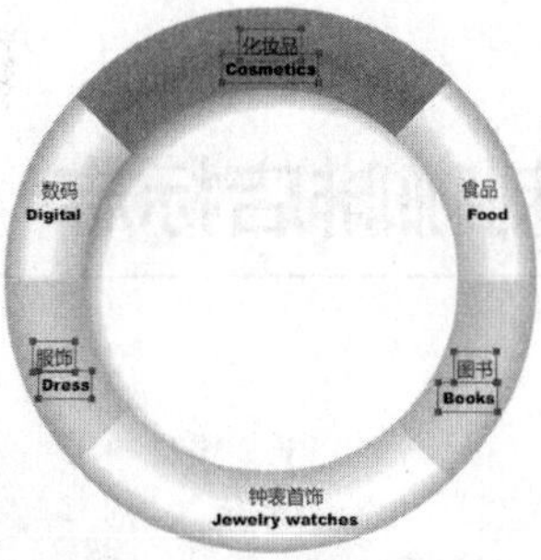

图 2-106

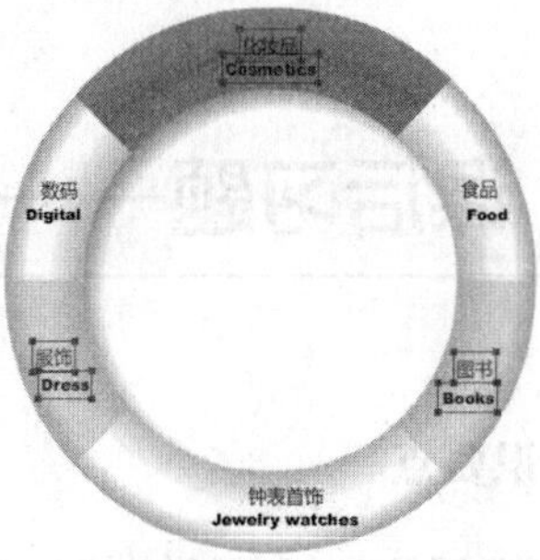

图 2-107

（14）在“时间轴”面板中创建新图层并将其命名为“说明文字”。选择“文件 > 导入 > 导入到舞台”命令，在弹出的“导入”对话框中选择“Ch02 > 素材 > 绘制透明按钮 > 01、02”文件，单击“打开”按钮，文件分别被导入到舞台窗口中，选择“任意变形”工具，分别调整图像大小并拖曳到适当的位置，效果如图 2-108 所示。

（15）用步骤（11）的方法输入需要的文字，并调整为适当的字体、字号和颜色，效果如图 2-109 所示。透明按钮制作完成，按 Ctrl+Enter 组合键即可查看效果。

图 2-108

图 2-109

课堂练习——绘制搜索栏

练习知识要点

使用"矩形"工具，绘制对角圆角矩形；使用"颜色"面板，为图形填充渐变色；使用"椭圆"工具和"线条"工具，绘制放大镜图形，效果如图 2-110 所示。

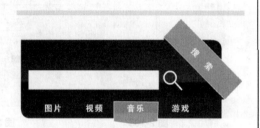

图 2-110

效果所在位置

光盘/Ch02/效果/绘制搜索栏.fla。

课后习题——绘制咖啡店标志

习题知识要点

使用"多角星形"工具，绘制星形；使用"钢笔"工具和"线条"工具，绘制图形和曲线效果；使用"文本"工具和"钢笔"工具，制作文字，效果如图 2-111 所示。

效果所在位置

光盘/Ch02/效果/绘制咖啡店标志.fla。

图 2-111

第 3 章　对象的编辑和操作

本章主要讲解了对象的变形、操作、修饰方法，以及对齐面板和变形面板的应用。通过学习这些内容，读者可以灵活运用 Flash 中的编辑功能对对象进行编辑和管理，使对象在画面中表现得更加完美，组织更加合理。

课堂学习目标	/ 掌握对象的变形方法和技巧
	/ 掌握对象的操作方法和技巧
	/ 掌握对象的修饰方法
	/ 运用对齐和变形面板编辑对象

3.1　对象的变形

选择"修改 > 变形"中的命令，可以对选择的对象进行变形修改，比如扭曲、缩放、倾斜、旋转和封套等，下面将分别进行介绍。

3.1.1　扭曲对象

选择"修改 > 变形 > 扭曲"命令，在当前选择的图形上出现控制点。拖曳四角的控制点可以改变图形顶点的形状，效果如图 3-1、图 3-2 和图 3-3 所示。

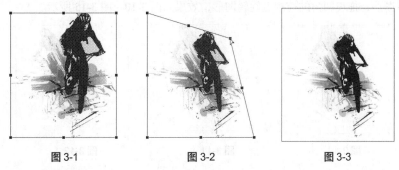

图 3-1　　　　　　　　图 3-2　　　　　　　　图 3-3

3.1.2　封套对象

选择"修改 > 变形 > 封套"命令，在当前选择的图形上出现控制点。用鼠标拖曳控制点使图形产生相应的弯曲变化，效果如图 3-4、图 3-5 和图 3-6 所示。

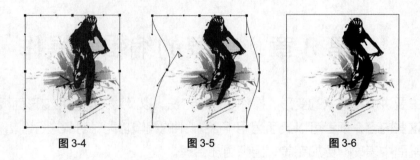

图 3-4   图 3-5   图 3-6

3.1.3　缩放对象

选择"修改 > 变形 > 缩放"命令，在当前选择的图形上出现控制点。用鼠标拖曳控制点可以成比例地改变图形的大小，效果如图 3-7、图 3-8 和图 3-9 所示。

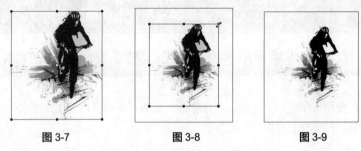

图 3-7   图 3-8   图 3-9

3.1.4　旋转与倾斜对象

选择"修改 > 变形 > 旋转与倾斜"命令，在当前选择的图形上出现控制点。用鼠标拖曳中间的控制点倾斜图形，拖曳四角的控制点旋转图形，效果如图 3-10 ~ 图 3-15 所示。

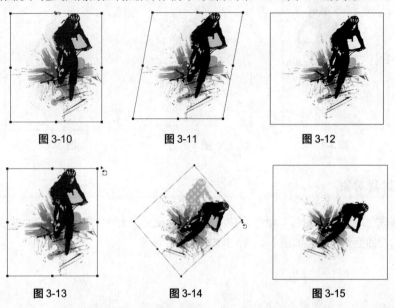

图 3-10   图 3-11   图 3-12

图 3-13   图 3-14   图 3-15

选择"修改 > 变形"中的"顺时针旋转 90 度"、"逆时针旋转 90 度"命令，可以将图形按照规定的度数进行旋转，效果如图 3-16、图 3-17 和图 3-18 所示。

图 3-16　　　　　　　　　　图 3-17　　　　　　　　　　图 3-18

3.1.5　翻转对象

选择"修改 > 变形"中的"垂直翻转"、"水平翻转"命令，可以将图形进行翻转，效果如图 3-19、图 3-20 和图 3-21 所示。

图 3-19　　　　　　　　　　图 3-20　　　　　　　　　　图 3-21

3.2　对象的操作

在 Flash 中，可以根据需要对对象进行组合、分离、叠放、对齐等一系列的操作，从而达到制作的要求。

3.2.1　组合对象

制作复杂图形时，可以将多个图形组合成一个整体，以便选择和修改。另外，制作位移动画时，需用"组合"命令将图形转变成组件。

选中多个图形，选择"修改 > 组合"命令，或按 Ctrl+G 组合键，即可对选中的图形进行组合，如图 3-22 和图 3-23 所示。

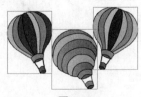

图 3-22　　　　　　　　　　　　图 3-23

3.2.2　分离对象

要修改多个图形的组合、图像、文字或组件的一部分时，可以选择"修改 > 分离"命令。另外，制作变形动画时，需用"分离"命令将图形的组合、图像、文字或组件转变成图形。

选中图形组合，选择"修改 > 分离"命令，或按 Ctrl+B 组合键，即可将组合的图形打散，多次使用"分离"命令的效果如图 3-24、图 3-25、图 3-26 和图 3-27 所示。

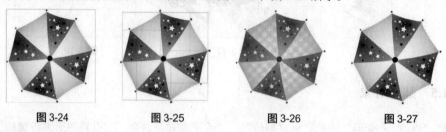

图 3-24　　　　　　　图 3-25　　　　　　　图 3-26　　　　　　　图 3-27

3.2.3　叠放对象

制作复杂图形时，随着多个图形的叠放次序不同，会产生不同的效果，可以通过选择"修改 > 排列"中的命令实现不同的叠放效果。

例如：要将图形移动到所有图形的底层。选中要移动的图形，选择"修改 > 排列 > 移至底层"命令，即可将选中的图形移动到所有图形的底层，效果如图 3-28、图 3-29 和图 3-30 所示。

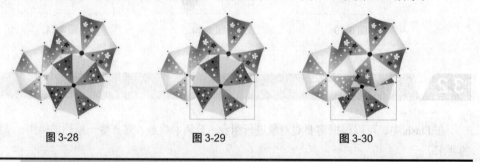

图 3-28　　　　　　　图 3-29　　　　　　　图 3-30

 提 示

叠放对象只能是图形的组合或组件。

3.2.4　对齐对象

当选择多个图形、图像、图形的组合或组件时，可以通过选择"修改 > 对齐"中的命令调整它们的相对位置。

例如：要将多个图形的底部对齐。选中多个图形，选择"修改 > 对齐 > 底对齐"命令，即可将所有图形的底部对齐，效果如图 3-31 和图 3-32 所示。

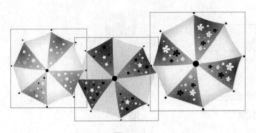

图 3-31

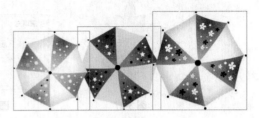

图 3-32

3.3 ▸ 对象的修饰

在 Flash 动画制作过程中，可以应用 Flash 自带的一些命令，实现将线条转换为填充、将填充进行修改或对填充边缘进行柔化处理。

3.3.1 将线条转换为填充

应用将线条转换为填充命令可以将矢量线条转换为填充色块。首先导入图片，如图 3-33 所示，然后选择"墨水瓶"工具 🖉，为图形绘制外边线，如图 3-34 所示。

双击图形的外边线将其选中，选择"修改 > 形状 > 将线条转换为填充"命令，将外边线转换为填充色块，如图 3-35 所示。这时，可以选择"颜料桶"工具 🖉，为填充色块设置其他颜色，如图 3-36 所示。

图 3-33　　　　　图 3-34　　　　　图 3-35　　　　　图 3-36

3.3.2 扩展填充

应用扩展填充命令可以将填充颜色向外扩展或向内收缩，扩展或收缩的数值可以自定义。

1．扩展填充色

选中图形的填充颜色，如图 3-37 所示，选择"修改 > 形状 > 扩展填充"命令，弹出"扩展填充"对话框，在"距离"选项的数值框中输入 5（取值范围为 0.05～144），选择"扩展"选项，如图 3-38 所示，单击"确定"按钮，填充色向外扩展，效果如图 3-39 所示。

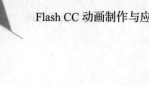

 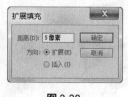 

图 3-37　　　　　　　　　图 3-38　　　　　　　　　图 3-39

2．收缩填充色

选中图形的填充颜色，选择"修改 > 形状 > 扩展填充"命令，弹出"扩展填充"对话框，在"距离"选项的数值框中输入 8（取值范围为 0.05 ~ 144），选择"插入"选项，如图 3-40 所示，单击"确定"按钮，填充色向内收缩，效果如图 3-41 所示。

图 3-40　　　　　　　　　图 3-41

3.3.3　柔化填充边缘

应用柔化填充边缘命令可以将图形的边缘制作成柔化效果。

1．向外柔化填充边缘

选中图形，如图 3-42 所示，选择"修改 > 形状 > 柔化填充边缘"命令，弹出"柔化填充边缘"对话框，在"距离"选项的数值框中输入 50，在"步长数"选项的数值框中输入 4，选择"扩展"选项，如图 3-43 所示，单击"确定"按钮，效果如图 3-44 所示。

图 3-42　　　　　　　　　图 3-43　　　　　　　　　图 3-44

提 示　　在"柔化填充边缘"对话框中设置不同的数值，所产生的效果也各不相同，可以反复尝试设置不同的数值，以达到最理想的绘制效果。

2．向内柔化填充边缘

选中图形，如图 3-45 所示，选择"修改 > 形状 > 柔化填充边缘"命令，弹出"柔化填充边缘"对话框，在"距离"选项的数值框中输入 50，在"步长数"选项的数值框中输入 4，选择"插入"

选项，如图 3-46 所示，单击"确定"按钮，效果如图 3-47 所示。

图 3-45　　　　　　　　　图 3-46　　　　　　　　　图 3-47

3.3.4　课堂案例——绘制风景插画

📋 **案例学习目标**

使用柔化填充边缘命令制作图形柔化效果。

📋 **案例知识要点**

使用"颜料桶"工具和"钢笔"工具绘制云块效果；使用"柔化填充边缘"命令将云块边缘虚化，效果如图 3-48 所示。

图 3-48

📋 **效果所在位置**

光盘/Ch03/效果/绘制风景插画.fla。

（1）选择"文件 > 新建"命令，在弹出的"新建文档"对话框中选择"ActionScript 3.0"选项，单击"确定"按钮，进入新建文档舞台窗口。按 Ctrl+J 组合键，弹出"文档设置"对话框，将"舞台大小"选项设为 576 × 439 像素，单击"确定"按钮，完成舞台属性的修改。

（2）将"图层 1"重命名为"底图"。选择"文件 > 导入 > 导入到舞台"命令，在弹出的"导入"对话框中选择"Ch03 > 素材 > 绘制风景插画 > 01"文件，单击"打开"按钮，图片被导入到舞台窗口中，拖曳图形到适当的位置，效果如图 3-49 所示。

（3）单击"时间轴"面板下方的"新建图层"按钮 🖳，创建新图层并将其命名为"云彩 1"。选择"钢笔"工具 ✎，在钢笔工具"属性"面板中，将"笔触颜色"设为黑色，"笔触"选项设为 1，绘制轮廓线，效果如图 3-50 所示。

（4）选择"窗口 > 颜色"命令，弹出"颜色"面板，单击"填充颜色"按钮 🖌 □，在"颜色类型"下拉列表中选择"线性渐变"，在色带上单击鼠标增加颜色控制点，将第一个控制点颜色设为白色，第二个控制点颜色设为浅蓝色（#CAE2EB），第三个控制点颜色设为蓝灰色（#98CBE0），如图 3-51 所示。

（5）选择"颜料桶"工具 🖌，按住 Shift 键的同时，在图形中从下向上拖曳渐变色，松开鼠标填充渐变色，选择"选择"工具 ▶，双击外边线将其选中，按 Delete 键，将其删除，效果如图 3-52 所示。

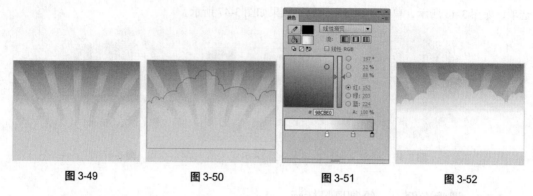

图 3-49   图 3-50   图 3-51   图 3-52

（6）选中图形，选择"修改 > 形状 > 柔化填充边缘"命令，弹出"柔化填充边缘"对话框，在"距离"选项的数值框中输入 30，在"步长数"选项的数值框中输入 10，选择"扩展"选项，如图 3-53 所示，单击"确定"按钮，效果如图 3-54 所示。

（7）单击"时间轴"面板下方的"新建图层"按钮 ，创建新图层并将其命名为"云彩 2"，使用步骤 3 到步骤 6 的的操作方法，绘制轮廓线，制作出图 3-55 所示的效果。

图 3-53   图 3-54   图 3-55

（8）选择"钢笔"工具 ，绘制云彩轮廓线，如图 3-56 所示。填充轮廓线为白色，选择"选择"工具 ，删除轮廓线，选中图形，按 Ctrl+G 组合键，将图形组合，拖曳到适当的位置，效果如图 3-57 所示。

（9）选择"钢笔"工具 ，再次绘制云彩轮廓线，填充轮廓线为白色，删除轮廓线，效果如图 3-58 所示。

（10）选中图形，选择"修改 > 形状 > 柔化填充边缘"命令，弹出"柔化填充边缘"对话框，在"距离"选项的数值框中输入 5，在"步长数"选项的数值框中输入 12，选择"扩展"选项，如图 3-59 所示，单击"确定"按钮，效果如图 3-60 所示。

图 3-56   图 3-57   图 3-58

图 3-59

图 3-60

（11）选择图形，如图 3-61 所示，按住 Alt 键的同时，向上侧拖曳鼠标到适当的位置，复制图形，如图 3-62 所示。填充图形为灰白色（#F7F4EA），使用步骤 10 的方法制作柔化填充边缘效果，将图形组合，拖曳到适当的位置，效果如图 3-63 所示。

图 3-61

图 3-62

图 3-63

（12）选中云彩图形，如图 3-64 所示。按住 Alt 键的同时，向左上方拖曳鼠标到适当的位置，复制图形，如图 3-65 所示。选择"任意变形"工具，图形周围出现控制点，拖曳控制点将其调整到适当的大小，如图 3-66 所示。

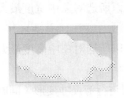

图 3-64

图 3-65

图 3-66

（13）单击"时间轴"面板下方的"新建图层"按钮，创建新图层并将其命名为"花草"。选择"文件 > 导入 > 导入到舞台"命令，在弹出的"导入"对话框中选择"Ch03 > 素材 > 绘制风景插画 > 02"文件，单击"打开"按钮，图片被导入到舞台窗口中，拖曳图形到适当的位置，效果如图 3-67 所示。风景插画绘制完成，按 Ctrl+Enter 组合键即可查看效果。

图 3-67

3.4　对齐面板和变形面板

在 Flash 中，可以应用对齐面板来设置多个对象之间的对齐方式，还可以应用变形面板来改变对象的大小以及倾斜度。

3.4.1　对齐面板

应用对齐面板可以将多个图形按照一定的规律进行排列，能够快速调整图形之间的相对位置、平分间距和对齐方向。

选择"窗口 > 对齐"命令，弹出"对齐"面板，如图 3-68 所示。

图 3-68

"对齐"选项组中的各选项含义如下。

"左对齐"按钮：设置选取对象左端对齐。

"水平中齐"按钮：设置选取对象沿垂直线中对齐。

"右对齐"按钮：设置选取对象右端对齐。

"顶对齐"按钮：设置选取对象上端对齐。

"垂直中齐"按钮：设置选取对象沿水平线中对齐。

"底对齐"按钮：设置选取对象下端对齐。

"分布"选项组中的各选项含义如下。

"顶部分布"按钮：设置选取对象在横向上上端间距相等。

"垂直居中分布"按钮：设置选取对象在横向上中心间距相等。

"底部分布"按钮：设置选取对象在横向上下端间距相等。

"左侧分布"按钮：设置选取对象在纵向上左端间距相等。

"水平居中分布"按钮：设置选取对象在纵向上中心间距相等。

"右侧分布"按钮：设置选取对象在纵向上右端间距相等。

"匹配大小"选项组中的各选项含义如下。

"匹配宽度"按钮：设置选取对象在水平方向上等尺寸变形（以所选对象中宽度最大的为基准）。

"匹配高度"按钮：设置选取对象在垂直方向上等尺寸变形（以所选对象中高度最大的为基准）。

"匹配宽和高"按钮：设置选取对象在水平方向和垂直方向同时进行等尺寸变形（同时以所选对象中宽度和高度最大的为基准）。

"间隔"选项组中的各选项含义如下。

"垂直平均间隔"按钮：设置选取对象在纵向上间距相等。

"水平平均间隔"按钮：设置选取对象在横向上间距相等。

"相对于舞台"选项中的各选项含义如下。

"与舞台对齐"复选项：勾选此选项后，上述所有设置操作都是以整个舞台的宽度或高度为基准的。

3.4.2　变形面板

应用变形面板可以对图形、组、文本以及实例进行变形。选择"窗口 > 变形"命令，弹出"变形"面板，如图 3-69 所示，其中各选项含义如下。

"缩放宽度" 100.0 % 和"缩放高度" 100.0 % 选项：用于设置

图 3-69

图形的宽度和高度。

"约束"按钮 ：用于约束"宽度"和"高度"选项，使图形能够成比例地变形。

"旋转"选项：用于设置图形的旋转角度。

"倾斜"选项：用于设置图形的水平倾斜角度或垂直倾斜角度。

"重制选区和变形"按钮：用于复制图形并将变形设置应用给图形。

"取消变形"按钮：用于将图形属性恢复到初始状态。

3.4.3　课堂案例——制作商场促销吊签

案例学习目标

使用变形面板改变文字的大小和图形的大小。

案例知识要点

使用"文本"工具添加文字效果；使用"分离"命令将文字转为形状；使用"组合"命令将图形组合；使用"变形"面板改变图形的角度，效果如图 3-70 所示。

效果所在位置

图 3-70

光盘/Ch03/效果/制作商场促销吊签.fla。

（1）选择"文件 > 新建"命令，在弹出的"新建文档"对话框中选择"ActionScript 3.0"选项，单击"确定"按钮，进入新建文档舞台窗口。按 Ctrl+J 组合键，弹出"文档设置"对话框，将"舞台大小"选项设为 600 × 600 像素，将"舞台颜色"选项设为深蓝色（#2F5994），单击"确定"按钮，完成舞台属性的修改。

（2）选择"文件 > 导入 > 导入到舞台"命令，在弹出的"导入"对话框中选择"Ch03 > 素材 > 制作商场促销吊签 > 01"文件，单击"打开"按钮，图片被导入到舞台窗口中，拖曳图形到适当的位置，效果如图 3-71 所示。将"图层 1"重命名为"底图"，如图 3-72 所示。

图 3-71

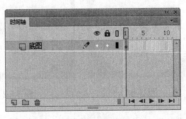

图 3-72

（3）单击"时间轴"面板下方的"新建图层"按钮，创建新图层并将其命名为"标题文字"。选择"文本"工具，在文本工具"属性"面板中进行设置，在舞台窗口中适当的位置输入大小为 20、字体为"Helvetica Neue Extra Black Cond"的橘黄色（#EC6620）英文，文字效果如图 3-73 所示。

（4）单击"时间轴"面板下方的"新建图层"按钮，创建新图层并将其命名为"价位"。在文本工具"属性"面板中进行设置，在舞台窗口中适当的位置输入大小为 20、字体为"Helvetica Neue Extra Black Cond"的深蓝色（#3E74BA）符号，文字效果如图 3-74 所示。其次，在舞台窗口中输入大小为 95、字体为"Helvetica Neue Extra Black Cond"的深蓝色（#3E74BA）数字，文字效果如图 3-75 所示。再次，在舞台窗口中适当的位置输入大小为 49、字体为"Helvetica Neue Extra Black Cond"的深蓝色（#3E74BA）数字，文字效果如图 3-76 所示。

图 3-73　　　　　　　图 3-74　　　　　　　图 3-75　　　　　　　图 3-76

（5）在文本工具"属性"面板中进行设置，在舞台窗口中适当的位置输入大小为 36、字体为"Helvetica Neue Extra Black Cond"的橘黄色（#EC6620）英文，文字效果如图 3-77 所示。

（6）选择"选择"工具 ![工具图标]，在舞台窗口中选中输入的符号，如图 3-78 所示，按 Ctrl+B 组合键，将其打散，如图 3-79 所示。按 Ctrl+G 组合键，将其组合，如图 3-80 所示。

图 3-77　　　　　　　图 3-78　　　　　　　图 3-79　　　　　　　图 3-80

（7）选中数字"79"，如图 3-81 所示，按多次 Ctrl+B 组合键，将其打散，如图 3-82 所示。按 Ctrl+G 组合键，将其组合，如图 3-83 所示。

图 3-81　　　　　　　图 3-82　　　　　　　图 3-83

（8）选中数字"80"，如图 3-84 所示，按多次 Ctrl+B 组合键，将其打散，如图 3-85 所示。按 Ctrl+G 组合键，将其组合，如图 3-86 所示。

（9）在舞台窗口中选中符号组合，按住 Shift 键的同时单击 79 组合和 80 组合，将其同时选中，如图 3-87 所示。按 Ctrl+K 组合键，弹出"对齐"面板，单击"顶对齐"按钮 ![按钮图标]，将选中的对象顶部对齐，效果如图 3-88 所示。

图 3-84　　　　　　　　图 3-85　　　　　　　　图 3-86

（10）单击"时间轴"面板下方的"新建图层"按钮，创建新图层并将其命名为"装饰图形"。选中"多角星形"工具，在多角星形工具"属性"面板中，将"笔触颜色"设为无，"填充颜色"设为橘黄色（#EC6620），单击"工具设置"选项组中的"选项"按钮，在弹出的"工具设置"对话框中进行设置，如图 3-89 中所示，单击"确定"按钮，在舞台窗口中适当的位置绘制一个五角形，效果如图 3-90 所示。

图 3-87　　　　　　　　图 3-88　　　　　　　　图 3-89　　　　　　　　图 3-90

（11）选择"线条"工具，在线条工具"属性"面板中，将"笔触颜色"设为橘黄色（#EC6620），"填充颜色"设为无，"笔触"选项设为 3，其他选项的设置如图 3-91 所示，在舞台窗口中绘制两条水平线，效果如图 3-92 所示。

（12）在线条工具"属性"面板中，将"笔触颜色"设为灰色（#CCCCCC），"笔触"选项设为 0.5，其他选项的设置如图 3-93 中所示，在舞台窗口中绘制一条水平线，效果如图 3-94 所示。

图 3-91　　　　　　　　图 3-92　　　　　　　　图 3-93　　　　　　　　图 3-94

（13）按 Ctrl+A 组合键，将舞台窗口中的所有对象全部选中，如图 3-95 所示。按 Ctrl+T 组合键，弹出"变形"面板，将"选中"选项设为 15，如图 3-96 所示，按 Enter 键，对象顺时针旋转 15°，效果如图 3-97 所示。商场促销吊签制作完成，按 Ctrl+Enter 组合键即可查看效果。

图 3-95　　　　　　　　　　图 3-96　　　　　　　　　　图 3-97

课堂练习——绘制时尚卡片

📖 练习知识要点

使用"矩形"工具和"颜色"面板，制作背景；使用"钢笔"工具，绘制波纹图形；使用"多角星形"工具，绘制松树图形，效果如图 3-98 所示。

📖 效果所在位置

光盘/Ch03/效果/绘制时尚卡片.fla。

图 3-98

课后习题——绘制老式相机

📖 习题知识要点

使用"矩形"工具、"椭圆"工具、"缩放"命令和"颜色"面板，制作机身；使用"矩形"工具和"扭曲"命令，制作相机底座，效果如图 3-99 所示。

📖 效果所在位置

光盘/Ch03/效果/绘制老式相机.fla。

图 3-99

第 4 章　编辑文本

本章主要讲解了文本的创建和编辑、文本的类型、文本的转换。通过学习这些内容，读者可以充分利用文本工具和命令在动画影片中创建文本内容、编辑和设置文本样式，运用丰富的字体和赏心悦目的文本效果，表现动画要表述的意图。

课堂学习目标	/ 掌握文本的创建方法
	/ 掌握文本的属性设置
	/ 了解文本的类型
	/ 运用文本的转换来编辑文本

4.1　使用文本工具

制作动画时，我们常需要利用文字来更清楚地表达自己的创作意图，而建立和编辑文字必须利用 Flash 提供的文字工具才能实现。

4.1.1　创建文本

选择"文本"工具 T，选择"窗口 > 属性"命令，弹出文本工具"属性"面板，如图 4-1 所示。将鼠标放置在场景中，鼠标光标变为 ┼丅。在场景中单击鼠标，出现文本输入光标，如图 4-2 所示，直接输入文字即可，效果如图 4-3 所示。

图 4-1　　　　　　图 4-2　　　　　　　　　　图 4-3

用鼠标在场景中单击并按住鼠标左键，向右下方拖曳出一个文本框，如图 4-4 所示。松开鼠标，出现文本输入光标，如图 4-5 所示。在文本框中输入文字，文字被限定在文本框中，如果输入的文字较多，则会自动转到下一行显示，如图 4-6 所示。

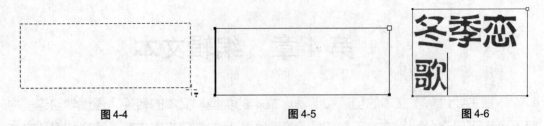

图 4-4   图 4-5   图 4-6

用鼠标向左拖曳文本框上方的方形控制点，可以缩小文字的行宽，如图 4-7 和图 4-8 所示；向右拖曳控制点可以扩大文字的行宽，如图 4-9 和图 4-10 所示。

图 4-7   图 4-8   图 4-9   图 4-10

双击文本框上方的方形控制点，文字将转换成单行显示状态，方形控制点转换为圆形控制点，如图 4-11 和图 4-12 所示。

图 4-11   图 4-12

4.1.2 文本属性

Flash 为用户提供了集合多种文字调整选项的属性面板，包括字符属性（系列、样式、大小、字母间距、颜色、自动调整字距和字符位置）和段落属性（对齐、边距、缩进和行距），如图 4-13 所示。下面对各文字调整选项进行逐一介绍。

1．设置文本的字体、大小、样式和颜色

"改变文字方向"按钮 ：可以改变文字的排列方向。

"系列"选项：设定选定字符或整个文本块的文字字体。

"大小"选项：设定选定字符或整个文本块的文字大小。选项值越大，文字越大。

"颜色"按钮 ：为选定字符或整个文本块的文字设定纯色。

2．设置字符与段落

文本排列方式按钮可以将文字以不同的形式进行排列。

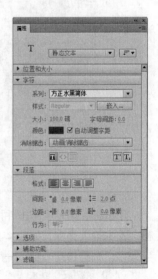

图 4-13

"左对齐"按钮<img>：将文字以文本框的左边线进行对齐。

"居中对齐"按钮<img>：将文字以文本框的中线进行对齐。

"右对齐"按钮<img>：将文字以文本框的右边线进行对齐。

"两端对齐"按钮<img>：将文字以文本框的两端进行对齐。

"字母间距"选项 字母间距：0.0 ：在选定字符或整个文本块的字符之间插入统一的间隔。

"字符"选项：通过设置下列选项值控制字符对之间的相对位置。

➡　"切换上标"按钮T：可以将水平文本放在基线之上或将垂直文本放在基线的右边。

➡　"切换下标"选项T₁：可以将水平文本放在基线之下或将垂直文本放在基线的左边。

"段落"选项：用于调整文本段落的格式。

"缩进"选项<img>：用于调整文本段落的首行缩进。

"行距"选项<img>：用于调整文本段落的行距。

"左边距"选项<img>：用于调整文本段落的左侧间隙。

"右边距"选项<img>：用于调整文本段落的右侧间隙。

3．字体呈现方法

Flash CC 中有 5 种不同的字体呈现选项，如图 4-14 所示。通过设置可以得到不同的样式。

"使用设备字体"：此选项生成一个较小的 SWF 文件，使用最终用户计算机上当前安装的字体来呈现文本。

"位图文本【无消除锯齿】"：此选项生成明显的文本边缘，没有消除锯齿。因为此选项生成的 SWF 文件中包含字体轮廓，所以生成的 SWF 文件较大。

图 4-14

"动画消除锯齿"：此选项生成可顺畅进行动画播放的消除锯齿文本。因为在文本动画播放时没有应用对齐和消除锯齿，所以在某些情况下，文本动画还可以更快地播放。在使用带有许多字母的大字体或缩放字体时，可能看不到性能上的提高。因为此选项生成的 SWF 文件中包含字体轮廓，所以生成的 SWF 文件较大。

"可读性消除锯齿"：此选项使用高级消除锯齿引擎，提供了品质最高、最易读的文本。因为此选项生成的文件中包含字体轮廓以及特定的消除锯齿信息，所以生成的 SWF 文件最大。

"自定义消除锯齿"：此选项与"可读性消除锯齿"选项相同，但是可以直观地操作消除锯齿参数，以生成特定外观。此选项在需要为新字体或不常见的字体生成最佳的外观时非常有用。

4．设置文本超链接

"链接"选项：可以在选项的文本框中直接输入网址，使当前文字成为超级链接文字。

"目标"选项：可以设置超级链接的打开方式，共有 4 种方式供选择。

➡　"_blank"：链接页面在新的浏览器中打开。

➡　"_parent"：链接页面在父框架中打开。

➡　"_self"：链接页面在当前框架中打开。

➡　"_top"：链接页面在默认的顶部框架中打开。

选中文字，如图 4-15 所示，选择文本工具"属性"面板，在"链接"选项的文本框中输入链接的网址，在"目标"选项中设置好打开方式，如图 4-16 所示，设置完成后文字的下方出现下画线，表示已经链接，如图 4-17 所示。

图 4-15 图 4-16 图 4-17

> **提示** 　　文本只有在水平方向排列时，超链接功能才可用；当文本为垂直方向排列时，超链接不可用。

4.2　文本的类型

在文本工具"属性"面板中，"文本类型"选项的下拉列表中设置了3种文本的类型。

4.2.1　静态文本

选择"静态文本"选项，"属性"面板如图 4-18 所示。

"可选"按钮 🔳 ：选择此项，当文件输出为 SWF 格式时，可以对影片中的文字进行选取、复制操作。

4.2.2　动态文本

选择"动态文本"选项，"属性"面板如图 4-19 所示。动态文本可以作为对象来应用。

"将文本呈现为 HTML"按钮 ⟨⟩：文本支持 HTML 标签特有的字体格式、超级链接等超文本格式。

"在文本周围显示边框"选项 ▣ ：可以为文本设置白色的背景和黑色的边框。

"行为"选项：可以设置以下行为。

　⮕　"单行"：文本以单行方式显示。

　⮕　"多行"：如果输入的文本大于设置的文本限制，输入的文本将被自动换行。

　⮕　"多行不换行"：输入的文本为多行时，不会自动换行。

4.2.3　输入文本

选择"输入文本"选项，"属性"面板如图 4-20 所示。

"段落"选项组中的"行为"选项新增加了"密码"选项，选择此选项，当文件输出为 SWF 格式时，影片中的文字将显示为星号（****）。

通过设置"选项"选项组中的"最多字符数"选项，可以设置输入文字的最多数值。默认值为 0，即为不限制。如设置数值，此数值即为输出 SWF 影片时，显示文字的最多数目。

图 4-18　　　　　　图 4-19　　　　　　图 4-20

4.3　文本的转换

在 Flash 中输入文本后，我们还可以根据设计制作的需要对文本进行编辑，例如对文本进行变形处理或为文本填充渐变色。

4.3.1　变形文本

选中文字，如图 4-21 所示，按两次 Ctrl+B 组合键将文字打散，如图 4-22 所示。

图 4-21　　　　　　　　　　图 4-22

选择"修改 > 变形 > 封套"命令，在文字的周围出现控制点，如图 4-23 所示，拖动控制点，改变文字的形状，如图 4-24 所示，效果如图 4-25 所示。

图 4-23　　　　　图 4-24　　　　　　图 4-25

4.3.2　填充文本

选中文字，如图 4-26 所示，按两次 Ctrl+B 组合键，将文字打散，如图 4-27 所示。

图 4-26　　　　　　　　　图 4-27

选择"窗口 > 颜色"命令，弹出"颜色"面板，单击"填充颜色"按钮 ，在"颜色类型"下拉列表中选择"径向渐变"，在颜色设置条上设置渐变颜色，如图 4-28 所示，文字效果如图 4-29 所示。

图 4-28    图 4-29

选择"墨水瓶"工具 ，在墨水瓶工具"属性"面板中，将"笔触颜色"设为绿色（#009900），"笔触"选项设为 2，分别在文字的外边线上单击，如图 4-30 所示，为文字添加外边框，效果如图 4-31 所示。

图 4-30    图 4-31

4.3.3　课堂案例——制作啤酒标志

📋 **案例学习目标**

使用任意变形工具将文字变形。

📋 **案例知识要点**

使用"文本"工具输入文字；使用"分离"命令将文字打散；使用"封套"按钮对文字进行编辑；使用"墨水瓶"工具为文字添加描边，效果如图 4-32 所示。

图 4-32

📋 **效果所在位置**

光盘/Ch04/效果/制作啤酒标志.fla。

（1）选择"文件 > 打开"命令，在弹出的"打开"对话框中选择"Ch04 > 素材 > 制作啤酒标志 > 01"文件，单击"打开"按钮，效果如图 4-33 所示。

（2）单击"时间轴"面板下方的"新建图层"按钮，创建新图层并将其命名为"图片"，如图 4-34 所示。选择"文件 > 导入 > 导入到舞台"命令，在弹出的"导入"对话框中选择"Ch04 > 素材 > 制作啤酒标志 > 02"文件，单击"打开"按钮，文件被导入到舞台窗口中，效果如图 4-35 所示。

图 4-33　　　　　　　　　图 4-34　　　　　　　　　图 4-35

（3）单击"时间轴"面板下方的"新建图层"按钮，创建新图层并将其命名为"文字"。选择"文本"工具 T，在文本工具"属性"面板中进行设置，在舞台窗口中适当的位置输入大小为 36，字体为"汉真广标"的白色文字，文字效果如图 4-36 所示。选择"选择"工具，选中文字，按两次 Ctrl+B 组合键，将文字打散，如图 4-37 所示。

图 4-36　　　　　　　　　图 4-37

（4）选择"修改 > 变形 > 封套"命令，在文字图形上出现控制点，如图 4-38 所示。将鼠标放在下方中间的控制点上，光标变为，用鼠标拖曳控制点，如图 4-39 所示，用相同的方法调整文字图形上的其他控制点，使文字图形产生相应的变形，如图 4-40 所示。

图 4-38　　　　　　　　　图 4-39　　　　　　　　　图 4-40

（5）选择"墨水瓶"工具，在墨水瓶工具"属性"面板中，将"笔触颜色"设为蓝色（#005499），"笔触"选项设为 1.5，如图 4-41 所示，鼠标光标变为，在"喜"文字外侧单击鼠标，为文字图形添加边线，效果如图 4-42 所示。使用相同的方法为其他文字添加边线，啤酒标志制作完成，按 Ctrl+Enter 组合键即可查看效果，如图 4-43 所示。

图 4-41　　　　　　　　　图 4-42　　　　　　　　　图 4-43

课堂练习——制作可乐瓶盖

练习知识要点

使用"文本"工具，添加标题文字；使用"分离"命令，将文字打散；使用"封套"命令，将文字变形；使用"墨水瓶"工具，为文字图形添加笔触，效果如图 4-44 所示。

效果所在位置

光盘/Ch04/效果/制作可乐瓶盖.fla。

图 4-44

课后习题——制作变色文字

习题知识要点

使用"文本"工具，添加主体文字；使用"图层"与"墨水瓶"工具，制作文字描边，效果如图 4-45 所示。

效果所在位置

光盘/Ch04/效果/制作变色文字.fla。

图 4-45

第 5 章　外部素材的使用

Flash CC 可以通过导入外部的图像和视频素材来增强动画效果。本章主要讲解了导入外部素材以及设置外部素材属性的方法。通过学习这些内容，读者可以了解并掌握如何应用 Flash CC 的强大功能来处理和编辑外部素材，使其与内部素材充分结合，从而制作出更加生动的动画作品。

课堂学习目标	/ 了解图像和视频素材的格式
	/ 掌握图像素材的导入和编辑方法
	/ 掌握视频素材的导入和编辑方法

5.1　图像素材

在制作动画时想要使用声音、图像、视频等外部素材文件，都必须先导入，因此需要先了解素材的种类及其文件格式。通常按照素材的属性和作用可以将其分为 3 种类型，即图像素材、视频素材和音频素材。下面具体讲解图像素材。

5.1.1　图像素材的格式

Flash 可以导入各种文件格式的矢量图形和位图。矢量格式包括：FreeHand 文件、Adobe Illustrator 文件（可以导入版本 6 或更高版本的 Adobe Illustrator 文件）、EPS 文件（任何版本的 EPS 文件）或 PDF 文件（版本 1.4 或更低版本的 PDF 文件）；位图格式包括 JPG、GIF、PNG、BMP 等格式。

FreeHand 文件：在 Flash 中导入 FreeHand 文件时，可以保留层、文本块、库元件和页面，还可以选择要导入的页面范围。

Illustrator 文件：此文件支持对曲线、线条样式和填充信息的精确转换。

EPS 文件或 PDF 文件：可以导入任何版本的 EPS 文件以及版本 1.4 或更低版本的 PDF 文件。

JPG 格式：是一种压缩格式，可以应用不同的压缩比例对文件进行压缩。压缩后文件质量损失小，文件体积大大减小。

GIF 格式：即位图交换格式，是一种 256 色的位图格式，压缩率略低于 JPG 格式。

PNG 格式：能把位图文件压缩到极限以利于网络传输，又能保留所有与位图品质有关的信息。PNG 格式支持透明位图。

BMP 格式：在 Windows 环境下使用最为广泛，而且使用时最不容易出问题。但由于文件体积较大，一般在网上传输时，不考虑使用该格式。

5.1.2　导入图像素材

Flash 可以识别多种不同的位图和向量图的文件格式，可以通过导入或粘贴的方法将素材引入 Flash 中。

1．导入到舞台

（1）导入位图到舞台：导入位图到舞台上时，舞台上显示出该位图，位图同时被保存在"库"面板中。

选择"文件 > 导入 > 导入到舞台"命令，或按 Ctrl+R 组合键，弹出"导入"对话框，在对话框中选中要导入的位图图片"01"，如图 5-1 所示，单击"打开"按钮，弹出提示对话框，如图 5-2 所示。

"是"按钮：单击此按钮，将会导入一组序列文件。

"否"按钮：单击此按钮，只导入当前选择的文件。

"取消"按钮：单击此按钮，将取消当前操作。

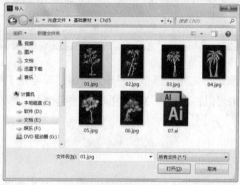

图 5-1　　　　　　　　　　　　　　　　图 5-2

当单击"否"按钮时，选择的位图"01"被导入到舞台上，如图 5-3 所示。这时，"库"面板和"时间轴"所显示的效果如图 5-4 和图 5-5 所示。

图 5-3　　　　　　　　　图 5-4　　　　　　　　　图 5-5

当单击"是"按钮时，位图图片"01～06"全部被导入到舞台上，如图 5-6 所示。这时，"库"面板和"时间轴"所显示的效果如图 5-7 和图 5-8 所示。

图 5-6

图 5-7

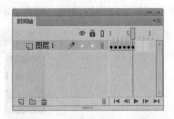
图 5-8

提 示 可以用各种方式将多种位图导入到 Flash ，并且可以从 Flash 中启动 Fireworks 或其他外部图像编辑器，从而在这些编辑应用程序中修改导入的位图。可以对导入的位图应用压缩和消除锯齿功能，从而控制位图在 Flash 应用程序中的大小和外观，还可以将导入的位图作为填充应用到对象中。

（2）导入矢量图到舞台：导入矢量图到舞台上时，舞台上显示该矢量图，但矢量图并不会被保存到"库"面板中。

选择"文件 > 导入 > 导入到舞台"命令，弹出"导入"对话框，在对话框中选中需要的文件，单击"打开"按钮，弹出对话框，所有选项为默认值，如图 5-9 所示，单击"确定"按钮，矢量图被导入到舞台上，如图 5-10 所示。此时，查看"库"面板，并没有保存矢量图。

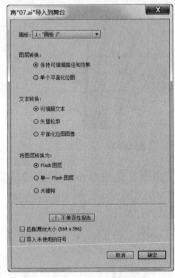

图 5-9

图 5-10

2．导入到库

（1）导入位图到库：导入位图到"库"面板时，舞台上不显示该位图，只在"库"面板中显示。

选择"文件 > 导入 > 导入到库"命令，弹出"导入到库"对话框，在对话框中选中文件，单击"打开"按钮，位图被导入到"库"面板中，如图 5-11 所示。

（2）导入矢量图到库：导入矢量图到"库"面板时，舞台上不显示该矢量图，只在"库"面板中显示。

选择"文件 > 导入 > 导入到库"命令，弹出"导入到库"对话框，在对话框中选中文件，单击"打开"按钮，弹出对话框，单击"确定"按钮，矢量图被导入到"库"面板中，如图 5-12 所示。

图 5-11　　　　　　　　　图 5-12

5.1.3　将位图转换为图形

使用 Flash 可以将位图分离为可编辑的图形，位图仍然保留它原来的细节。分离位图后，可以使用绘画工具和涂色工具来选择和修改位图的区域。

在舞台中导入位图。选择"刷子"工具，在位图上绘制线条，如图 5-13 所示。松开鼠标后，线条只能在位图下方显示，如图 5-14 所示。

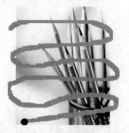 

图 5-13　　　　　　　　　图 5-14

在舞台中选中导入的位图，选择"修改 > 分离"命令，或按 Ctrl+B 组合键将位图打散，如图 5-15 所示。对打散后的位图进行编辑。选择"刷子"工具，在位图上进行绘制，松开鼠标后，线条在位图的上方显示，如图 5-16 所示。

选择"选择"工具，改变图形形状或删减图形，如图 5-17 和图 5-18 所示。

图 5-15　　　　图 5-16　　　　图 5-17　　　　图 5-18

选择"橡皮擦"工具 ，擦除图形，如图 5-19 所示。选择"墨水瓶"工具 ，为图形添加外边框，如图 5-20 所示。

选择"套索"工具 ，选中工具箱下方的"魔术棒"按钮 ，在图形的背景上单击鼠标，将图形中的背景部分选中，按 Delete 键，删除选中的图形，如图 5-21 和图 5-22 所示。

图 5-19

图 5-20

图 5-21

图 5-22

> **提示**　将位图转换为图形后，图形不再链接到"库"面板中的位图组件。也就是说，修改打散后的图形不会对"库"面板中相应的位图组件产生影响。

5.1.4　将位图转换为矢量图

分离图像命令仅仅是将图像打散成矢量图形，但该矢量图还是作为一个整体。如果用"颜料桶"工具填充的话，整个图形将作为一个整体被填充。但有时用户需要修改图像的局部，Flash 提供的"转换位图为矢量图"命令可以将图像按照颜色区域打散，这样就可以修改图像的局部。

选中位图，如图 5-23 所示，选择"修改 > 位图 > 转换位图为矢量图"命令，弹出"转换位图为矢量图"对话框，设置数值，如图 5-24 所示，单击"确定"按钮，位图转换为矢量图，如图 5-25 所示。

图 5-23

图 5-24

图 5-25

"转换位图为矢量图"对话框中的各选项含义如下。

"颜色阈值"选项：设置将位图转化成矢量图形时的色彩细节。数值的输入范围为 0 ~ 500，该值越大，图像越细腻。

"最小区域"选项：设置将位图转化成矢量图形时的色块大小。数值的输入范围为 0 ~ 1000，该值越大，色块越大。

"角阈值"选项：定义角转化的精细程度。

"曲线拟合"选项：设置在转换过程中对色块处理的精细程度。图形转化时边缘越光滑，对原图像细节的失真程度越高。

5.1.5 课堂案例——制作名胜古迹鉴赏

📋 **案例学习目标**

使用转换位图为矢量图命令将位图转换为矢量图。

📋 **案例知识要点**

使用"转换位图为矢量图"命令，将位图转换为矢量图；使用"文本"工具，添加标题及介绍文本，效果如图 5-26 所示。

📋 **效果所在位置**

光盘/Ch05/效果/制作名胜古迹鉴赏.fla。

图 5-26

1．导入图片并转换为矢量图

（1）选择"文件 > 新建"命令，在弹出的"新建文档"对话框中选择"ActionScript 3.0"选项，单击"确定"按钮，进入新建文档舞台窗口。按 Ctrl+J 组合键，弹出"文档设置"对话框，将"舞台大小"选项设为 464 × 650 像素，将"舞台颜色"选项设为灰色（#999999），单击"确定"按钮，完成舞台属性的修改。

（2）选择"文件 > 导入 > 导入到库"命令，在弹出的"导入到库"对话框中选择"Ch05 > 素材 > 制作名胜古迹鉴赏 > 01、02、03、04、05"文件，单击"打开"按钮，文件被导入到舞台窗口中，效果如图 5-27 所示。

（3）按 Ctrl+F8 组合键，弹出"创建新元件"对话框，在"名称"选项的文本框中输入"罗马"，在"类型"选项下拉列表中选择"图形"选项，单击"确定"按钮，新建图形元件"罗马"，如图 5-28 所示。舞台窗口也随之转换为图形元件的舞台窗口。将"库"面板中的位图"01"拖曳到舞台窗口中，如图 5-29 所示。

图 5-27　　　　　　　　图 5-28　　　　　　　　图 5-29

（4）选择"选择"工具 ▶，在舞台窗口中选择位图"01"，选择"修改 > 位图 > 转换位图为矢量图"命令，在弹出的"转换位图为矢量图"对话框中进行设置，如图 5-30 所示，单击"确定"按钮，位图转为矢量图，效果如图 5-31 所示。用相同的方法制作图形元件"埃及"，"库"面板如图 5-32 所示。

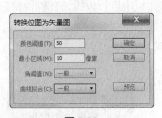

图 5-30

图 5-31

图 5-32

2．制作图形与文字元件

（1）按 Ctrl+F8 组合键，弹出"创建新元件"对话框，在"名称"选项的文本框中输入"雕像 1"，在"类型"选项下拉列表中选择"图形"选项，单击"确定"按钮，新建图形元件"雕像 1"。舞台窗口也随之转换为图形元件的舞台窗口。将"库"面板中的位图"02"拖曳到舞台窗口中，如图 5-33 所示。用相同的方法制作图形元件"雕像 2"，如图 5-34 所示。

（2）按 Ctrl+F8 组合键，弹出"创建新元件"对话框，在"名称"选项的文本框中输入"罗马文字"，在"类型"选项下拉列表中选择"图形"选项，单击"确定"按钮，新建图形元件"罗马文字"。舞台窗口也随之转换为图形元件的舞台窗口。

（3）选择"文本"工具 T ，在文本工具"属性"面板中进行设置，在舞台窗口中适当的位置输入大小为 38、字体为"方正正中黑简体"的白色文字，文字效果如图 5-35 所示。

（4）按 Ctrl+F8 组合键，弹出"创建新元件"对话框，在"名称"选项的文本框中输入"埃及文字"，在"类型"选项下拉列表中选择"图形"选项，单击"确定"按钮，新建图形元件"埃及文字"。舞台窗口也随之转换为图形元件的舞台窗口。

（5）选择"文本"工具 T ，在文本工具"属性"面板中进行设置，在舞台窗口中适当的位置输入大小为 38、字体为"方正正中黑简体"的黑色文字，文字效果如图 5-36 所示

图 5-33

图 5-34

图 5-35

图 5-36

（6）按 Ctrl+F8 组合键，弹出"创建新元件"对话框，在"名称"选项的文本框中输入"罗马说明文字"，在"类型"选项下拉列表中选择"图形"选项，单击"确定"按钮，新建图形元件"罗马说明文字"。舞台窗口也随之转换为图形元件的舞台窗口。

（7）选择"文本"工具 T ，在文本工具"属性"面板中进行设置，在舞台窗口中适当的位置输入大小为 10、字体为"微软雅黑"的白色文字，文字效果如图 5-37 所示。

（8）按 Ctrl+F8 组合键，弹出"创建新元件"对话框，在"名称"选项的文本框中输入"埃及说明文字"，在"类型"选项下拉列表中选择"图形"选项，单击"确定"按钮，新建图形元件"埃

51

及说明文字"。舞台窗口也随之转换为图形元件的舞台窗口。

（9）选择"文本"工具 T，在文本工具"属性"面板中进行设置，在舞台窗口中适当的位置输入大小为 10、字体为"微软雅黑"的黑色文字，文字效果如图 5-38 所示。

罗马是全世界天主教会的中心。罗马与佛罗伦斯同为意大利文艺复兴中心，现今仍保存有相当丰富的文艺复兴与巴洛克风貌；罗马的历史城区被列为世界文化遗产。

图 5-37

在最大的胡夫金字塔东侧，便是狮身人面像，它以诱人的魔力，吸引了各地的游客。

图 5-38

3. 制作罗马景点动画

（1）单击舞台窗口左上方的"场景 1"图标 场景1，进入"场景 1"的舞台窗口。将"图层 1"重新命名为"罗马"，如图 5-39 所示。将"库"面板中的图形元件"罗马"拖曳到舞台窗口中，如图 5-40 所示。

（2）选中"罗马"图层的第 20 帧，按 F6 键插入关键帧，选中"罗马"图层的第 60 帧，按 F5 键插入普通帧。选中"罗马"图层的第 1 帧，在舞台窗口中选中"罗马"实例，在图形"属性"面板中选择"色彩效果"选项组，在"样式"选项的下拉列表中选择"Alpha"，将其值设为 0%。

（3）用鼠标右键单击"罗马"图层的第 1 帧，在弹出的快捷菜单中选择"创建传统补间"命令，生成传统补间动画，如图 5-41 所示。

图 5-39　　　　　　　　图 5-40　　　　　　　　图 5-41

（4）在"时间轴"面板中创建新图层并将其命名为"罗马雕像"。选中"罗马雕像"图层的第 20 帧，按 F6 键插入关键帧。将"库"面板中的图形元件"雕像 1"拖曳到舞台窗口中并放置在适当的位置，如图 5-42 所示。

（5）选中"罗马雕像"图层的第 37 帧，按 F6 键插入关键帧。选择"任意变形"工具，在舞台窗口中选中"雕像 1"实例，旋转角度并拖曳到适当的位置，如图 5-43 所示。

（6）用鼠标右键单击"罗马雕像"图层的第 20 帧，在弹出的快捷菜单中选择"创建传统补间"命令，生成传统补间动画，如图 5-44 所示。

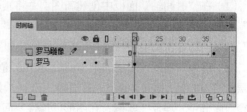

图 5-42   图 5-43   图 5-44

（7）在"时间轴"面板中创建新图层并将其命名为"罗马文字"。选中"罗马文字"图层的第
20 帧，按 F6 键插入关键帧。将"库"面板中的图形元件"罗马文字"拖曳到舞台窗口中并放置在
适当的位置，如图 5-45 所示。

（8）选中"罗马文字"图层的第 37 帧，按 F6 键插入关键帧。选中"罗马文字"图层的第 20 帧，
将舞台窗口中的"罗马文字"实例拖曳到舞台窗口的右外侧，如图 5-46 所示。

（9）用鼠标右键单击"罗马文字"图层的第 20 帧，在弹出的快捷菜单中选择"创建传统补间"
命令，生成传统补间动画，如图 5-47 所示。

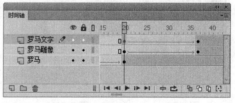

图 5-45   图 5-46   图 5-47

（10）在"时间轴"面板中创建新图层并将其命名为"罗马说明文字"。选中"罗马说明文字"
图层的第 30 帧，按 F6 键插入关键帧。将"库"面板中的图形元件"罗马说明文字"拖曳到舞台窗
口中并放置在适当的位置，如图 5-48 所示。

（11）选中"罗马说明文字"图层的第 37 帧，按 F6 键插入关键帧。选中"罗马说明文字"图层
的第 30 帧，将"罗马说明文字"实例水平向右拖曳到适当的位置，如图 5-49 所示。

（12）用鼠标右键单击"罗马说明文字"图层的第 30 帧，在弹出的快捷菜单中选择"创建传统
补间"命令，生成传统补间动画，如图 5-50 所示。

图 5-48   图 5-49   图 5-50

4．制作埃及景点动画

（1）在"时间轴"面板中创建新图层并将其命名为"埃及"。选中"埃及"图层的第 42 帧，按 F6 键插入关键帧。将"库"面板中的图形元件"埃及"拖曳到舞台窗口中并放置在适当的位置，如图 5-51 所示。

图 5-51

（2）选中"埃及"图层的第 60 帧，按 F6 键插入关键帧。选中"埃及"图层的第 100 帧，按 F5 键插入普通帧。选中"埃及"图层的第 42 帧，在舞台窗口中选中"埃及"实例，在图形"属性"面板中选择"色彩效果"选项组，在"样式"选项的下拉列表中选择"Alpha"，将其值设为 0%。

（3）用鼠标右键单击"埃及"图层的第 42 帧，在弹出的快捷菜单中选择"创建传统补间"命令，生成传统补间动画。

（4）在"时间轴"面板中创建新图层并将其命名为"埃及雕像"。选中"埃及雕像"图层的第 60 帧，按 F6 键插入关键帧。将"库"面板中的图形元件"雕像 2"拖曳到舞台窗口中并放置在适当的位置，如图 5-52 所示。选中"埃及雕像"图层的第 77 帧，按 F6 键插入关键帧。

（5）选中"埃及雕像"图层的第 60 帧，在舞台窗口中将"雕像 2"实例拖曳到舞台窗口的右下侧，如图 5-53 所示。用鼠标右键单击"埃及雕像"图层的第 60 帧，在弹出的快捷菜单中选择"创建传统补间"命令，生成传统补间动画，如图 5-54 所示。

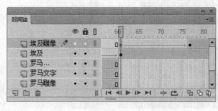

图 5-52　　　　　　图 5-53　　　　　　　　　图 5-54

（6）在"时间轴"面板中创建新图层并将其命名为"埃及文字"。选中"埃及文字"图层的第 60 帧，按 F6 键插入关键帧。将"库"面板中的图形元件"埃及文字"拖曳到舞台窗口中并放置在适当的位置，如图 5-55 所示。

（7）选中"埃及文字"图层的第 77 帧，按 F6 键插入关键帧。选中"埃及文字"图层的第 60 帧，在舞台窗口中将"埃及文字"实例水平向左拖曳到适当的位置，如图 5-56 所示。

（8）用鼠标右键单击"埃及文字"图层的第 60 帧，在弹出的快捷菜单中选择"创建传统补间"命令，生成传统补间动画，如图 5-57 所示。

图 5-55　　　　　　图 5-56　　　　　　　　　图 5-57

（9）在"时间轴"面板中创建新图层并将其命名为"埃及说明文字"。选中"埃及说明文字"图层的第 77 帧，按 F6 键插入关键帧。将"库"面板中的图形元件"埃及说明文字"拖曳到舞台窗口中并放置在适当的位置，如图 5-58 所示。

（10）选中"埃及说明文字"图层的第 85 帧，按 F6 键插入关键帧。选中"埃及说明文字"图层的第 77 帧，在舞台窗口中选中"埃及说明文字"实例，在图形"属性"面板中选择"色彩效果"选项组，在"样式"选项的下拉列表中选择"Alpha"，将其值设为 0%，如图 5-59 所示。

（11）用鼠标右键单击"埃及说明文字"图层的第 77 帧，在弹出的快捷菜单中选择"创建传统补间"命令，生成传统补间动画，如图 5-60 所示。

  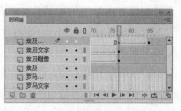

图 5-58　　　　　　　　图 5-59　　　　　　　　图 5-60

（12）在"时间轴"面板中创建新图层并将其命名为"装饰"。将"库"面板中的位图"05"拖曳到舞台窗口中，选择"任意变形"工具，缩放图像大小并放置在适当的位置，如图 5-61 所示。

（13）选择"文本"工具，在文本工具"属性"面板中进行设置，在舞台窗口中适当的位置输入大小为 25、字体为"微软雅黑"的土黄色（#996633）文字，文字效果如图 5-62 所示。

（14）在"时间轴"面板中创建新图层并将其命名为"矩形框"。选择"矩形"工具，在矩形工具"属性"面板中，将"笔触颜色"设为土黄色（#996633），"填充颜色"设为无，"笔触"选项设为 13，在舞台窗口中绘制 1 个矩形框，如图 5-63 所示。名胜古迹鉴赏制作完成，按 Ctrl+Enter 组合键即可查看效果。

图 5-61　　　　　　　　图 5-62　　　　　　　　图 5-63

5.2　视频素材

在应用 Flash 制作动画的过程中，我们可以导入外部的视频素材并将其应用到动画作品中，并可以根据需要导入不同格式的视频素材并设置视频素材的属性。

5.2.1　视频素材的格式

Flash CC 版本对导入的视频格式作了严格的限制，只能导入 FLV（Macromedia Flash Video）和 F4V 格式的视频，而 FLV 视频格式是当前网页视频的主流格式。

5.2.2　导入视频素材

F4V 是 Adobe 公司为了迎接高清时代而推出的继 FLV 格式后支持 H.264 的 F4V 流媒体格式。它和 FLV 主要的区别在于，FLV 格式采用的是 H.263 编码，而 F4V 则支持 H.264 编码的高清晰视频，码率最高可达 50Mbps。

FLV 文件可以导入导出带编码音频的静态视频流，使用于通信应用程序，例如视频会议或包含从 Adobe 的 Macromedia Flash Media Server 中导出的屏幕共享编码数据的文件。

要导入 FLV 格式的文件，可以选择"文件 > 导入 > 导入视频"命令，弹出"导入视频"对话框，单击"浏览"按钮 浏览... ，在弹出的"打开"对话框中选择要导入的 FLV 影片，单击"打开"按钮，返回到"导入视频"对话框中，在对话框中选择"在 SWF 中嵌入 FLV 并在时间轴中播放"选项，如图 5-64 所示，单击"下一步"按钮，进入"嵌入"对话框，如图 5-65 所示。

图 5-64

图 5-65

单击"下一步"按钮，弹出"完成视频导入"对话框，如图 5-66 所示，单击"完成"按钮完成视频的编辑，效果如图 5-67 所示。此时，"时间轴"和"库"面板中的效果如图 5-68 和图 5-69 所示。

图 5-66

图 5-67

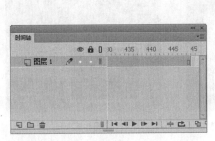

图 5-68

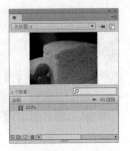

图 5-69

5.2.3　视频的属性

在属性面板中可以更改导入视频的属性。选中视频，选择"窗口 > 属性"命令，弹出视频"属性"面板，如图 5-70 所示。

"实例名称"选项：可以设定嵌入视频的名称。

"交换"按钮：单击此按钮，弹出"交换嵌入视频"对话框，可以将视频剪辑与另一个视频剪辑交换。

"X"、"Y"选项：可以设定视频在场景中的位置。

"宽"、"高"选项：可以设定视频的宽度和高度。

图 5-70

5.2.4　课堂案例——制作平板电脑广告

📋 **案例学习目标**

使用导入视频命令导入视频，制作平板电脑广告效果。

📋 **案例知识要点**

使用"导入视频"命令导入视频；使用"任意变形"工具调整视频的大小；使用"矩形"工具绘制装饰框，效果如图 5-71 所示。

📋 **效果所在位置**

光盘/Ch05/效果/制作平板电脑广告.fla。

（1）选择"文件 > 新建"命令，在弹出的"新建文档"对话框中选择"ActionScript 3.0"选项，单击"确定"按钮，进入新建文档舞台窗口。按 Ctrl+J 组合键，弹出"文档设置"对话框，将"舞台大小"选项设为 600 × 424 像素，单击"确定"按钮，完成舞台属性的修改。

（2）选择"文件 > 导入 > 导入到舞台"命令，在弹出的"导入"对话框中选择"Ch05 > 素材 > 制作平板电脑广告 > 01"文件，单击"打开"按钮，文件被导入到舞台窗口中，如图 5-72 所示。并将"图层 1"重新命名为"底图"。

图 5-71　　　　　　　　　　　图 5-72

（3）单击"时间轴"面板下方的"新建图层"按钮，创建新图层并将其命名为"视频"。选择"文件 > 导入 > 导入视频"命令，在弹出的"导入视频"对话框中单击"浏览"按钮，在弹出的"打开"对话框中选择"Ch05 > 素材 > 制作平板电脑广告 > 02"文件，如图 5-73 所示，单击"打开"按钮回到"导入视频"对话框中，点选"在 SWF 中嵌入 FLV 并在时间轴中播放"选项，如图 5-74 所示。

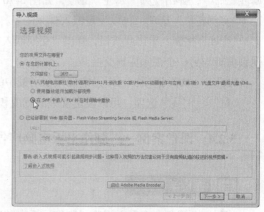

图 5-73　　　　　　　　　　　图 5-74

（4）单击"下一步"按钮，弹出"嵌入"对话框，对话框中的设置如图 5-75 所示。单击"下一步"按钮，弹出"完成视频导入"对话框，单击"完成"按钮完成视频的导入，"02"视频文件被导入到"库"面板中，如图 5-76 所示。

图 5-75　　　　　　　　　　　图 5-76

（5）选中"底图"图层的第 41 帧，按 F5 键插入普通帧，如图 5-77 所示。选中舞台窗口中的视频实例，选择"任意变形"工具 ，在视频的周围出现控制点，将光标放在视频右上方的控制点上，光标变为 ，按住鼠标不放，向中间拖曳控制点，松开鼠标，视频缩小。并将视频放置到适当的位置，在舞台窗口的任意位置单击鼠标，取消对视频的选取，效果如图 5-78 所示。

（6）在"时间轴"面板中创建新图层并将其命名为"视频边框"。选择"基本矩形"工具 ，在基本矩形工具"属性"面板中，将"笔触颜色"设为无，"填充颜色"设为黑色，在舞台窗口中绘制矩形，如图 5-79 所示。保持图形选取状态，按住 Alt+Shift 键的同时，水平向右拖曳图形到适当的位置，效果如图 5-80 所示。平板电脑广告制作完成，按 Ctrl+Enter 组合键即可查看效果，效果如图 5-81 所示。

图 5-77

图 5-78

图 5-79

图 5-80

图 5-81

课堂练习——制作饮品广告

练习知识要点

使用"导入"命令，导入素材；使用"转换位图为矢量图"命令，将位图转换为矢量图，效果如图 5-82 所示。

效果所在位置

光盘/Ch05/效果/制作饮品广告.fla。

图 5-82

课后习题——制作餐饮广告

习题知识要点

使用"导入视频"命令，导入视频；使用"任意变形"工具，调整视频的大小；使用"矩形"工具，绘制视频边框，效果如图 5-83 所示。

效果所在位置

光盘/Ch05/效果/制作餐饮广告.fla。

图 5-83

第6章 元件和库

在 Flash CC 中，元件起着举足轻重的作用。通过重复应用元件，可以提高工作效率并减少文件量。本章主要讲解了元件的创建、编辑、应用以及库面板的使用方法。通过学习这些内容，读者可以了解并掌握如何应用元件的相互嵌套及重复应用来设计制作出变化无穷的动画效果。

课堂学习目标	/ 了解元件的类型
	/ 掌握元件的创建方法
	/ 掌握元件的引用方法
	/ 运用库面板编辑元件

6.1 元件的 3 种类型

在 Flash 的舞台上，经常要有一些对象进行"表演"，当不同的舞台剧幕上有相同的对象进行表演时，若还要重新建立并使用这些重复对象的话，动画文件会非常大。另外，如果动画中使用很多重复的对象而不使用元件，装载时就要不断地重复装载对象，也就增大了动画演示时间。因此，Flash 引入元件的概念，所谓元件就是可以被不断重复使用的特殊对象符号。当不同的舞台剧幕上有相同的对象进行"表演"时，用户可先建立该对象的元件，需要时只需在舞台上创建该元件的实例即可。因为实例是元件在场景中的表现形式，也是元件在舞台上的一次具体使用，演示动画时重复创建元件的实例只加载一次，所以使用元件不会增加动画文件的大小。

6.1.1 图形元件

图形元件 有自己的编辑区和时间轴，一般用于创建静态图像或创建可重复使用的、与主时间轴关联的动画。如果在场景中创建元件的实例，那么实例将受到主场景中时间轴的约束。换句话说，图形元件中的时间轴与其实例在主场景的时间轴是同步的。另外，我们可以在图形元件中使用矢量图、图像、声音和动画的元素，但不能为图形元件提供实例名称，也不能在动作脚本中引用图形元件，并且声音在图形元件中失效。

6.1.2 按钮元件

按钮元件 主要是创建能激发某种交互行为的按钮。创建按钮元件的关键是设置 4 种不同状态的帧，即"弹起"（鼠标抬起）、"指针经过"（鼠标移入）、"按下"（鼠标按下）、"点击"（鼠标响应区域，在这个区域创建的图形不会出现在画面中）。

6.1.3　影片剪辑元件

影片剪辑元件 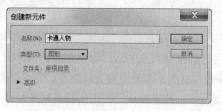 也像图形元件一样有自己的编辑区和时间轴，但又不完全相同。影片剪辑元件的时间轴是独立的，它不受其实例在主场景时间轴（主时间轴）的控制。比如，在场景中创建影片剪辑元件的实例，此时即便场景中只有一帧，在发布作品时电影片段中也可播放动画。另外，我们可以在影片剪辑元件中使用矢量图、图像、声音、影片剪辑元件、图形组件、按钮组件等，并且能在动作脚本中引用影片剪辑元件。

6.2　创建元件

在创建元件时，可根据作品的需要来判断元件的类型。

6.2.1　创建图形元件

选择"插入 > 新建元件"命令，或按 **Ctrl+F8** 组合键，弹出"创建新元件"对话框，在"名称"选项的文本框中输入"卡通人物"，在"类型"选项下拉列表中选择"图形"选项，如图 6-1 所示。

图 6-1

单击"确定"按钮，创建一个新的图形元件"卡通人物"。图形元件的名称出现在舞台的左上方，舞台切换到图形元件"卡通人物"的窗口，窗口中间出现十字"+"，代表图形元件的中心定位点，如图 6-2 所示。在"库"面板中显示图形元件，如图 6-3 所示。

选择"文件 > 导入 > 导入到舞台"命令，弹出"导入"对话框，在弹出的对话框中选择光盘中的"基础素材 > Ch06 > 01"文件，单击"打开"按钮，将素材导入到舞台，如图 6-4 所示，完成图形元件的创建。单击舞台窗口左上方的"场景 1"图标  场景 1，就可以返回到场景的编辑舞台。

图 6-2　　　　　　　　　　　　图 6-3　　　　　　　　　　　　图 6-4

6.2.2　创建按钮元件

虽然 Flash CC 库中提供了一些按钮，但如果要使用复杂的按钮，还是需要自己创建。

选择"插入 > 新建元件"命令，弹出"创建新元件"对话框，在"名称"选项的文本框中输入"按钮"，在"类型"选项下拉列表中选择"按钮"选项，如图 6-5 所示。

图 6-5

单击"确定"按钮，创建一个新的按钮元件"按钮"。按钮元件的名称出现在舞台的左上方，舞台切换到按钮元件"按钮"的窗口，窗口中间出现十字"+"，代表按钮元件的中心定位点。在"时间轴"窗口中显示 4 个状态帧："弹起"、"指针经过"、"按下"、"点击"，如图 6-6 所示。

"弹起"帧：设置鼠标指针不在按钮上时按钮的外观。

"指针经过"帧：设置鼠标指针放在按钮上时按钮的外观。

"按下"帧：设置按钮被单击时的外观。

"点击"帧：设置响应鼠标单击的区域。此区域在影片里不可见。

"库"面板中的效果如图 6-7 所示。

选择"椭圆"工具，在工具箱中将"笔触颜色"设为无，"填充颜色"设为绿色（#00CC33），在中心点上绘制 1 个圆形，效果如图 6-8 所示。

图 6-6　　　　　　　图 6-7　　　　　　　图 6-8

在"时间轴"面板中选中"指针经过"帧，按 F6 键插入关键帧，如图 6-9 所示。选择"颜料桶"工具，在工具箱中将"填充颜色"设为橘黄色（#FF6600），在圆形上单击，改变圆形颜色，效果如图 6-10 所示。在"时间轴"面板中选中"按下"帧，按 F6 键插入关键帧，如图 6-11 所示。

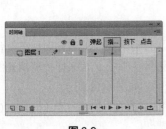　　

图 6-9　　　　　　　图 6-10　　　　　　　图 6-11

在工具箱中将"填充颜色"设为青色（#33CCFF），在圆形上单击，改变圆形颜色，效果如图 6-12 所示。在"时间轴"面板中选中"点击"帧，按 F7 键插入空白关键帧，如图 6-13 所示。选择 "矩形"工具 ，在工具箱中将"填充颜色"设为洋红色（#FF00FF），在中心点上绘制出 1 个矩形，效果如图 6-14 所示。

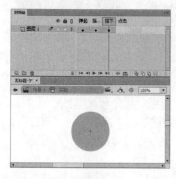

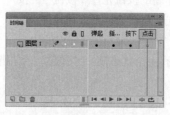

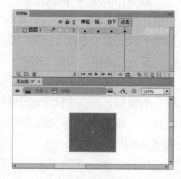

图 6-12　　　　　　　　　　　　　图 6-13　　　　　　　　　　　　　图 6-14

按钮元件制作完成，在各关键帧上，舞台中显示的图形如图 6-15 所示。单击舞台窗口左上方的 "场景 1"图标 场景 1，就可以返回到场景的编辑舞台。

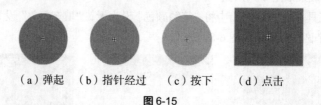

（a）弹起　（b）指针经过　（c）按下　（d）点击

图 6-15

6.2.3　创建影片剪辑元件

选择"插入 > 新建元件"命令，弹出"创建新元件"对话框，在"名称"选项的文本框中输入 "变形"，在"类型"选项下拉列表中选择"影片剪辑"选项，如图 6-16 所示。

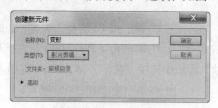

图 6-16

单击"确定"按钮，创建一个新的影片剪辑元件"变形"。影片剪辑元件的名称出现在舞台的 左上方，舞台切换到影片剪辑元件"变形"的窗口，窗口中间出现十字"+"，代表影片剪辑元件的 中心定位点，如图 6-17 所示。在"库"面板中显示出影片剪辑元件，如图 6-18 所示。

选择"椭圆"工具 ，在工具箱中将"笔触颜色"设为无，"填充颜色"设为红色（#FF0000）， 在中心点上绘制 1 个圆形，如图 6-19 所示。

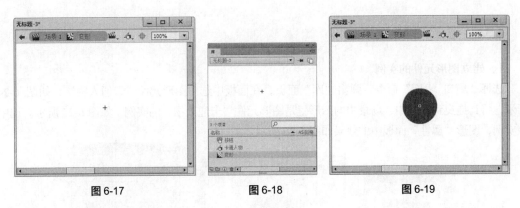

图 6-17　　　　　　　　　图 6-18　　　　　　　　　图 6-19

选中第 10 帧按 F7 键插入空白关键帧，如图 6-20 所示。选择"多角星形"工具 ⬡，在工具箱中将"笔触颜色"设为无，"填充颜色"设为黄色（#FFCC00），在中心点上绘制 1 个五边形，如图 6-21 所示。用鼠标右键单击第 1 帧，在弹出的快捷菜单中选择"创建补间形状"命令，生成形状补间动画，如图 6-22 所示。

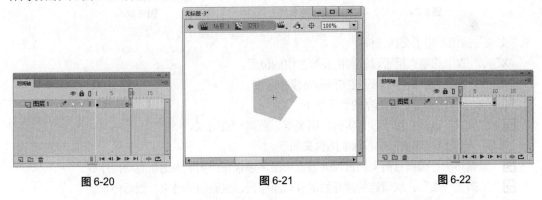

图 6-20　　　　　　　　　图 6-21　　　　　　　　　图 6-22

影片剪辑元件制作完成，在不同的关键帧上，舞台中将显示出不同的变形图形，如图 6-23 所示。单击舞台窗口左上方的"场景 1"图标 场景 1 就可以返回到场景的编辑舞台。

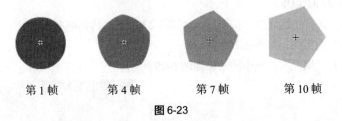

第 1 帧　　　　第 4 帧　　　　第 7 帧　　　　第 10 帧

图 6-23

6.3　元件的引用——实例

实例是元件在舞台上的一次具体使用。当修改元件时，该元件的实例也随之被更改。重复使用实例不会增加动画文件的大小，是使动画文件保持较小体积的一个很好的策略。每一个实例都有区别于其他实例的属性，这可以通过修改该实例属性面板的相关属性来实现。

6.3.1 建立实例

1．建立图形元件的实例

选择"窗口 > 库"命令，弹出"库"面板，在面板中选中图形元件"卡通人物"，如图 6-24 所示，将其拖曳到场景中，场景中的图形就是图形元件"卡通人物"的实例，如图 6-25 所示。选中该实例，图形"属性"面板中的效果如图 6-26 所示。

图 6-24   图 6-25   图 6-26

"交换"按钮：用于交换元件。

"X"、"Y"选项：用于设置实例在舞台中的位置。

"宽"、"高"选项：用于设置实例的宽度和高度。

"色彩效果"选项组中各选项的含义如下。

➡ "样式"选项：用于设置实例的明亮度、色调和透明度。

"循环"选项组"选项"中各选项的含义如下。

➡ "循环"：按照当前实例占用的帧数来循环包含在该实例内的所有动画序列。

➡ "播放一次"：从指定的帧开始播放动画序列，直到动画结束，然后停止。

➡ "单帧"：显示动画序列的一帧。

"第一帧"选项：用于指定动画从哪一帧开始播放。

2．建立按钮元件的实例

在"库"面板中选择按钮元件"按钮"，如图 6-27 所示，将其拖曳到场景中，场景中的图形就是按钮元件"按钮"的实例，如图 6-28 所示。

选中该实例，其"属性"面板中的效果如图 6-29 所示。

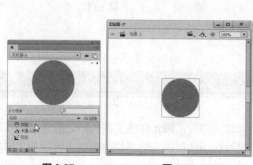
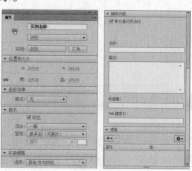

图 6-27   图 6-28   图 6-29

"实例名称"选项：可以在选项的文本框中为实例设置一个新的名称。

"显示"选项组的"选项"中各选项的含义如下。

➡ "可见"：该复选项可以控制按钮的可见性。

➡ "混合"：用来控制按钮与下面图像的叠加模式。

➡ "呈现"：用来控制测试时显示的状态。

"字距调整"选项组的"选项"中各选项的含义如下。

➡ "音轨当作按钮"：选择此选项，在动画运行中，当按钮元件被按下时，画面上的其他对象不再响应鼠标操作。

➡ "音轨作为菜单项"：选择此选项，在动画运行中，当按钮元件被按下时，其他对象还会响应鼠标操作。

"辅助功能"选项组：主要用来辅助按钮的信息。

按钮"属性"面板中的其他选项与图形"属性"面板中的选项作用相同，不再一一介绍。

3．建立影片剪辑元件的实例

在"库"面板中选择影片剪辑元件"变形"，如图 6-30 所示，将其拖曳到场景中，场景中的图形就是影片剪辑元件"变形"的实例，如图 6-31 所示。

选中该实例，影片剪辑"属性"面板中的效果如图 6-32 所示。

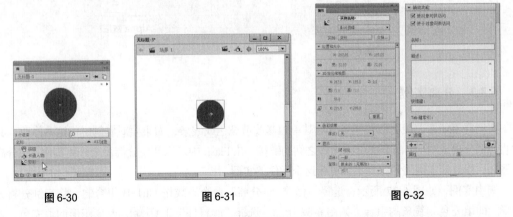

| 图 6-30 | 图 6-31 | 图 6-32 |

影片剪辑"属性"面板中的选项与图形"属性"面板、按钮"属性"面板中的选项作用相同，不再一一介绍。

6.3.2 改变实例的颜色和透明效果

每个实例都有自己的颜色和透明度，要修改它们，可先在舞台中选择实例，然后修改"属性"面板中的相关属性。

在舞台中选中实例，在"属性"面板中选择"样式"选项的下拉列表，如图 6-33 所示。

"无"选项：表示对当前实例不进行任何更改。如果对实例以前做的变化效果不满意，可以选择此选项，取消实例的变化效果，再重新设置新的效果。

"亮度"选项：用于调整实例的明暗对比度。可以在"亮度数量"选项中直接输入数值，也可以拖曳右侧的滑块来设置数值，如图 6-34 所示。其默认的数值为 0，取值范围为-100～100。当取值大于 0 时，实例变亮；当取值小于 0 时，实例变暗。

图 6-33

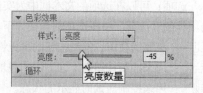

图 6-34

"色调"选项：用于为实例增加颜色。在颜色按钮右侧的"色调"选项中设置数值，如图 6-35 所示。数值范围为 0～100。当数值为 0 时，实例颜色将不受影响；当数值为 100 时，实例的颜色将完全被所选颜色取代。也可以在"红、绿、蓝"选项的数值框中输入数值来设置颜色。

"高级"选项：用于设置实例的颜色和透明效果，可以分别调节"Alpha"、"红"、"绿"和"蓝"的值。

"Alpha"选项：用于设置实例的透明效果，如图 6-36 所示。数值范围为 0～100。数值为 0 时，实例不透明；数值为 100 时，实例不变。

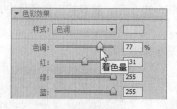

图 6-35

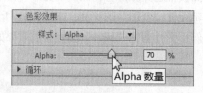

图 6-36

6.3.3　分离实例

实例并不能像一般图形一样可以对其单独修改填充色或线条，如果要对实例进行这些修改，必须将实例分离成图形，断开实例与元件之间的链接。在 Flash 中可以使用分离命令分离实例，在分离实例之后修改该实例的元件并不会更新这个元件的实例。

选中实例，如图 6-37 所示，选择"修改 > 分离"命令，或按 Ctrl+B 组合键，将实例分离为图形，即填充色和线条的组合，如图 6-38 所示。选择"颜料桶"工具 ，改变图形的填充色，如图 6-39 所示。

图 6-37

图 6-38

图 6-39

6.3.4　课堂案例——制作动态菜单

📝 **案例学习目标**

使用库面板制作按钮及影片剪辑元件。

📝 **案例知识要点**

使用"文本"工具添加文本；使用"变形"面板改变图形大小；使用"属性"面板改变图像的位置，效果如图 6-40 所示。

📝 **效果所在位置**

光盘/Ch06/效果/制作动态菜单.fla。

图 6-40

1．导入素材制作图形元件

（1）选择"文件 > 新建"命令，在弹出的"新建文档"对话框中选择"ActionScript 3.0"选项，单击"确定"按钮，进入新建文档舞台窗口。按 Ctrl+J 组合键，弹出"文档设置"对话框，将"舞台大小"选项设为 668 × 300 像素，单击"确定"按钮，完成舞台属性的修改。

（2）选择"文件 > 导入 > 导入到库"命令，在弹出的"导入到库"对话框中选择"Ch06 > 素材 > 制作动态菜单 > 01、02、03、04、05"文件，单击"打开"按钮，文件被导入到"库"面板中，如图 6-41 所示。

（3）按 Ctrl+F8 组合键，弹出"创建新元件"对话框，在"名称"选项的文本框中输入"购物"，在"类型"选项下拉列表中选择"图形"选项，单击"确定"按钮，新建图形元件"购物"，如图 6-42 所示。舞台窗口也随之转换为图形元件的舞台窗口。

（4）将"库"面板中的位图"02"拖曳到舞台窗口中，保持图像的选取状态，按 Ctrl+K 组合键，弹出"对齐"面板，勾选"与舞台对齐"复选项，分别单击"对齐"面板中的"水平中齐"按钮 🔳 和"垂直中齐"按钮 🔳，使位图"02"与舞台中心对齐，如图 6-43 所示。

（5）用步骤 3 和步骤 4 的方法分别创建图形元件"礼盒"、"订单"和"付款"，如图 6-44、图 6-45 和图 6-46 所示。

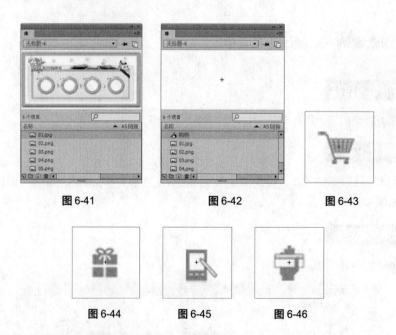

图 6-41　　　　　　图 6-42　　　　　　图 6-43

图 6-44　　　　　　图 6-45　　　　　　图 6-46

2．制作影片剪辑元件

（1）按 Ctrl+F8 组合键，弹出"创建新元件"对话框，在"名称"选项的文本框中输入"购物车"，在"类型"选项下拉列表中选择"影片剪辑"选项，单击"确定"按钮，新建影片剪辑元件"购物车"，如图 6-47 所示。舞台窗口也随之转换为影片剪辑元件的舞台窗口。

（2）将"库"面板中的图形元件"购物"拖曳到舞台窗口中，并放置在舞台的中心位置，如图 6-48 所示。分别选中第 4 帧、第 7 帧、第 10 帧和第 13 帧，按 F6 键插入关键帧，如图 6-49 所示。

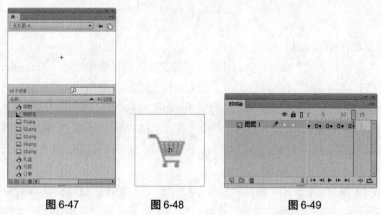

图 6-47　　　　　图 6-48　　　　　　图 6-49

（3）选中第 4 帧，在舞台窗口中选中"购物"实例，在图形"属性"面板中选择"色彩效果"选项组，在"样式"选项下拉列表中选择"色调"，各选项的设置如图 6-50 所示，舞台窗口中的效果如图 6-51 所示。

（4）使用相同的方法，分别选中第 7 帧、第 10 帧、第 13 帧中的实例，在"属性"面板中进行设置，将色调颜色依次设为蓝绿色（#33CC99）、浅蓝色（#66CCFF）、紫色（#990066），如图 6-52、图 6-53 和图 6-54 所示。

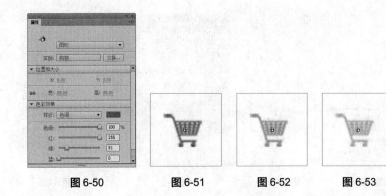

图 6-50　　　　图 6-51　　　　图 6-52　　　　图 6-53　　　　图 6-54

（5）步骤 1 ~ 步骤 4 的方法分别创建影片剪辑元件"支付方式"、"礼物盒"和"信息单"，如图 6-55、图 6-56 和图 6-57 所示。

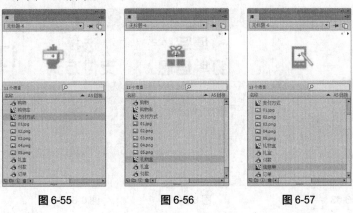

图 6-55　　　　　　图 6-56　　　　　　图 6-57

3．制作按钮元件

（1）按 Ctrl+F8 组合键，弹出"创建新元件"对话框，在"名称"选项的文本框中输入"按钮 1"，在"类型"选项下拉列表中选择"按钮"选项，单击"确定"按钮，新建按钮元件"按钮 1"。舞台窗口也随之转换为按钮元件的舞台窗口。

（2）选择"文本"工具 T ，在文本工具"属性"面板中进行设置，在舞台窗口中适当的位置输入大小为 12、字体为"方正粗圆简体"的深褐色（#492E00）文字，文字效果如图 6-58 所示。

（3）选择"选择"工具 ，选中文字，分别单击"对齐"面板中的"水平中齐"按钮 和"垂直中齐"按钮 ，使文字与舞台中心对齐，如图 6-59 所示。

（4）选中"指针经过"帧，按 F7 键插入空白关键帧。将"库"面板中的影片剪辑元件"购物车"拖曳到舞台窗口中，保持图像的选取状态，分别单击"对齐"面板中的"水平中齐"按钮 和"垂直中齐"按钮 ，使实例与舞台中心对齐，如图 6-60 所示。

（5）选中"按下"帧，按 F7 键插入空白关键帧。将"库"面板中的图形元件"购物"拖曳到舞台窗口中，按 Ctrl+T 组合键，弹出"变形"面板，将"缩放宽度"和"缩放高度"分别设为 88%，如图 6-61 所示。保持图像的选取状态，分别单击"对齐"面板中的"水平中齐"按钮 和"垂直中齐"按钮 ，使实例与舞台中心对齐，如图 6-62 所示。

图 6-58   图 6-59   图 6-60   图 6-61   图 6-62

（6）选中"点击"帧，按 F6 键插入关键帧，如图 6-63 所示。用上述的方法分别创建按钮元件"按钮 2"、"按钮 3"和"按钮 4"，如图 6-64、图 6-65 和图 6-66 所示。

图 6-63   图 6-64   图 6-65   图 6-66

（7）单击舞台窗口左上方的"场景 1"图标 <u>场景 1</u>，进入"场景 1"的舞台窗口。将"图层 1"重新命名为"底图"。将"库"面板中的位图"01"拖曳到舞台窗口中，如图 6-67 所示。在"时间轴"面板中创建新图层并将其命名为"按钮"，如图 6-68 所示。

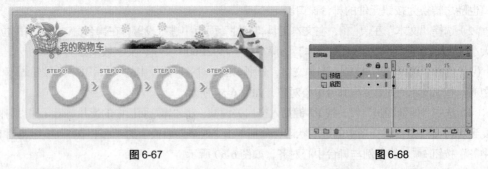

图 6-67   图 6-68

（8）将"库"面板中的按钮元件"按钮 1"、"按钮 2"、"按钮 3"、"按钮 4"、"按钮 5"分别拖曳到舞台窗口中，从左至右排列，效果如图 6-69 所示。动态菜单效果制作完成，按 Ctrl+Enter 组合键即可查看效果。

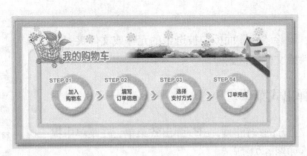

图 6-69

6.4 ╱ 库

在 Flash 文档的"库"面板中可以存储创建的元件和导入的文件。只要建立 Flash 文档，就可以使用相应的库。

6.4.1 库面板的组成

选择"窗口 > 库"命令，或按 Ctrl+L 组合键，弹出"库"面板，如图 6-70 所示。

"库的名称"：在"库"面板的下方显示出与"库"面板相对应的文档名称。

"元件数量"：在名称的上方显示出当前"库"面板中的元件数量。

"预览区域"：在"元件数量"上方为预览区域，可以在此观察选定元件的效果。如果选定的元件为多帧组成的动画，在预览区域的右上方会显示出两个按钮 ▪ ▶。

图 6-70

➡️　"播放"按钮 ▶：单击此按钮，可以在预览区域里播放动画。

➡️　"停止"按钮 ▪：单击此按钮，停止播放动画。

当"库"面板呈最大宽度显示时，将出现如下一些按钮。

"名称"按钮：单击此按钮，"库"面板中的元件将按名称排序。

"类型"按钮：单击此按钮，"库"面板中的元件将按类型排序。

"使用次数"按钮：单击此按钮，"库"面板中的元件将按被引用的次数排序。

"链接"按钮：与"库"面板弹出式菜单中"链接"命令的设置相关联。

"修改日期"按钮：单击此按钮，"库"面板中的元件将按被修改的日期进行排序。

在"库"面板的下方有以下 4 个按钮。

"新建元件"按钮 🗊：用于创建元件。单击此按钮，弹出"创建新元件"对话框，可以通过设置创建新的元件。

"新建文件夹"按钮 🗂：用于创建文件夹。我们可以分门别类地建立文件夹，将相关的元件调入其中，以方便管理。单击此按钮，在"库"面板中生成新的文件夹，可以设定文件夹的名称。

"属性"按钮 🛈：用于转换元件的类型。单击此按钮，弹出"元件属性"对话框，可以实现元件类型的相互转换。

"删除"按钮 🗑：删除"库"面板中被选中的元件或文件夹。单
击此按钮，所选的元件或文件夹被删除。

6.4.2　库面板弹出式菜单

单击"库"面板右上方的按钮 ▼，出现弹出式菜单，在菜单中提
供了很多实用的命令，如图 6-71 所示。

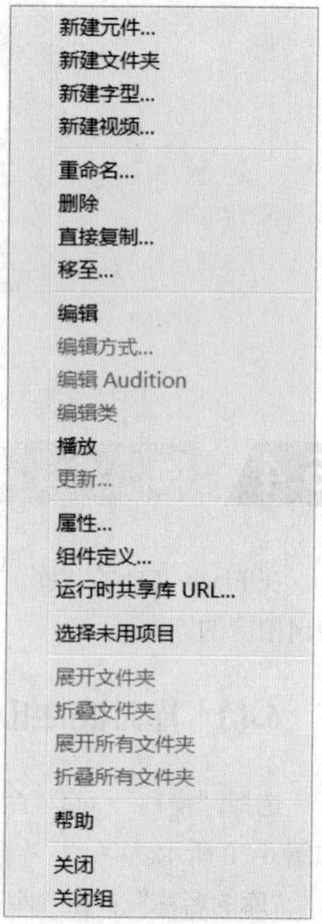

"新建元件"命令：用于创建一个新的元件。

"新建文件夹"命令：用于创建一个新的文件夹。

"新建字型"命令：用于创建字体元件。

"新建视频"命令：用于创建视频资源。

"重命名"命令：用于重新设定元件的名称。也可双击要重命名的
元件，再更改名称。

"删除"命令：用于删除当前选中的元件。

"直接复制"命令：用于复制当前选中的元件。此命令不能用于复
制文件夹。

"移至"命令：用于将选中的元件移动到新建的文件夹中。

"编辑"命令：选择此命令，主场景舞台被切换到当前选中元件的
舞台。

"编辑方式"命令：用于编辑所选位图元件。

"使用 Audition 进行编辑"命令：用于打开 Adobe Audition 软件，
对音频进行润饰、音乐自定、添加声音效果等操作。

"播放"命令：用于播放按钮元件或影片剪辑元件中的动画。

"更新"命令：用于更新资源文件。

"属性"命令：用于查看元件的属性或更改元件的名称和类型。

"组件定义"命令：用于介绍组件的类型、数值和描述语句等属性。

"共享库属性"命令：用于设置公用库的链接。

"选择未用项目"：用于选出在"库"面板中未经使用的元件。

"展开文件夹"命令：用于打开所选文件夹。

"折叠文件夹"命令：用于关闭所选文件夹。

"展开所有文件夹"命令：用于打开"库"面板中的所有文件夹。

"折叠所有文件夹"命令：用于关闭"库"面板中的所有文件夹。

"帮助"命令：用于调出软件的帮助文档。

"关闭"：选择此命令可以将库面板关闭。

"关闭组"命令：选择此命令将关闭组合后的面板组。

图 6-71

课堂练习——制作家电销售广告

练习知识要点

使用"文本"工具，输入介绍文本；使用"创建传统补间"命令，制作文字虚实演变；使用"动作"面板，添加脚本语言，效果如图 6-72 所示。

效果所在位置

光盘/Ch06/效果/制作家电销售广告.fla。

图 6-72

课后习题——制作动态按钮

习题知识要点

使用"矩形"工具、"柔化填充边缘"命令和"颜色"面板制作按钮，使用"文本"工具输入文字，效果如图 6-73 所示。

效果所在位置

光盘/Ch06/效果/制作动态按钮.fla。

图 6-73

第7章 制作基本动画

在 Flash CC 动画的制作过程中，时间轴和帧起到了关键性的作用。本章主要讲解了动画中帧和时间轴的使用方法及应用技巧、基础动画的制作方法。通过学习这些内容，读者可以了解并掌握如何灵活地应用帧和时间轴，并根据设计需要制作出丰富多彩的动画效果。

课堂学习目标
- 了解动画与帧的基本概念
- 掌握时间轴的使用方法
- 掌握逐帧动画的制作方法
- 掌握形状补间动画的制作方法
- 掌握传统补间动画的制作方法
- 掌握测试动画的方法

7.1 动画与帧的基本概念

现代医学研究证明，人眼具有"视觉暂留"的特点，即人眼看到物体或画面后，在 1/24s 内不会消失。利用这一原理，在一幅画没有消失之前播放下一幅画，就会使人的视觉感觉到流畅的变化效果。所以，动画就是通过连续播放一系列静止画面，给视觉造成连续变化的效果。

在 Flash 中，这一系列单幅的画面就叫帧，它是 Flash 动画中最小时间单位里出现的画面。每秒钟显示的帧数叫帧率，如果帧率太慢就会使人在视觉上感到不流畅。所以，按照人的视觉原理，一般将动画的帧率设为 24 帧/秒。

在 Flash 中，动画制作的过程就是决定动画每一帧显示什么内容的过程。用户可以像制作传统动画一样自己绘制动画的每一帧，即逐帧动画。但逐帧动画所需的工作量非常大，为此，Flash 还提供了一种简单的动画制作方法，即采用关键帧处理技术的插值动画。插值动画又分为运动动画和变形动画两种。

制作插值动画的关键是绘制动画的起始帧和结束帧，中间帧的效果由 Flash 自动计算得出。为此，在 Flash 中提供了关键帧、过渡帧、空白关键帧的概念。

关键帧描绘动画的起始帧和结束帧。当动画内容发生变化时必须插入关键帧，即使是逐帧动画也要为每个画面创建关键帧。关键帧有延续性，开始关键帧中的对象会延续到结束关键帧。

过渡帧是动画起始、结束关键帧中间系统自动生成的帧。

空白关键帧是不包含任何对象的关键帧。因为 Flash 只支持在关键帧中绘制或插入对象，所以当动画内容发生变化而又不希望延续前面关键帧的内容时需要插入空白关键帧。

7.2 帧的显示形式

在 Flash 中，帧包括多种显示形式。

➡ 空白关键帧：在时间轴中，白色背景带有黑圈的帧为空白关键帧。表示在当前舞台中没有任何内容，如图 7-1 所示。

➡ 关键帧：在时间轴中，灰色背景带有黑点的帧为关键帧。表示在当前场景中存在一个关键帧，在关键帧对应的舞台中存在一些内容，如图 7-2 所示。

在时间轴中存在多个帧。带有黑色圆点的第 1 帧为关键帧，最后 1 帧上面带有黑边的矩形框，为普通帧。除了第 1 帧以外，其他帧均为普通帧，如图 7-3 所示。

图 7-1　　　　　　　　图 7-2　　　　　　　　图 7-3

➡ 传统补间帧：在时间轴中，带有黑色圆点的第 1 帧和最后 1 帧为关键帧，中间蓝色背景带有黑色箭头的帧为补间帧，如图 7-4 所示。

➡ 补间形状帧：在时间轴中，带有黑色圆点的第 1 帧和最后 1 帧为关键帧，中间绿色背景带有黑色箭头的帧为补间帧，如图 7-5 所示。在时间轴中，帧上出现虚线，表示是未完成或中断了的补间动画，虚线表示不能够生成补间帧，如图 7-6 所示。

 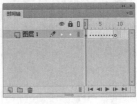

图 7-4　　　　　　　　图 7-5　　　　　　　　图 7-6

➡ 包含动作语句的帧：在时间轴中，第 1 帧上出现一个字母"a"，表示这一帧中包含了使用"动作"面板设置的动作语句，如图 7-7 所示。

➡ 帧标签：在时间轴中，第 1 帧上出现一只红旗，表示这一帧的标签类型是名称。红旗右侧的"mc"是帧标签的名称，如图 7-8 所示。

 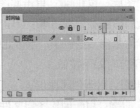

图 7-7　　　　　　　　图 7-8

在时间轴中，第 1 帧上出现两条绿色斜杠，表示这一帧的标签类型是注释，如图 7-9 所示。帧注释是对帧的解释，帮助理解该帧在影片中的作用。

在时间轴中，第1帧上出现一个金色的锚，表示这一帧的标签类型是锚记，如图7-10所示。帧锚记表示该帧是一个定位，方便浏览者在浏览器中快进、快退。

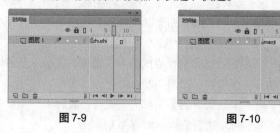

图 7-9   图 7-10

7.3 时间轴的使用

要将一幅幅静止的画面按照某种顺序快速、连续地播放，需要用时间轴来为它们完成时间和顺序的安排。

7.3.1 时间轴面板

"时间轴"面板是实现动画效果最基本的面板，由图层面板和时间轴组成，如图7-11所示。

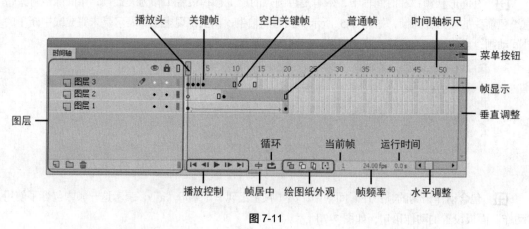

图 7-11

在图层面板的右上方有如下按钮。

"显示或隐藏所有图层"按钮 👁：单击此图标，可以隐藏或显示图层中的内容。

"锁定或解除锁定所有图层"按钮 🔒：单击此图标，可以锁定或解锁图层。

"将所有图层显示为轮廓"按钮 ▯：单击此图标，可以将图层中的内容以线框的方式显示。

在图层面板的左下方有如下按钮。

"新建图层"按钮 🔲：用于创建图层。

"新建文件夹"按钮 🗀：用于创建图层文件夹。

"删除"按钮 🗑：用于删除无用的图层。

单击时间轴右上方的图标 ▾☰，弹出菜单，如图7-12所示。

"很小"命令：以最小的间隔距离显示帧，如图 7-13 所示。

"小"命令：以较小的间隔距离显示帧，如图 7-14 所示。

图 7-12

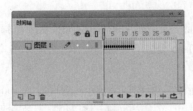
图 7-13

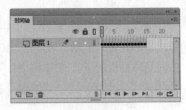
图 7-14

"标准"命令：以标准的间隔距离显示帧，是系统默认的设置。

"中"命令：以较大的间隔距离显示帧，如图 7-15 所示。

"大"命令：以最大的间隔距离显示帧，如图 7-16 所示。

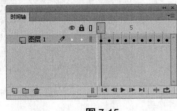

图 7-15

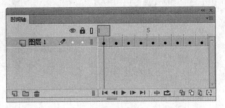
图 7-16

"预览"命令：最大限度地将每一帧中的对象显示在时间轴中，如图 7-17 所示。

"关联预览"命令：每一帧中显示的对象保持与舞台大小相对应的比例，如图 7-18 所示。

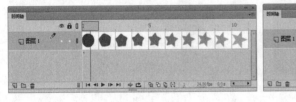

图 7-17

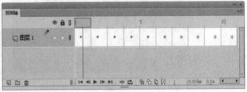
图 7-18

"较短"命令：将帧的高度缩短显示，这样可以在有限的空间中显示出更多的层，如图 7-19 所示。

"基于整体范围的选择"命令：系统默认状态下为选中状态。

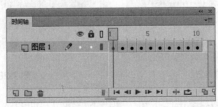
图 7-19

"帮助"命令：用于调出软件的帮助文件。

"关闭"：选择此命令可以将时间轴面板关闭。

"关闭组"命令：选择此命令将关闭组合后的面板组。

7.3.2 绘图纸（洋葱皮）功能

一般情况下，在 Flash 舞台上只能显示当前帧中的对象，如果希望在舞台上出现多帧对象以帮助当前帧对象的定位和编辑，可以通过 Flash 提供的绘图纸（洋葱皮）功能实现。

在时间轴面板的下方有如下按钮。

"帧居中"按钮：单击此按钮，播放头所在帧会显示在时间轴的中间位置。

"循环"按钮：单击此按钮，在标记范围内的帧上将以循环播放方式显示在舞台上。

"绘图纸外观"按钮：单击此按钮，时间轴标尺上出现绘图纸的标记显示，在标记范围内的帧上的对象将同时显示在舞台中，如图 7-20 和图 7-21 所示。可以用鼠标拖动标记点来增加显示的帧数，如图 7-22 所示。

图 7-20　　　　　　图 7-21　　　　　　图 7-22

"绘图纸外观轮廓"按钮：单击此按钮，时间轴标尺上出现绘图纸的标记显示。在标记范围内的帧上的对象将以轮廓线的形式同时显示在舞台中，如图 7-23 和图 7-24 所示。

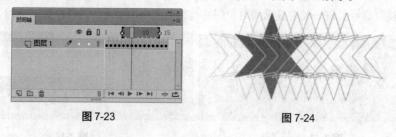

图 7-23　　　　　　　　图 7-24

"编辑多个帧"按钮：单击此按钮，绘图纸标记范围内的帧上的对象将同时显示在舞台中，可以同时编辑所有的对象，如图 7-25 和图 7-26 所示。

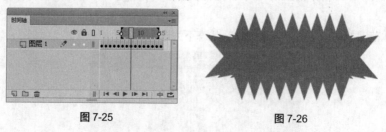

图 7-25　　　　　　　　图 7-26

"修改绘图纸标记"按钮：单击此按钮，弹出下拉菜单，如图 7-27 所示。

"始终显示标记"命令：选择此命令，在时间轴标尺上总是显示出绘图纸标记。

➡️　"锚定标记"命令：选择此命令，将锁定绘图纸标记的显示范围，移动播放头将不会改变显示范围，如图 7-28 所示。

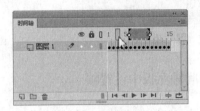

图 7-27　　　　　　　　　　　　　　　图 7-28

➡️　"切换标记范围"命令：选择此命令，将锁定绘图纸标记的显示范围，移动到播放头所在的位置，如图 7-29 和图 7-30 所示。

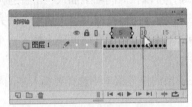　　　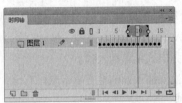

图 7-29　　　　　　　　　　　　图 7-30

➡️　"标记范围 2"命令：选择此命令，绘图纸标记显示范围为从当前帧的前 2 帧开始，到当前帧的后 2 帧结束，如图 7-31 和图 7-32 所示。

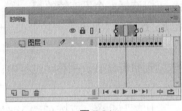　　　

图 7-31　　　　　　　　　　　　图 7-32

➡️　"标记范围 5"命令：选择此命令，绘图纸标记显示范围为从当前帧的前 5 帧开始，到当前帧的后 5 帧结束，如图 7-33 和图 7-34 所示。

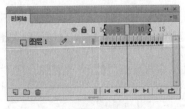　　　

图 7-33　　　　　　　　　　　　图 7-34

➡️　"标记所有范围"命令：选择此命令，绘图纸标记显示范围为时间轴中的所有帧，如图 7-35 和图 7-36 所示。

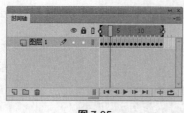

图 7-35

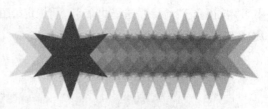

图 7-36

7.3.3　在时间轴面板中设置帧

在时间轴面板中，可以对帧进行一系列的操作。下面进行具体的讲解。

1．插入帧

（1）应用菜单命令插入帧。

选择"插入 > 时间轴 > 帧"命令，或按 F5 键，可以在时间轴上插入一个普通帧。

选择"插入 > 时间轴 > 关键帧"命令，或按 F6 键，可以在时间轴上插入一个关键帧。

选择"插入 > 时间轴 > 空白关键帧"命令，或按 F7 键，可以在时间轴上插入一个空白关键帧。

（2）应用弹出式菜单插入帧。

在时间轴上要插入帧的地方单击鼠标右键，在弹出的快捷菜单中选择要插入帧的类型。

2．选择帧

选择"编辑 > 时间轴 > 选择所有帧"命令，或按 Ctrl+Alt+A 组合键，选中时间轴中的所有帧。

单击要选的帧，帧变为蓝色。

用鼠标选中要选择的帧，再向前或向后进行拖曳，其间鼠标经过的帧全部被选中。

按住 Ctrl 键的同时，用鼠标单击要选择的帧，可以选择多个不连续的帧。

按住 Shift 键的同时，用鼠标单击要选择的两帧，这两帧中间的所有帧都被选中。

3．移动帧

选中一个或多个帧，按住鼠标左键，移动所选帧到目标位置。在移动过程中，如果按住键盘上的 Alt 键，会在目标位置上复制出所选的帧。

选中一个或多个帧，选择"编辑 > 时间轴 > 剪切帧"命令，或按 Ctrl+Alt+X 组合键，剪切所选的帧，选中目标位置，选择"编辑 > 时间轴 > 粘贴帧"命令，或按 Ctrl+Alt+V 组合键，则会在目标位置上粘贴所选的帧。

4．删除帧

用鼠标右键单击要删除的帧，在弹出的快捷菜单中选择"清除帧"命令。还可以选中要删除的普通帧，按 Shift+F5 组合键删除该帧；选中要删除的关键帧，按 Shift+F6 组合键删除关键帧。

提 示　　　在 Flash 系统默认状态下，时间轴面板中每一图层的第一帧都被设置为关键帧，后面插入的帧将拥有第一帧中的所有内容。

7.4 逐帧动画

逐帧动画的制作类似于传统动画制作，每一个帧都是关键帧，整个动画是通过关键帧的不断变化产生的，不依靠 Flash 的运算，设计者需要绘制每一个关键帧中的对象，每个帧都是独立的，在画面上可以是互不相关的。具体操作步骤如下。

新建空白文档，选择"文本"工具 T ，在第 1 帧的舞台中输入"逐"字，如图 7-37 所示。

按 F6 键，在第 2 帧上插入关键帧，如图 7-38 所示。在第 2 帧的舞台中输入"帧"字，如图 7-39 所示。

图 7-37　　　　　　图 7-38　　　　　　　　图 7-39

用相同的方法在第 3 帧上插入关键帧，在舞台中输入"动"字，如图 7-40 所示。在第 4 帧上插入关键帧，在舞台中输入"画"字，如图 7-41 所示。

图 7-40　　　　　　　　　　　图 7-41

按 Enter 键进行播放，即可观看制作效果。

还可以通过从外部导入图片组来实现逐帧动画的效果。

选择"文件 > 导入 > 导入到舞台"命令，弹出"导入"对话框，在对话框中选择图片，单击"打开"按钮，弹出提示对话框，询问是否将图像序列中的所有图像导入，如图 7-42 所示。

单击"是"按钮，将图像序列导入到舞台中，如图 7-43 所示。按 Enter 键进行播放，即可观看制作效果。

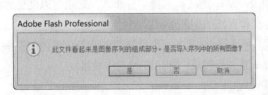

图 7-42　　　　　　　　　　　　图 7-43

形状补间动画

形状补间动画是使图形形状发生变化的动画。形状补间动画所处理的对象必须是舞台上的图形，如果舞台上的对象是组件实例、多个图形的组合、文字、导入的素材对象，必须选择"修改 > 分离"或"修改 > 取消组合"命令，将其打散成图形。利用这种动画，也可以实现改变上述对象的大小、位置、旋转、颜色及透明度等，另外还可以实现一种形状变换成另一种形状的效果。

7.5.1　创建形状补间动画

选择"文件 > 导入 > 导入到舞台"命令，弹出"导入"对话框，在对话框中选中文件，单击"打开"按钮，文件被导入到舞台的第 1 帧中。多次按 Ctrl+B 组合键将其打散，如图 7-44 所示。

用鼠标右键单击时间轴面板中的第 10 帧，在弹出的快捷菜单中选择"插入空白关键帧"命令，如图 7-45 所示，在第 10 帧上插入一个空白关键帧，如图 7-46 所示。

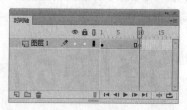

图 7-44　　　　　　　图 7-45　　　　　　　　　　图 7-46

选择"文件 > 导入 > 导入到库"命令，弹出"导入到库"对话框，在对话框中选中文件，单击"打开"按钮，文件被导入到"库"面板中，将"库"面板中的图形元件"05"拖曳到舞台窗口中，多次按 Ctrl+B 组合键将其打散，如图 7-47 所示。

用鼠标右键单击时间轴面板中的第 1 帧，在弹出的快捷菜单中选择"创建补间形状"命令，如图 7-48 所示。

创建"补间形状"后，"属性"面板中出现如下 2 个新的选项。

"缓动"选项：用于设定变形动画从开始到结束的变形速度。其取值范围为 0 ~ 100。当选择正数时，变形速度呈减速度，即开始时速度快，然后速度逐渐减慢；当选择负数时，变形速度呈加速度，即开始时速度慢，然后速度逐渐加快。

"混合"选项：提供了"分布式"和"角形" 2 个选项。选择"分布式"选项可以使变形的中间形状趋于平滑。"角形"选项则创建包含角度和直线的中间形状。

设置完成后，在"时间轴"面板中，第 1 帧到第 10 帧之间出现绿色的背景和黑色的箭头，表示生成形状补间动画，如图 7-49 所示。按 Enter 键进行播放，即可观看制作效果。

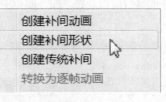
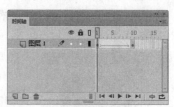

图 7-47　　　　　　　　　图 7-48　　　　　　　　　　　图 7-49

在变形过程中每一帧上的图形都会发生不同的变化，如图 7-50 所示。

第 1 帧　　　　　　第 3 帧　　　　　　第 6 帧　　　　　　第 8 帧　　　　　第 10 帧

图 7-50

7.5.2　课堂案例——制作 LOADING 下载条

📒 **案例学习目标**

使用形状补间动画命令制作动画效果。

📒 **案例知识要点**

使用"矩形"工具、"任意变形"工具和"创建补间形状"命令制作下载条的动画效果，使用"文本"工具添加文字，效果如图 7-51 所示。

图 7-51

📒 **效果所在位置**

光盘/Ch07/效果/制作 LOADING 下载条.fla。

1．导入素材制作元件

（1）选择"文件 > 新建"命令，在弹出的"新建文档"对话框中选择"ActionScript 3.0"选项，单击"确定"按钮，进入新建文档舞台窗口。按 Ctrl+J 组合键，弹出"文档设置"对话框，将"舞台颜色"选项设为灰色（#CCCCCC），单击"确定"按钮，完成舞台属性的修改。

（2）选择"文件 > 导入 > 导入到库"命令，在弹出的"导入到库"对话框中选择"Ch07 > 素材 > 制作 LOADING 加载条 > 01、02、03"文件，单击"打开"按钮，文件被导入到"库"面板中，如图 7-52 所示。

（3）按 Ctrl+F8 组合键，弹出"创建新元件"对话框，在"名称"选项的文本框中输入"人物"，在"类型"选项下拉列表中选择"图形"选项，如图 7-53 所示，单击"确定"按钮，新建图形元件"人物"。舞台窗口也随之转换为图形元件的舞台窗口。将"库"面板中的位图"02"拖曳到舞台窗口中，如图 7-54 所示。

图 7-52   图 7-53   图 7-54

（4）按 Ctrl+F8 组合键，弹出"创建新元件"对话框，在"名称"选项的文本框中输入"文字动"，在"类型"选项下拉列表中选择"影片剪辑"选项，如图 7-55 所示，单击"确定"按钮，新建影片剪辑元件"文字动"。舞台窗口也随之转换为影片剪辑元件的舞台窗口。

（5）选择"文本"工具 T，在文本工具"属性"面板中进行设置，在舞台窗口中适当的位置输入大小为 15、字体为"方正超粗黑简体"的白色英文，文字效果如图 7-56 所示。

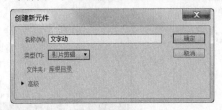

图 7-55   图 7-56

（6）选中"图层 1"的第 4 帧，按 F6 键插入关键帧。用文字工具在矩形点的后面单击，使文字处于编辑状态，如图 7-57 所示，输入一个点，效果如图 7-58 所示。

图 7-57   图 7-58

（7）用相同的方法，在"图层 1"的第 7 帧、第 10 帧、第 13 帧、第 16 帧上分别插入关键帧，并且每插入一帧，都要在文字后面加上一个点，时间轴效果如图 7-59 所示。舞台窗口中的效果如图 7-60 所示。

LOADING......

图 7-59   图 7-60

2．制作场景动画效果

（1）单击舞台窗口左上方的"场景 1"图标 ，进入"场景 1"的舞台窗口。将"图层 1"重新命名为"底图"。将"库"面板中的位图"01"拖曳到舞台窗口中，如图 7-61 所示。选中"底图"图层的第 120 帧，按 F5 键插入普通帧。

（2）在"时间轴"面板中创建新图层并将其命名为"加载条"。选择"矩形"工具 ，在工具箱中，将"笔触颜色"设为无，"填充颜色"设为绿色（#00FF00），在下载框的左侧绘制出一个矩形图形，如图 7-62 所示。

图 7-61　　　　　　　　　　　　　　　图 7-62

（3）选中"加载条"图层的第 120 帧，按 F6 键插入关键帧。选择"任意变形"工具 ，矩形图形上出现 8 个控制点，用鼠标按住右侧中间的控制点向右拖曳，改变矩形的长度，效果如图 7-63 所示。

（4）用鼠标右键单击"加载条"图层的第 1 帧，在弹出的快捷菜单中选择"创建补间形状"命令，生成形状补间动画，如图 7-64 所示。

（5）在"时间轴"面板中创建新图层并将其命名为"边框"。将"库"面板中的位图"03"拖曳到舞台窗口中，选择"任意变形"工具 ，将其缩放大小并放置在适当的位置，如图 7-65 所示。

图 7-63　　　　　　　　　　图 7-64　　　　　　　　　　图 7-65

（6）在"时间轴"面板中创建新图层并将其命名为"人物"。将"库"面板中的图形元件"人物"拖曳到舞台窗口中，并放置在适当的位置，如图 7-66 所示。

（7）选中"人物"图层的第 120 帧，按 F6 键插入关键帧。在舞台窗口中将"人物"实例水平向右拖曳到适当的位置，如图 7-67 所示。用鼠标右键单击"人物"图层的第 1 帧，在弹出的快捷菜单中选择"创建传统补间"命令，生成传统补间动画，如图 7-68 所示。

（8）在"时间轴"面板中创建新图层并将其命名为"人物"。选中"文字"图层的第 1 帧，将"库"面板中的影片剪辑元件"文字动"拖曳到舞台窗口中，并放置在适当的位置，如图 7-69 所示。LOADING 下载条制作完成，按 Ctrl+Enter 组合键，效果如图 7-70 所示。

图 7-66

图 7-67

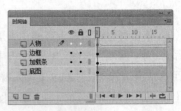

图 7-68

图 7-69

图 7-70

7:6 传统补间动画

可以通过以下方法来创建补间动画：在起始关键帧中为实例、组合对象或文本定义属性，然后在后续关键帧中更改对象的属性。Flash 在关键帧之间的帧中创建从第一个关键帧到下一个关键帧的动画。

7.6.1 创建传统补间动画

新建空白文档，选择"文件 > 导入 > 导入到库"命令，弹出"导入到库"对话框，在对话框中选择文件，单击"打开"按钮，弹出对话框，所有选项为默认值，单击"确定"按钮，文件被导入到"库"面板中，如图 7-71 所示，将"库"面板中的图形元件"06"拖曳到舞台的左侧，如图 7-72 所示。

用鼠标右键单击"时间轴"面板中的第 10 帧，在弹出的快捷菜单中选择"插入关键帧"命令，如图 7-73 所示，在第 10 帧上插入一个关键帧，如图 7-74 所示。在舞台窗口中将"06"实例拖曳到舞台的右侧，如图 7-75 所示。

图 7-71

图 7-72

图 7-73

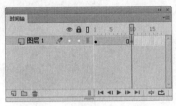

图 7-74　　　　　　　　　　　　　　　　　图 7-75

在"时间轴"面板中，用鼠标右键单击第 1 帧，在弹出的快捷菜单中选择"创建传统补间"命令。

创建"补间动画"后，"属性"面板中出现如下多个新的选项。

"缓动"选项：用于设定动作补间动画从开始到结束的运动速度。其取值范围为 0～100。当选择正数时，运动速度呈减速度，即开始时速度快，然后速度逐渐减慢；当选择负数时，运动速度呈加速度，即开始时速度慢，然后速度逐渐加快。

"旋转"选项：用于设置对象在运动过程中的旋转样式和次数。其中包含 4 种样式，"无"表示在运动过程中不允许对象旋转；"自动"表示对象按快捷的路径进行旋转变化；"顺时针"表示对象在运动过程中按顺时针的方向进行旋转，可以在右边的"旋转数"选项中设置旋转的次数；"逆时针"表示对象在运动过程中按逆时针的方向进行旋转，可以在右边的"旋转数"选项中设置旋转的次数。

"调整到路径"选项：勾选此选项，在运动引导动画（详见第 8 章）过程中，对象可以根据引导路径的曲线改变变化的方向。

"同步"选项：勾选此选项，如果对象是一个包含动画效果的图形组件实例，其动画和主时间轴同步。

"缩放"选项：勾选此选项，对象在动画过程中可以改变比例。

在"时间轴"面板中，第 1 帧到第 10 帧之间出现蓝色的背景和黑色的箭头，表示生成传统补间动画，如图 7-76 所示。完成动作补间动画的制作，按 Enter 键进行播放，即可观看制作效果。

如果想观察制作的动作补间动画中每 1 帧产生的不同效果，可以单击"时间轴"面板下方的"绘图纸外观"按钮，并将标记点的起始点设为第 1 帧，终止点设为第 10 帧，如图 7-77 所示。舞台中显示出在不同的帧中，图形位置的变化效果，如图 7-78 所示。

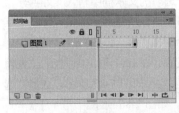

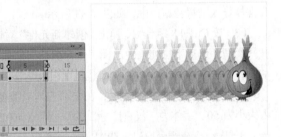

图 7-76　　　　　　　　　　　图 7-77　　　　　　　　　　　图 7-78

如果在帧"属性"面板中，将"旋转"选项设为"顺时针"，如图 7-79 所示，那么在不同的帧中，图形位置的变化效果如图 7-80 所示。

图 7-79 图 7-80

7.6.2 课堂案例——制作促销广告

案例学习目标

使用创建传统补间命令制作动画效果。

案例知识要点

使用"文本"工具添加文字；使用"垂直翻转"命令制作文字倒影效果；使用"转换为元件"命令将文字转换为元件，效果如图 7-81 所示。

图 7-81

效果所在位置

光盘/Ch07/效果/制作促销广告.fla。

1．导入素材并制作文字元件

（1）选择"文件 > 新建"命令，在弹出的"新建文档"对话框中选择"ActionScript 3.0"选项，单击"确定"按钮，进入新建文档舞台窗口。按 Ctrl+J 组合键，弹出"文档设置"对话框，将"舞台大小"选项设为 600 × 600 像素，单击"确定"按钮，完成舞台属性的修改。

（2）将"图层 1"重名为"底图"，如图 7-82 所示。选择"文件 > 导入 > 导入到舞台"命令，在弹出的"导入"对话框中选择"Ch07 > 素材 > 制作促销广告 > 01"文件，单击"打开"按钮，文件被导入到舞台窗口中，如图 7-83 所示。

（3）按 Ctrl+F8 组合键，弹出"创建新元件"对话框，在"名称"选项的文本框中输入"文字动"，在"类型"选项下拉列表中选择"影片剪辑"选项，单击"确定"按钮，新建影片剪辑元件"文字动"，如图 7-84 所示。舞台窗口也随之转换为影片剪辑元件的舞台窗口。

（4）选择"文本"工具 T，在文本工具"属性"面板中进行设置，在舞台窗口中适当的位置输入大小为 50、字体为"汉真广标"的深蓝色（#012353）文字，文字效果如图 7-85 所示。选择"选择"工具 ，在舞台窗口中选中文字，按 Ctrl+B 组合键将其打散，如图 7-86 所示。

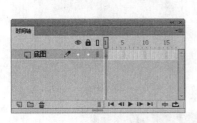

图 7-82

图 7-83

图 7-84

百变宝箱　靓彩一夏

百变宝箱　靓彩一夏

图 7-85 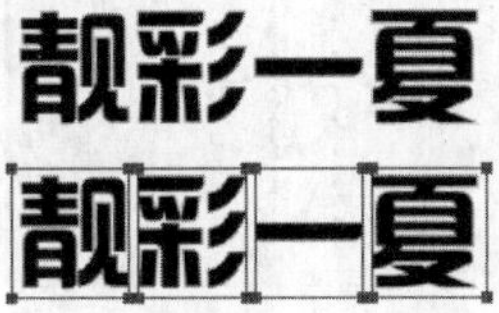　　　　　　　　图 7-86

（5）在舞台窗口中选中文字"百"，如图 7-87 所示。按 F8 键，弹出"转换为元件"对话框，在"名称"选项的文本框中输入"百"，"类型"选项下拉列表中选择"图形"单击"确定"按钮，文字变为图形元件，"库"面板如图 7-88 所示。

（6）用相同的方法分别将文字"变"、"宝"、"箱"、"靓"、"彩"、"一"和"夏"转换为图形元件，如图 7-89 所示。

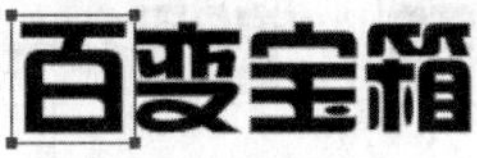

百变宝箱

图 7-87

图 7-88

图 7-89

2．制作文字动画

（1）选择"选择"工具 ，在舞台窗口中将所有图形元件全部选中，如图 7-90 所示。选择"修改 > 时间轴 > 分散到图层"命令，将选中的实例分散到独立层，"时间轴"面板如图 7-91 所示。

（2）选中"图层 1"图层，如图 7-92 所示，单击"删除"按钮 ，将选中的图层删除，如图 7-93 所示。

图 7-90

图 7-91

图 7-92

图 7-93

（3）在"时间轴"面板中选中所有图层的第 15 帧，如图 7-94 所示，按 F6 键插入关键帧。用相同的方法在所有图层的第 25 帧插入关键帧，如图 7-95 所示。

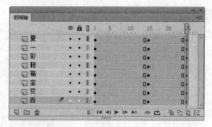

图 7-94

图 7-95

（4）将播放头拖曳到第 15 帧的位置，选择"选择"工具 ▶，在舞台窗口中选中所有实例，如图 7-96 所示，垂直向上拖曳到适当的位置，如图 7-97 所示。

图 7-96

图 7-97

（5）分别用鼠标右键单击所有图层的第 1 帧，在弹出的快捷菜单中选择"创建传统补间"命令，生成传统补间动画，如图 7-98 所示。分别用鼠标右键单击所有图层的第 15 帧，在弹出的快捷菜单中选择"创建传统补间"命令，生成传统补间动画，如图 7-99 所示。

（6）单击"变"图层的图层名称，选中该层中的所有帧，将所有帧向后拖曳至与"百"图层隔 5帧的位置，如图 7-100 所示。用同样的方法依次对其他图层进行操作，如图 7-101 所示。分别选中所有图层的第 90 帧，按 F5 键，在选中的帧上插入普通帧，如图 7-102 所示。

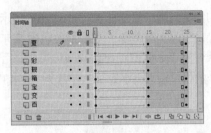

图 7-98

图 7-99

图 7-100

图 7-101

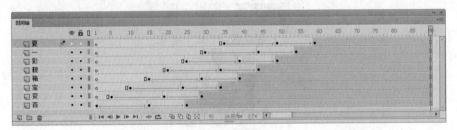

图 7-102

3．制作场景动画效果

（1）单击舞台窗口左上方的"场景 1"图标 场景 1，进入"场景 1"的舞台窗口。在"时间轴"面板中创建新图层并将其命名为"文字 1"。将"库"面板中的影片剪辑元件"文字动"拖曳到舞台窗口中，并放置在舞台窗口的上方，如图 7-103 所示。

（2）选择"选择"工具 ，在舞台窗口中选中"文字动"实例，按住 Alt+Shift 组合键的同时，垂直向下拖曳"文字动"实例到适当的位置，复制实例，效果如图 7-104 所示。

（3）选择"修改 > 变形 > 垂直翻转"命令，将复制出的实例进行翻转，在影片剪辑"属性"面板中选择"色彩效果"选项组下方的"样式"选项，在弹出的下拉列表中，将"Alpha"的值设为30，舞台窗口中的效果如图 7-105 所示。

图 7-103

图 7-104

图 7-105

（4）选择"任意变形"工具 ▦，在复制出来的实例周围出现控制框，如图 7-106 所示。按住 Alt 键的同时向上拖曳下方中心的控制点到适当的位置，缩放实例高度，效果如图 7-107 所示。

（5）在"时间轴"面板中创建新图层并将其命名为"文字 2"。选择"文本"工具 T，在文本工具"属性"面板中进行设置，在舞台窗口中适当的位置输入大小为 38、字体为"汉真广标"的深蓝色（#012353）文字，文字效果如图 7-108 所示。

图 7-106

图 7-107

图 7-108

（6）促销广告制作完成，按 Ctrl+Enter 组合键即可查看效果，如图 7-109 所示。

图 7-109

7.7 **测试动画**

在制作完成动画后，要对其进行测试。可以通过多种方法来测试动画。下面就进行具体地讲解。测试动画有以下几种方法。

（1）应用播放菜单命令：

选择"控制 > 播放"命令，或按 Enter 键，可以对当前舞台中的动画进行浏览。在"时间轴"面板中，可以看见播放头在运动，随着播放头的运动，舞台中显示出播放头所经过的帧上的内容。

（2）应用测试影片菜单命令：

选择"控制 > 测试"命令，或按 Ctrl+Enter 组合键，可以进入动画测试窗口，对动画作品的多个场景进行连续的测试。

（3）应用测试场景菜单命令：

选择"控制 > 测试场景"命令，或按 Ctrl+Alt+Enter 组合键，可以进入动画测试窗口，测试当前舞台窗口中显示的场景或元件中的动画。

提示　如果需要循环播放动画，可以选择"控制 > 循环播放"命令，再应用"播放"按钮或其他的测试命令即可。

课堂练习——制作舞动梦想加载条

习题知识要点

使用"钢笔"工具和"颜色"面板，制作波纹条；使用"帧帧动画"，制作数据变化和正在加载中动画效果；使用"创建传统补间"命令，制作旋转效果，效果如图 7-110 所示。

效果所在位置

光盘/Ch07/效果/制作舞动梦想加载条.fla。

图 7-110

课后习题——制作美好回忆动画

练习知识要点

使用"线条"工具，绘制光标图形；使用"文本"工具，添加文字；使用"翻转帧"命令，将帧进行翻转；使用"帧帧动画"，制作小猫闪烁效果，效果如图 7-111 所示。

效果所在位置

光盘/Ch07/效果/制作美好回忆动画.fla。

图 7-111

95

第 8 章　层与高级动画

　　层在 Flash CC 中有着举足轻重的作用，只有掌握了层的概念并熟练应用不同性质的层，才有可能真正成为制作 Flash 的高手。本章主要讲解了层的应用技巧及如何使用不同性质的层来制作高级动画。通过学习这些内容，读者可以了解并掌握层的强大功能，并能充分利用好层来为动画作品增光添彩。

课堂学习目标	/ 掌握层的基本操作
	/ 掌握引导层与运动引导层动画的制作方法
	/ 掌握遮罩层的使用方法和应用技巧
	/ 运用分散到图层功能编辑对象

8.1　层

　　在 Flash CC 中，普通图层类似于叠加在一起的透明纸，下面图层中的内容可以从上面图层的空白区域中透过来。一般，我们可以利用普通图层的透明特性分门别类地组织动画文件中的内容，例如将不动的背景画放置在一个图层上，而将运动的小鸟放置在另一个图层上。使用图层的另一好处是当在一个图层上创建和编辑对象时，不会影响到其他图层中的对象。在"时间轴"面板中，图层分为普通层、引导层、运动引导层、被引导层、遮罩层、被遮罩层，它们的作用各不相同。

8.1.1　层的基本操作

1．层的弹出式菜单

用鼠标右键单击"时间轴"面板中的图层名称，弹出菜单，如图 8-1 所示。

"显示全部"命令：用于显示所有的隐藏图层和图层文件夹。

"锁定其他图层"命令：用于锁定除当前图层以外的所有图层。

"隐藏其他图层"命令：用于隐藏除当前图层以外的所有图层。

"插入图层"命令：用于在当前图层上创建一个新的图层。

"删除图层"命令：用于删除当前图层。

"剪切图层"命令：用于剪切当前层。

"拷贝图层"命令：用于复制当前层。

"粘贴图层"命令：用于粘贴剪切或拷贝的层。

"复制图层"命令：用于将当前层复制为副本。

"引导层"命令：用于将当前图层转换为引导层。

"添加传统运动引导层"命令：用于将当前图层转换为运动引导层。

"遮罩层"命令：用于将当前图层转换为遮罩层。

"显示遮罩"命令：用于在舞台窗口中显示遮罩效果。

"插入文件夹"命令：用于在当前图层上创建一个新的层文件夹。

"删除文件夹"命令：用于删除当前的层文件夹。

"展开文件夹"命令：用于展开当前的层文件夹，显示出其包含的图层。

"折叠文件夹"命令：用于折叠当前的层文件夹。

"展开所有文件夹"命令：用于展开"时间轴"面板中所有的层文件夹，显示出所包含的图层。

"折叠所有文件夹"命令：用于折叠"时间轴"面板中所有的层文件夹。

"属性"命令：用于设置图层的属性。单击此命令，弹出"图层属性"对话框，如图 8-2 所示。

图 8-1

图 8-2

"名称"选项：用于设置图层的名称。

"显示"选项：勾选此选项，将显示该图层，否则将隐藏图层。

"锁定"选项：勾选此选项，将锁定该图层，否则将解锁。

"类型"选项：用于设置图层的类型。

"轮廓颜色"选项：用于设置对象呈轮廓显示时，轮廓线所使用的颜色。

"图层高度"选项：用于设置图层在"时间轴"面板中显示的高度。

2．创建图层

为了分门别类地组织动画内容，需要创建普通图层，我们可以应用不同的方法进行图层的创建。

（1）在"时间轴"面板下方单击"新建图层"按钮，创建一个新的图层。

（2）选择"插入 > 时间轴 > 图层"命令，创建一个新的图层。

（3）用鼠标右键单击"时间轴"面板的层编辑区，在弹出的快捷菜单中选择"插入图层"命令，创建一个新的图层。

提 示　　系统默认状态下，新创建的图层按"图层 1"、"图层 2"……的顺序进行命名，用户也可以根据需要自行设定图层的名称。

3．选取图层

选取图层就是将图层变为当前图层，用户可以在当前层上放置对象、添加文本和对图形进行编辑。要使图层成为当前图层的方法很简单，在"时间轴"面板中选中该图层即可。当前图层会在"时间轴"面板中以蓝色显示，铅笔图标 表示可以对该图层进行编辑，如图 8-3 所示。

按住 Ctrl 键的同时，用鼠标在要选择的图层上单击，可以一次选择多个图层，如图 8-4 所示。按住 Shift 键的同时，用鼠标单击 2 个图层，在这 2 个图层中间的其他图层也会被同时选中，如图 8-5 所示。

图 8-3

图 8-4

图 8-5

4．排列图层

在制作过程中，我们可以根据需要，在"时间轴"面板中为图层重新排列顺序。

在"时间轴"面板中选中"图层 2"，如图 8-6 所示，按住鼠标不放，将"图层 2"向下拖曳，这时会出现一条实线，如图 8-7 所示，将实线拖曳到"图层 1"的下方，松开鼠标，"图层 2"移动到"图层 1"的下方，如图 8-8 所示。

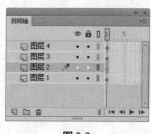
图 8-6
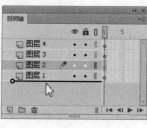
图 8-7

图 8-8

5．复制、粘贴图层

根据需要，我们还可以将图层中的所有对象复制、粘贴到其他图层或场景中。

在"时间轴"面板中单击要复制的图层，如图 8-9 所示，选择"编辑 > 时间轴 > 复制帧"命令，或按 Ctrl+Alt+C 组合键进行复制，在"时间轴"面板下方单击"新建图层"按钮 ，创建一个新的图层，如图 8-10 所示，选择"编辑 > 时间轴 > 粘贴帧"命令，或按 Ctrl+Alt+V 组合键，在新建的图层中粘贴复制的内容，如图 8-11 所示。

图 8-9

图 8-10
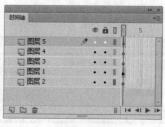
图 8-11

6．删除图层

如果不再需要某个图层，可以将其删除。删除图层有以下几种方法。

（1）在"时间轴"面板中选中要删除的图层，在面板下方单击"删除"按钮▦，即可删除选中图层，如图 8-12 所示。

（2）在"时间轴"面板中选中要删除的图层，按住鼠标不放，将其向下拖曳，这时会出现实线，将实线拖曳到"删除"按钮▦上进行删除，如图 8-13 所示。

（3）用鼠标右键单击要删除的图层，在弹出的菜单中选择"删除图层"命令，将图层删除，如图 8-14 所示。

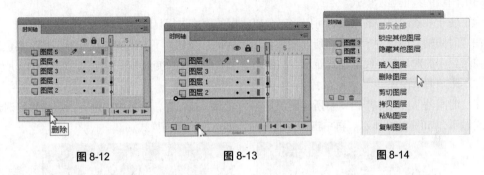

图 8-12　　　　　　　　　图 8-13　　　　　　　　　图 8-14

7．隐藏、锁定图层和图层的线框显示模式

（1）隐藏图层。

用 Flash 制作出的动画经常是多个图层叠加在一起的，为了便于观察某个图层中对象的效果，可以把其他图层先隐藏起来。

在"时间轴"面板中单击"显示或隐藏所有图层"按钮👁下方的小黑圆点，那么小黑圆点所在的图层就被隐藏，在该图层上会显示出一个叉号图标✕，如图 8-15 所示，此时图层将不能被编辑。

在"时间轴"面板中单击"显示或隐藏所有图层"按钮👁，面板中的所有图层将被同时隐藏，如图 8-16 所示。再单击一下此按钮，即可解除隐藏。

图 8-15　　　　　　　　　　　图 8-16

（2）锁定图层。

如果某个图层上的内容已符合要求，则可以锁定该图层，以避免内容被意外更改。

在"时间轴"面板中单击"锁定或解除锁定所有图层"按钮🔒下方的小黑圆点，那么小黑圆点所在的图层就被锁定，在该图层上显示出一个锁状图标🔒，如图 8-17 所示，此时图层将不能被编辑。

在"时间轴"面板中单击"锁定或解除锁定所有图层"按钮🔒，面板中的所有图层将被同时锁定，如图 8-18 所示。再单击一下此按钮，即可解除锁定。

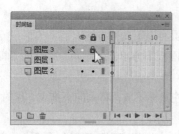

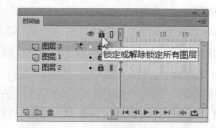

图 8-17   图 8-18

（3）图层的线框显示模式。

为了便于观察图层中的对象，可以将对象以线框的模式进行显示。

在"时间轴"面板中单击"将所有图层显示为轮廓"按钮 下方的实色正方形，那么实色正方形所在图层中的对象就呈线框模式显示，在该图层上实色正方形变为线框图标 ，如图 8-19 所示，此时并不影响编辑图层。

在"时间轴"面板中单击"将所有图层显示为轮廓"按钮 ，面板中的所有图层将被同时以线框模式显示，如图 8-20 所示。再单击一下此按钮，即可回到普通模式。

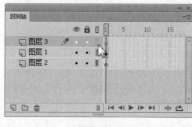

图 8-19   图 8-20

8．重命名图层

如果需要更改图层的名称，可以使用以下几种方法。

（1）双击"时间轴"面板中的图层名称，名称变为可编辑状态，如图 8-21 所示，输入要更改的图层名称，如图 8-22 所示，在图层旁边单击鼠标或按 Enter 键，完成对图层名称的修改，如图 8-23所示。

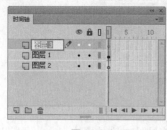

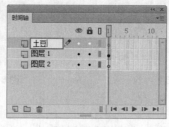

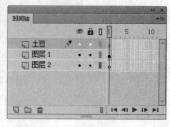

图 8-21   图 8-22   图 8-23

（2）选中要修改名称的图层，选择"修改 > 时间轴 > 图层属性"命令，弹出"图层属性"对话框，如图 8-24 所示，在"名称"选项的文本框中可以重新设置图层的名称，如图 8-25 所示，单击"确定"按钮，完成图层名称的修改。

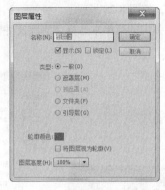

图 8-24　　　　　　　　　　　　　图 8-25

还可以用鼠标右键单击要修改名称的图层，在弹出的快捷菜单中选择"属性"命令，在弹出的"图层属性"对话框中进行修改。

8.1.2　图层文件夹

我们可以在"时间轴"面板中创建图层文件夹来组织和管理图层，这样"时间轴"面板中图层的层次结构将非常清晰。

1．创建图层文件夹

创建图层文件夹有以下几种方法。

（1）单击"时间轴"面板下方的"新建文件夹"按钮 ，在"时间轴"面板中创建图层文件夹，如图 8-26 所示。

（2）选择"插入 > 时间轴 > 图层文件夹"命令，在"时间轴"面板中创建图层文件夹，如图 8-27 所示。

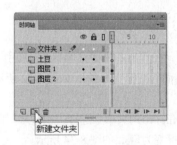

图 8-26　　　　　　　　　　　　　图 8-27

（3）用鼠标右键单击"时间轴"面板中的任意图层，在弹出的快捷菜单中选择"插入文件夹"命令，在"时间轴"面板中创建图层文件夹。

2．删除图层文件夹

删除图层文件夹有以下几种方法。

（1）在"时间轴"面板中选中要删除的图层文件夹，单击面板下方的"删除"按钮 ，即可删除图层文件夹，如图 8-28 所示。

（2）在"时间轴"面板中选中要删除的图层文件夹，按住鼠标不放，将其向下拖曳，这时会出现实线，将实线拖曳到"删除"按钮🗑上进行删除，如图 8-29 所示。

（3）用鼠标右键单击要删除的图层文件夹，在弹出的菜单中选择"删除文件夹"命令，将图层文件夹删除，如图 8-30 所示。

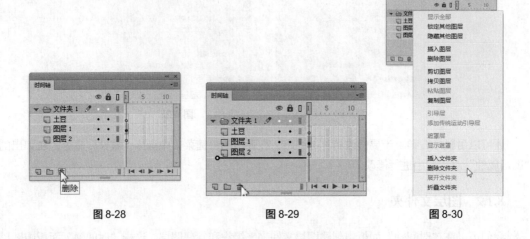

图 8-28　　　　　　　　　　图 8-29　　　　　　　　　　图 8-30

8.2　引导层的动画制作

除了普通图层外，还有一种特殊类型的图层——引导层。在引导层中，可以像在普通图层中一样绘制各种图形和引入元件等，但最终发布时引导层中的对象不会显示出来。引导层按照功能又可以分为两种，即普通引导层和运动引导层。

8.2.1　普通引导层

1．创建普通引导层

用鼠标右键单击"时间轴"面板中的某个图层，在弹出的快捷菜单中选择"引导层"命令，如图 8-31 所示，图层转换为普通引导层，此时图层前面的图标变为 🔨，如图 8-32 所示。

2．将引导层转换为普通图层

用鼠标右键单击"时间轴"面板中的引导层，在弹出的菜单中选择"引导层"命令，如图 8-33 所示，引导层转换为普通图层，此时图层前面的图标变为 🗂，如图 8-34 所示。

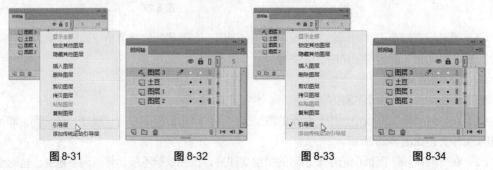

图 8-31　　　　　图 8-32　　　　　图 8-33　　　　　图 8-34

8.2.2　运动引导层

1．创建运动引导层

选中要添加运动引导层的图层，单击鼠标右键，在弹出的菜单中选择"添加传统运动引导层"命令，如图 8-35 所示，为图层添加运动引导层。此时，引导层前面出现图标 ，如图 8-36 所示。

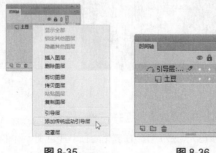

图 8-35　　　　　　　　　　图 8-36

2．将运动引导层转换为普通图层

将运动引导层转换为普通图层的方法与普通引导层的转换方法一样，这里不再赘述。

8.2.3　课堂案例——制作太空旅行

📋 **案例学习目标**

使用运动引导层制作引导层动画效果。

📋 **案例知识要点**

使用"添加传统运动引导层"命令添加引导层；使用"创建传统补间"命令制作传统补间动画；使用"椭圆"工具绘制运动路线，效果如图 8-37 所示。

图 8-37

📋 **效果所在位置**

光盘/Ch08/效果/制作太空旅行. fla.。

（1）选择"文件 > 新建"命令，在弹出的"新建文档"对话框中选择"ActionScript 3.0"选项，单击"确定"按钮，进入新建文档舞台窗口。按 Ctrl+J 组合键，弹出"文档设置"对话框，将"舞台大小"选项设为 800 × 588 像素，单击"确定"按钮，完成舞台属性的修改。

（2）选择"文件 > 导入 > 导入到库"命令，在弹出的"导入到库"对话框中选择"Ch08 > 素材 > 制作太空旅行 > 01 ~ 03"文件，单击"打开"按钮，文件被导入到"库"面板中，如图 8-38 所示。

（3）将"图层 1"重命名为"底图"。将"库"面板中的位图"01"拖曳到舞台窗口中，并放置在与舞台中心重叠的位置，如图 8-39 所示。选中"底图"图层的第 90 帧，按 F5 键插入普通帧。

（4）单击"时间轴"面板下方的"新建图层"按钮，创建新图层并将其命名为"飞碟"。在"飞碟"

图层上单击鼠标右键，在弹出的快捷菜单中选择"添加传统运动引导层"命令，效果如图 8-40 所示。

图 8-38

图 8-39

图 8-40

（5）选中"引导层:飞碟"图层的第 1 帧，选择"椭圆"工具 ◎，在工具箱中将"笔触颜色"设为青色（#0099FF），"填充颜色"设为无，在舞台窗口中绘制一个椭圆。选择"任意变形"工具 ，选中刚绘制的椭圆，调整其大小及角度，并放置在适当的位置，如图 8-41 所示。

（6）选择"橡皮擦"工具 ，在工具箱下方选中"擦除线条"模式 ，在适当的位置擦除线条，效果如图 8-42 所示。

图 8-41

图 8-42

（7）选中"飞碟"图层的第 1 帧，将"库"面板中的图形元件"02"拖曳到舞台窗口中，并放置在椭圆的左方端点上，如图 8-43 所示。

（8）选中"飞碟"图层的第 90 帧，按 F6 键插入关键帧。在舞台窗口中将"02"实例拖曳到椭圆的右方端点上，如图 8-44 所示。

图 8-43

图 8-44

（9）用鼠标右键单击"飞碟"图层的第 1 帧，在弹出的快捷菜单中选择"创建传统补间"命令，生成传统补间动画，如图 8-45 所示。

（10）单击"时间轴"面板下方的"新建图层"按钮 ，创建新图层并将其命名为"装饰"，再将该图层拖曳到"引导层:飞碟"的上方，如图 8-46 所示。

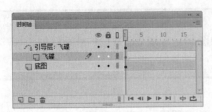
图 8-45

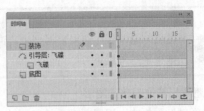
图 8-46

（11）将"库"面板中的位图"03"拖曳到舞台窗口中，并放置在适当的位置，如图 8-47 所示。太空旅行制作完成，按 Ctrl+Enter 组合键预览，如图 8-48 所示。

图 8-47

图 8-48

8.3　遮罩层

除了普通图层和引导层外，还有一种特殊的图层——遮罩层，通过遮罩层可以创建类似探照灯的特殊动画效果。遮罩层就像一块不透明的板，如果想看到它下面的图像，只能在板上挖洞，而遮罩层中有对象的地方就可以看成是洞，通过这个"洞"，遮罩层中的对象才能显示出来。

1．创建遮罩层

在"时间轴"面板中，用鼠标右键单击要转换遮罩层的图层，在弹出的快捷菜单中选择"遮罩层"命令，如图 8-49 所示。选中的图层转换为遮罩层，其下方的图层自动转换为被遮罩层，并且它们都自动被锁定，如图 8-50 所示。

提示

如果想解除遮罩，只需单击"时间轴"面板上遮罩层或被遮罩层上的图标🔒，将其解锁即可。

图 8-49

图 8-50

提 示　　遮罩层中的对象可以是图形、文字、元件的实例等。一个遮罩层可以作为多个图层的遮罩层，如果要将一个普通图层变为某个遮罩层的被遮罩层，只需将此图层拖曳至遮罩层下方即可。

2．将遮罩层转换为普通图层

在"时间轴"面板中，用鼠标右键单击要转换的遮罩层，在弹出的菜单中选择"遮罩层"命令，如图 8-51 所示，遮罩层转换为普通图层，如图 8-52 所示。

图 8-51

图 8-52

提 示　　遮罩层不显示位图、渐变色、透明色和线条。

8.4　分散到图层

应用分散到图层命令，可以将同一图层上的多个对象分配到不同的图层中并为图层命名。如果对象是元件或位图，那么新图层的名字将按其原有的名字命名。

新建空白文档，选择"文本"工具 T，在"图层 1"的舞台窗口中输入英文"Good"，如图 8-53 所示。选择"选择"工具 ，选中文字，按 Ctrl+B 组合键将英文打散，如图 8-54 所示。

选择"修改 > 时间轴 > 分散到图层"命令，或按 Ctrl+Shift+D 组合键将"图层 1"中的英文分散到不同的图层中并按文字设定图层名，如图 8-55 所示。

图 8-53

图 8-54

图 8-55

提示

文字分散到不同的图层中后，"图层 1"中就没有任何对象了。

课堂练习——制作发光效果

练习知识要点

使用"矩形"工具，绘制矩形条效果；使用"变形"面板，制作角度旋转效果；使用"遮罩层"命令和"创建传统补间"命令，制作发光线条效果，效果如图 8-56 所示。

效果所在位置

光盘/Ch08/效果/制作发光效果.fla。

图 8-56

课后习题——制作小精灵撒花

习题知识要点

使用"钢笔"工具，绘制路径制作引导线；使用"创建传统补间"命令，制作小精灵运动效果；使用"引导层"命令，制作小精灵沿路径运动效果，使用"任意变形"工具，旋转图形角度，效果如图 8-57 所示。

效果所在位置

光盘/Ch08/效果/制作小精灵撒花.fla。

图 8-57

第 9 章　声音的导入和编辑

在 Flash CC 中可以导入外部的声音素材作为动画的背景音乐或音效。本章主要讲解声音素材的多种格式，以及导入声音和编辑声音的方法。通过学习这些内容，读者可以了解并掌握如何导入声音、编辑声音，从而使制作的动画音效更加生动。

课堂学习目标	/ 掌握导入声音素材的方法和技巧
	/ 掌握编辑声音素材的方法和技巧

9.1　音频的基本知识及声音素材的格式

在自然界中，声音以波的形式在空气中传播，声音的频率单位是赫兹（Hz），一般人听到的声音频率在 20 ～ 20 kHz，低于这个频率范围的声音为次声波，高于这个频率范围的声音为超声波。下面介绍一下关于音频的基本知识。

9.1.1　音频的基本知识

1．取样率

取样率是指在进行数字录音时，单位时间内对模拟的音频信号进行提取样本的次数。取样率越高，声音越好。Flash 经常使用 44 kHz、22 kHz 或 11 kHz 的取样率对声音进行取样。例如：使用 22 kHz 取样率取样的声音，每秒钟要对声音进行 22 000 次分析，并记录每两次分析之间的差值。

2．位分辨率

位分辨率是指描述每个音频取样点的比特位数。例如：8 位的声音取样表示 2 的 8 次方或 256 级。可以将较高位分辨率的声音转换为较低位分辨率的声音。

3．压缩率

压缩率是指文件压缩前后大小的比率，用于描述数字声音的压缩效率。

9.1.2　声音素材的格式

Flash CC 提供了许多使用声音的方式，它可以使声音独立于时间轴连续播放，或使动画和一个音轨同步播放；可以向按钮添加声音，使按钮具有更强的互动性；还可以通过声音淡入淡出产生更优美的声音效果。下面介绍可导入 Flash 中的常见的声音文件格式。

➡　WAV 格式

WAV 格式可以直接保存对声音波形的取样数据，数据没有经过压缩，所以音质较好，但 WAV 格式的声音文件通常体积比较大，会占用较多的磁盘空间。

⮕　MP3 格式

MP3 格式是一种压缩的声音文件格式。同 WAV 格式相比，MP3 格式的文件大小通常只有 WAV 格式的十分之一。其优点为体积小、传输方便、声音质量较好，因此已经作为计算机和网络的主要音乐格式被广泛使用。

⮕　AIFF 格式

AIFF 格式支持 MAC 平台，支持 16 bit 44 kHz 立体声。只有系统上安装了 QuickTime 4 或更高版本，才可使用此声音文件格式。

⮕　AU 格式

AU 格式是一种压缩声音文件格式，只支持 8 位的声音，是互联网上常用的声音文件格式。只有系统上安装了 QuickTime 4 或更高版本，才可使用此声音文件格式。

声音要占用大量的磁盘空间和内存，所以，一般为提高作品在网上的下载速度，常使用 MP3 声音文件格式，因为它的声音资料经过了压缩，比 WAV 或 AIFF 格式的文件量小。在 Flash 中只能导入取样率为 11 kHz、22 kHz 或 44 kHz，8 位或 16 位的声音。通常，为了作品在网上有较满意的下载速度而使用 WAV 或 AIFF 文件时，最好使用 16 位 22 kHz 单声。

9.2　导入并编辑声音素材

导入声音素材后，可以将其直接应用到动画作品中，也可以通过声音编辑器对其进行编辑，然后再进行应用。

9.2.1　添加声音

1．为动画添加声音

选择"文件 > 打开"命令，弹出"打开"对话框，选择动画文件，单击"打开"按钮，将文件打开，如图 9-1 所示。选择"文件 > 导入 > 导入到库"命令，在"导入到库"对话框中选择声音文件，单击"打开"按钮，将声音文件导入到"库"面板中，如图 9-2 所示。

创建新图层并将其命名为"声音"，作为放置声音文件的图层。在"库"面板中选中声音文件，按住鼠标不放，将其拖曳到舞台窗口中，如图 9-3 所示。

图 9-1　　　　　　　　　　图 9-2　　　　　　　　　　图 9-3

松开鼠标，在"声音"图层中出现声音文件的波形，如图 9-4 所示。声音添加完成，按 Ctrl+Enter 组合键，可以测试添加效果。

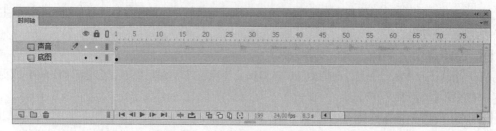

图 9-4

 提示　　一般情况下，将每个声音放在一个独立的层上，使每个层都作为一个独立的声音通道，这样在播放动画文件时，所有层上的声音就混合在一起了。

2．为按钮添加音效

选择"文件 > 打开"命令，在弹出的"打开"对话框中选择动画文件，单击"打开"按钮，将文件打开，在"库"面板中双击按钮元件"开始"，进入按钮元件"开始"的舞台编辑窗口，如图 9-5 所示。选择"文件 > 导入 > 导入到库"命令，在弹出的"导入到库"对话框中选择声音文件，单击"打开"按钮，将声音文件导入到"库"面板中，如图 9-6 所示。

创建新图层并将其命名为"声音"，作为放置声音文件的图层，选中"声音"图层的"指针经过"帧，按 F6 键，在"指针"帧上插入关键帧，如图 9-7 所示。

图 9-5　　　　　　　　图 9-6　　　　　　　　图 9-7

选中"指针经过"帧，将"库"面板中的声音文件拖曳到按钮元件的舞台编辑窗口中，如图 9-8 所示。

松开鼠标，在"指针经过"帧中出现声音文件的波形，这表示动画开始播放后，当鼠标指针经过按钮时，按钮将响应音效，如图 9-9 所示。按钮音效添加完成，按 Ctrl+Enter 组合键，可以测试添加效果。

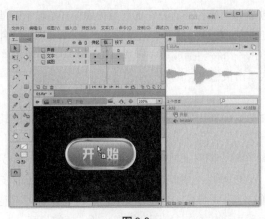

图 9-8

图 9-9

9.2.2 属性面板

在"时间轴"面板中选中声音文件所在图层的第 1 帧，按 Ctrl+F3 组合键，弹出帧"属性"面板，如图 9-10 所示，其中"声音"一栏的各选项含义如下。

"名称"选项：可以在此选项的下拉列表中选择"库"面板中的声音文件。

"效果"选项：可以在此选项的下拉列表中选择声音播放的效果，如图 9-11 所示。其中各选项的含义如下。

➡ "无"选项：选择此选项，将不对声音文件应用效果。选择此选项后可以删除以前应用于声音的特效。

➡ "左声道"选项：选择此选项，只在左声道播放声音。

➡ "右声道"选项：选择此选项，只在右声道播放声音。

➡ "向右淡出"选项：选择此选项，声音从左声道渐变到右声道。

➡ "向左淡出"选项：选择此选项，声音从右声道渐变到左声道。

➡ "淡入"选项：选择此选项，在声音的持续时间内逐渐增加其音量。

➡ "淡出"选项：选择此选项，在声音的持续时间内逐渐减小其音量。

➡ "自定义"选项：选择此选项，弹出"编辑封套"对话框，通过自定义声音的淡入和淡出点，创建自己的声音效果。

"同步"选项：此选项用于选择何时播放声音，下拉列表如图 9-12 所示，其中各选项的含义如下。

图 9-10

图 9-11

图 9-12

"事件"选项：将声音和发生的事件同步播放。事件声音在它的起始关键帧开始显示时播放，并独立于时间轴播放完整个声音，即使影片文件停止也继续播放。当播放发布的 SWF 影片文件时，事件声音混合在一起。一般情况下，当用户单击一个按钮播放声音时选择事件声音。如果事件声音正在播放，而声音再次被实例化（如用户再次单击按钮），则第一个声音实例继续播放，另一个声音实例同时开始播放。

"开始"选项：与"事件"选项的功能相近，但如果所选择的声音实例已经在时间轴的其他地方播放，则不会播放新的声音实例。

"停止"选项：使指定的声音静音。在时间轴上同时播放多个声音时，可指定其中一个为静音。

"数据流"选项：使声音同步，以便在 Web 站点上播放。Flash 强制动画和音频流同步。换句话说，音频流随动画的播放而播放，随动画的结束而结束。当发布 SWF 文件时，音频流混合在一起。一般给帧添加声音时使用此选项。音频流声音的播放长度不会超过它所占帧的长度。

提 示	在 Flash 中有两种类型的声音：事件声音和音频流。事件声音必须完全下载后才能开始播放，并且除非明确停止，它将会一直连续播放。音频流则可以在前几帧下载了足够的资料后就开始播放，音频流可以和时间轴同步，以便在 Web 站点上播放。

"重复"选项：用于指定声音循环的次数。可以在选项后的数值框中设置循环次数。

"循环"选项：用于循环播放声音。一般情况下，不循环播放音频流。如果将音频流设为循环播放，帧就会添加到文件中，文件的大小就会根据声音循环播放的次数而倍增。

"编辑声音封套"按钮 ✐：选择此选项，弹出"编辑封套"对话框，通过自定义声音的淡入和淡出点，创建自己的声音效果。

9.2.3　课堂案例——制作少儿英语屋

📝 案例学习目标

使用声音文件为按钮添加音效。

📝 案例知识要点

使用"文本"工具输入文字；使用"对齐"面板将按钮图形对齐，效果如图 9-13 所示。

图 9-13

📝 效果所在位置

光盘/Ch09/效果/制作少儿英语屋.fla。

1．绘制按钮图形

（1）选择"文件 > 新建"命令，在弹出的"新建文档"对话框中选择"ActionScript 3.0"选项，单击"确定"按钮，进入新建文档舞台窗口。按 Ctrl+J 组合键，弹出"文档设置"对话框，将"舞台大小"选项设为 483 × 593 像素，将"舞台颜色"选项设为黑色，单击"确定"按钮，完成舞台属性的修改。

（2）按 Ctrl+F8 组合键，弹出"创建新元件"对话框，在"名称"选项的文本框中输入"按钮外观"，在"类型"选项下拉列表中选择"图形"选项，单击"确定"按钮，新建图形元件"按钮外观"，如图 9-14 所示。舞台窗口也随之转换为图形元件的舞台窗口。

（3）按 Ctrl+Shift+F9 组合键，弹出"颜色"面板，将"填充颜色"选项设为无，选择"笔触颜色"按钮，在"颜色类型"下拉列表中选择"线性渐变"，在色带上将左边的颜色控制点设为黄色（#FFFF00），在"Alpha"选项中将其不透明度设为 0%，将右边的颜色控制点设为黄色（#FFFF00），生成渐变色，如图 9-15 所示。

（4）选择"椭圆"工具，在椭圆工具"属性"面板中，将"笔触"选项设为 2.5，在舞台窗口中绘制一个圆形，如图 9-16 所示。

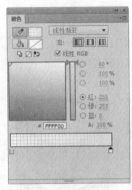

图 9-14   图 9-15   图 9-16

（5）选择"渐变变形"工具，用鼠标单击渐变圆，出现两条蓝色垂直线，如图 9-17 所示，将鼠标放置在右上角的旋转控制点上，单击拖曳鼠标到适当的位置，如图 9-18 所示，松开鼠标，接着旋转渐变的角度，效果如图 9-19 所示。

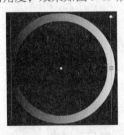
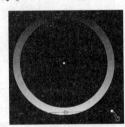

图 9-17   图 9-18   图 9-19

（6）单击"时间轴"面板下方的"新建图层"按钮，新建"图层 2"。在"颜色"面板中，将"笔触颜色"设为无，选择"填充颜色"按钮，在"颜色类型"下拉列表中选择"径向渐变"，在色带上将左边的颜色控制点设为白色，在"Alpha"选项中将其不透明度设为 0%，将右边的颜色控制点设为白色，生成渐变色，在"Alpha"选项中将其不透明度设为 60%，如图 9-20 所示。

（7）选择"椭圆"工具，在舞台窗口中绘制一个与"图层 1"中的圆形大小相同的圆形，如图 9-21 所示。单击"时间轴"面板下方的"新建图层"按钮，新建"图层 3"。

（8）在"颜色"面板中，将"填充颜色"设为白色，在"Alpha"选项中将其不透明度设为 42%，如图 9-22 所示。

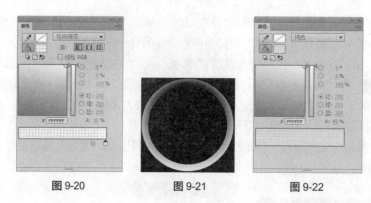

图 9-20　　　　　　　图 9-21　　　　　　　图 9-22

（9）在舞台窗口中绘制一个椭圆形，如图 9-23 所示。选择"选择"工具 ，在舞台窗口中选中刚绘制的透明椭圆，如图 9-24 所示，按住 Alt+Shift 组合键的同时向下拖曳鼠标到适当的位置，复制透明椭圆形，效果如图 9-25 所示。

图 9-23　　　　　　　图 9-24　　　　　　　图 9-25

（10）在"库"面板中新建按钮元件"A"，舞台窗口也随之转换为按钮元件的舞台窗口。将"库"面板中的图形元件"按钮外观"拖曳到舞台窗口中，如图 9-26 所示。选择"文本"工具 ，在文本工具"属性"面板中进行设置，在舞台窗口中适当的位置输入大小为 25，字体为"Bolt Bd BT"的黄色（#FFFF00）英文，英文效果如图 9-27 所示。

（11）选中"时间轴"面板中的"指针经过"帧，按 F6 键插入关键帧。在"指针经过"帧所对应的舞台窗口中选中所有图形，如图 9-28 所示，调出"变形"面板，将"缩放宽度"选项设为 90，"缩放高度"选项也随之转换为 90，图形被缩小，效果如图 9-29 所示。选中圆环中的字母，在文本"属性"面板中将"颜色"设为红色（#FF0000），舞台窗口中的效果如图 9-30 所示。

图 9-26　　　　　图 9-27　　　　　图 9-28　　　　　图 9-29　　　　　图 9-30

（12）选中"点击"帧，按 F7 键插入空白关键帧，如图 9-31 所示。选择"椭圆"工具 ，在工具箱中将"笔触颜色"设为无，"填充颜色"设为白色，按住 Shift 键的同时，在舞台窗口中绘制出 1 个圆形。选中圆形，在形状"属性"面板中将"宽度"和"高度"选项分别设为 31.6，"X"和"Y"选项分别设为 2.3、2.55，如图 9-32 所示，效果如图 9-33 所示。

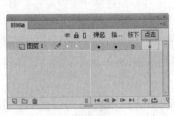

图 9-31　　　　　　　　　图 9-32　　　　　　　　　图 9-33

（13）在"时间轴"面板中创建新图层"图层 2"。选中"图层 2"中的"指针经过"帧，按 F6 键插入关键帧，如图 9-34 所示。

（14）选择"文件 > 导入 > 导入到库"命令，在弹出的"导入到库"对话框中选择"Ch09 > 素材 > 制作少儿英语屋 > A .wav"文件，单击"打开"按钮，将声音文件导入到"库"面板中。选中"图层 2"中的"指针经过"帧，将"库"面板中的声音文件"A .wav"拖曳到舞台窗口中，"时间轴"面板中的效果如图 9-35 所示。按钮"A"制作完成。

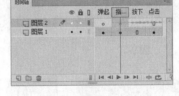

图 9-34　　　　　　　　　　　　　　　图 9-35

（15）用相同的方法在"库"面板中导入声音文件"B .wav"，如图 9-36 所示，制作按钮"B"，效果如图 9-37 所示。再导入其他的声音文件，制作其他字母，"库"面板中的效果如图 9-38 所示。

图 9-36　　　　　　图 9-37　　　　　　图 9-38

2．排列按钮元件

（1）单击舞台窗口左上方的"场景 1"图标 场景 1，进入"场景 1"的舞台窗口。将"图层 1"重新命名为"底图"。选择"文件 > 导入 > 导入到舞台"命令，在弹出的"导入"对话框中选择"Ch09 > 素材 > 制作少儿英语屋> 01"文件，单击"打开"按钮，文件被导入到舞台窗口中，并放置在舞台的中心位置，效果如图 9-39 所示。

（2）在"时间轴"面板中创建新图层并将其命名为"按钮"。将"库"面板中的所有按钮元件都拖曳到舞台窗口中，调整其大小并将它们排列成 4 排，效果如图 9-40 所示。选中第 1 排中的 7 个按钮实例，如图 9-41 所示。

（3）按 Ctrl+K 组合键，弹出"对齐"面板，单击"顶对齐"按钮 ，将按钮以上边线为基准进行对齐，效果如图 9-42 所示。单击"水平居中分布"按钮 ，将按钮进行等间距对齐，效果如图 9-43 所示。按 Ctrl+G 组合键，将第 1 排中的所有按钮进行组合，效果如图 9-44 所示。

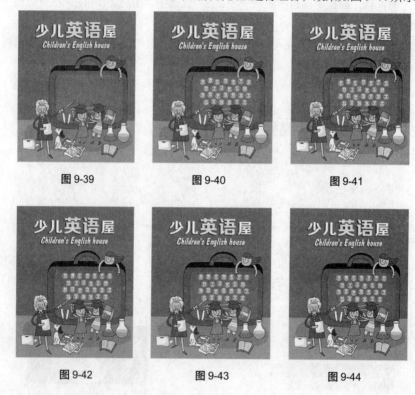

图 9-39　　　　　图 9-40　　　　　图 9-41

图 9-42　　　　　图 9-43　　　　　图 9-44

（4）用相同的方法将其他排的按钮也进行"顶对齐"和"水平居中分布"的设置，效果如图 9-45 所示。分别选中每一排中的字母，按 Ctrl+G 组合键，将同排中的字母分别进行组合。

（5）选中所有组合过的字母，效果如图 9-46 所示。在"对齐"面板中单击"垂直居中分布"按钮 ，对每排的字母进行等间距对齐，效果如图 9-47 所示。少儿英语屋制作完成，按 Ctrl+Enter 组合键即可查看效果。

图 9-45

图 9-46

图 9-47

课堂练习——制作情人节音乐贺卡

练习知识要点

使用"文本"工具，输入标题文字；使用"分离"命令和"颜色"面板，将文字转为图形并添加渐变色；使用"任意变形"工具，调整图像的大小，效果如图 9-48 所示。

效果所在位置

光盘/Ch09/效果/制作情人节音乐贺卡.fla。

图 9-48

课后习题——制作美味蛋糕

习题知识要点

使用"铅笔"工具，绘制热气图形，使用"遮罩层"命令，遮罩面粉图层；使用"声音"文件，添加声音效果；使用"动作"面板，设置脚本语言，效果如图 9-49 所示。

效果所在位置

光盘/Ch09/效果/制作美味蛋糕.fla。

图 9-49

第 10 章　动作脚本应用基础

在 Flash CC 中，要实现一些复杂多变的动画效果就要使用动作脚本，可以通过输入不同的动作脚本来实现高难度的动画制作。本章主要讲解了动作脚本的基本术语和使用方法。通过学习这些内容，读者可以了解并掌握如何应用不同的动作脚本来实现千变万化的动画效果。

课堂学习目标	/ 了解数据类型
	/ 掌握语法规则
	/ 掌握变量和函数
	/ 掌握表达式和运算符

10.1　动作脚本的使用

和其他脚本语言相同，Flash 的动作脚本依照自己的语法规则，保留关键字、提供运算符，并且允许使用变量存储和获取信息。动作脚本包含内置的对象和函数，并且允许用户创建自己的对象和函数。动作脚本程序一般由语句、函数和变量组成，主要涉及数据类型、语法规则、变量、函数、表达式和运算符等。

10.1.1　数据类型

数据类型描述了动作脚本的变量或元素可以包含的信息种类。动作脚本有 2 种数据类型：原始数据类型和引用数据类型。原始数据类型是指 String（字符串）、Number（数字）和 Boolean（布尔值），它们拥有固定类型的值，因此可以包含它们所代表元素的实际值。引用数据类型是指影片剪辑和对象，它们值的类型是不固定的，因此它们包含对该元素实际值的引用。

下面将介绍各种数据类型。

1．String（字符串）

字符串是字母、数字和标点符号等字符的序列。字符串必须用一对双引号标记。字符串被当作字符而不是变量进行处理。

例如，在下面的语句中，"L7" 是一个字符串。

favoriteBand = "L7";

2．Number（数字型）

数字型是指数字的算术值，要进行正确的数学运算必须使用数字数据类型。可以使用算术运算符加（＋）、减（－）、乘（*）、除（/）、求模（％）、递增（＋＋）和递减（－－）来处理数字，也可以使用内置的 Math 对象的方法处理数字。

例如，使用 sqrt( )（平方根）方法返回数字 100 的平方根可使用如下语句。

Math.sqrt(100);

3．Boolean（布尔型）

值为 true 或 false 的变量被称为布尔型变量。动作脚本也会在需要时将值 true 和 false 转换为 1 和 0。在确定"是/否"的情况下，布尔型变量是非常有用的。在进行比较以控制脚本流的动作脚本语句中，布尔型变量经常与逻辑运算符一起使用。

例如，在下面的脚本中，如果变量 userName 和 password 为 true，则会播放该 SWF 文件。

```
onClipEvent (enterFrame) {
if (userName == true && password == true){
play( );
}
}
```

4．Movie Clip（影片剪辑型）

影片剪辑是 Flash 影片中可以播放动画的元件，它们是唯一引用图形元素的数据类型。Flash 中的每个影片剪辑都是一个 Movie Clip 对象，它们拥有 Movie Clip 对象中定义的方法和属性。通过点（.）运算符可以调用影片剪辑内部的属性和方法。

例如以下调用。

my_mc.startDrag(true);

parent_mc.getURL("http://www.macromedia.com/support/" + product);

5．Object（对象型）

对象型指所有使用动作脚本创建的基于对象的代码。对象是属性的集合，每个属性都拥有自己的名称和值，属性的值可以是任何 Flash 数据类型，甚至可以是对象数据类型。通过（.）运算符可以引用对象中的属性。

例如，在下面的代码中，hoursWorked 是 weeklyStats 的属性，而 weeklyStats 是 employee 的属性。

employee.weeklyStats.hoursWorked

6．Null（空值）

空值数据类型只有一个值，即 null。这意味着没有值，即缺少数据。null 可以用在各种情况中，如作为函数的返回值、表明函数没有可以返回的值、表明变量还没有接收到值、表明变量不再包含值等。

7．Undefined（未定义）

未定义的数据类型只有一个值，即 undefined，用于尚未分配值的变量。如果一个函数引用了未在其他地方定义的变量，那么 Flash 将返回未定义数据类型。

10.1.2　语法规则

动作脚本拥有自己的一套语法规则和标点符号，下面将进行介绍。

1．点运算符

在动作脚本中，点（.）用于表示与对象或影片剪辑相关联的属性或方法，也可以用于标识影片剪辑或变量的目标路径。点（.）运算符表达式以影片或对象的名称开始，中间为点（.）运算符，最后是要指定的元素。

例如，_x 影片剪辑属性指示影片剪辑在舞台上的 x 轴位置，而表达式 ballMC._x 则引用了影片剪辑实例 ballMC 的 _x 属性。

又例如，submit 是 form 影片剪辑中设置的变量，此影片剪辑嵌在影片剪辑 shoppingCart 之中，表达式 shoppingCart.form.submit = true 将实例 form 的 submit 变量设置为 true。

无论是表达对象的方法还是表达影片剪辑的方法，均遵循同样的模式。例如，ball_mc 影片剪辑实例的 play( ) 方法在 ball_mc 的时间轴中移动播放头，如下面的语句所示。

ball_mc.play( );

点语法还使用两个特殊别名——_root 和 _parent。别名 _root 是指主时间轴，可以使用 _root 别名创建一个绝对目标路径。例如，下面的语句可以调用主时间轴上影片剪辑 functions 中的函数 buildGameBoard( )。

_root.functions.buildGameBoard( );

可以使用别名 _parent 引用当前对象嵌入到的影片剪辑，也可以使用 _parent 创建相对目标路径。例如，如果将影片剪辑 dog_mc 嵌入影片剪辑 animal_mc 的内部，则实例 dog_mc 的如下语句会指示 animal_mc 停止。

_parent.stop( );

2．界定符

（1）大括号：动作脚本中的语句被大括号包括起来组成语句块，例如下列脚本。

```
// 事件处理函数
on (release) {
    myDate = new Date( );
    currentMonth = myDate.getMonth( );
}

on(release)
{
    myDate = new Date( );
    currentMonth = myDate.getMonth( );
}
```

（2）分号：动作脚本中的语句可以由一个分号结尾。如果在结尾处省略分号，Flash 仍然可以成功编译脚本，例如下列脚本。

```
var column = passedDate.getDay( );
var row = 0;
```

（3）圆括号：在定义函数时，任何参数定义都必须放在一对圆括号内，例如下列脚本。

```
function myFunction (name, age, reader){
}
```

调用函数时，需要被传递的参数也必须放在一对圆括号内，例如下列脚本。

```
myFunction ("Steve", 10, true);
```

可以使用圆括号改变动作脚本的优先顺序或增强程序的易读性。

3．区分大小写

在区分大小写的编程语言中，仅大小写不同的变量名（book 和 Book）被视为互不相同。Action Script 2.0 中标识符区分大小写，例如，下面 2 条动作语句是不同的。

cat.hilite = true;

CAT.hilite = true;

对于关键字、类名、变量、方法名等，要严格区分大小写，如果关键字大小写出现错误，在编写程序时就会有错误信息提示。如果采用了彩色语法模式，那么正确的关键字将以深蓝色显示。

4．注释

在"动作"面板中，使用注释语句可以在一个帧或者按钮的脚本中添加说明，有利于增加程序的易读性。注释语句以双斜线 // 开始，斜线显示为灰色，注释内容可以不考虑长度和语法，注释语句不会影响 Flash 动画输出时的文件大小。例如下列脚本。

```
on (release) {
    // 创建新的 Date 对象
    myDate = new Date( );
    currentMonth = myDate.getMonth( );
    // 将月份数转换为月份名称
    monthName = calcMonth(currentMonth);
    year = myDate.getFullYear( );
    currentDate = myDate.getDate( );
}
```

5．关键字

动作脚本保留一些单词用于该语言总的特定用途，因此不能将它们用作变量、函数或标签的名称。如果在编写程序的过程中使用了关键字，动作编辑框中的关键字会以蓝色显示。为了避免冲突，在命名时可以展开动作工具箱中的 Index 域，检查是否使用了已定义的关键字。

6．常量

常量中的值永远不会改变。所有的常量可以在"动作"面板的工具箱和动作脚本字典中找到。

例如，常数 BACKSPACE、ENTER、QUOTE、RETURN、SPACE 和 TAB 是 Key 对象的属性，指代键盘的按键。若要测试是否按下了 Enter 键，可以使用下面的语句。

```
if(Key.getCode( ) == Key.ENTER) {
    alert = "Are you ready to play?";
    controlMC.gotoAndStop(5);
}
```

10.1.3　变量

变量是包含信息的容器。容器本身不会改变，但其内容可以更改。第一次定义变量时，最好为变量定义一个已知值，这就是初始化变量，通常在 SWF 文件的第 1 帧中完成。每一个影片剪辑对象都有自己的变量，而且不同的影片剪辑对象中的变量相互独立且互不影响。

变量中可以存储的常见信息类型包括 URL、用户名、数字运算的结果、事件发生的次数等。

为变量命名必须遵循以下规则。

（1）变量名在其作用范围内必须是唯一的。

（2）变量名不能是关键字或布尔值（true 或 false）。

（3）变量名必须以字母或下画线开始，由字母、数字、下画线组成，其间不能包含空格。（变量名没有大小写的区别。）

变量的范围是指变量在其中已知并且可以引用的区域，它包含 3 种类型。

（1）本地变量

在声明它们的函数体（由大括号决定）内可用。本地变量的使用范围只限于它的代码块，会在该代码块结束时到期，其余的本地变量会在脚本结束时到期。若要声明本地变量，可以在函数体内部使用 var 语句。

（2）时间轴变量

可用于时间轴上的任意脚本。要声明时间轴变量，应在时间轴的所有帧上都初始化这些变量。应先初始化变量，然后再尝试在脚本中访问它。

（3）全局变量

对于文档中的每个时间轴和范围均可见。如果要创建全局变量，可以在变量名称前使用 _global 标识符，不使用 var 语法。

10.1.4　函数

函数是用来对常量、变量等进行某种运算的方法，如产生随机数、进行数值运算、获取对象属性等。函数是一个动作脚本代码块，它可以在影片中的任何位置上重新使用。如果将值作为参数传递给函数，则函数将对这些值进行操作。函数也可以返回值。

调用函数可以用一行代码来代替一个可执行的代码块。函数可以执行多个动作，并为它们传递可选项。函数必须要有唯一的名称，以便在代码行中可以知道访问的是哪一个函数。

Flash 具有内置的函数，可以访问特定的信息或执行特定的任务。例如，获得 Flash 播放器的版本号等。属于对象的函数叫方法，不属于对象的函数叫顶级函数，可以在"动作"面板的"函数"类别中找到。

每个函数都具备自己的特性，而且某些函数需要传递特定的值。如果传递的参数多于函数的需要，多余的值将被忽略；如果传递的参数少于函数的需要，空的参数会被指定为 undefined 数据类型，这在导出脚本时，可能会导致出现错误。如果要调用函数，该函数必须存在于播放头到达的帧中。

动作脚本提供了自定义函数的方法，用户可以自行定义参数，并返回结果。在主时间轴上或影片剪辑时间轴的关键帧中添加函数时，即是在定义函数。所有的函数都有目标路径。所有的函数都需要在名称后跟一对括号( )，但括号中是否有参数是可选的。一旦定义了函数，就可以从任何一个时间轴中调用它，包括加载的 SWF 文件的时间轴。

10.1.5　表达式和运算符

表达式是由常量、变量、函数和运算符按照运算法则组成的计算式。运算符是可以提供对数值、字符串、逻辑值进行运算的关系符号。运算符有很多种类，包括数值运算符、字符串运算符、比较运算符、逻辑运算符、位运算符和赋值运算符等。

（1）算术运算符及表达式

算术表达式是数值进行运算的表达式。它由数值、以数值为结果的函数和算术运算符组成，运算结果是数值或逻辑值。

在 Flash 中可以使用如下算术运算符。

+ 、 − 、 * 、 / —— 执行加、减、乘、除运算。

= 、 <> —— 比较两个数值是否相等、不相等。

< 、 <= 、>、 >= —— 比较运算符前面的数值是否小于、小于等于、大于、大于等于后面的数值。

（2）字符串表达式

字符串表达式是对字符串进行运算的表达式。它由字符串、以字符串为结果的函数和字符串运算符组成，运算结果是字符串或逻辑值。

在 Flash 中可以使用如下字符串表达式的运算符。

& —— 连接运算符两边的字符串。

Eq 、 Ne —— 判断运算符两边的字符串是否相等、不相等。

Lt 、 Le 、 Qt 、 Qe —— 判断运算符左边字符串的 ASCII 码是否小于、小于等于、大于、大于等于右边字符串的 ASCII 码。

（3）逻辑表达式

逻辑表达式是对正确、错误结果进行判断的表达式。它由逻辑值、以逻辑值为结果的函数、以逻辑值为结果的算术或字符串表达式和逻辑运算符组成，运算结果是逻辑值。

（4）位运算符

位运算符用于处理浮点数。运算时先将操作数转化为 32 位的二进制数，然后对每个操作数分别按位进行运算，运算后再将二进制的结果按照 Flash 的数值类型返回。

动作脚本的位运算符包括：

& （位与）、 / （位或）、 ^ （位异或）、 ~ （位非）、 << （左移位）、 >> （右移位）、 >>>(填 0 右移位)等。

（5）赋值运算符

赋值运算符的作用是为变量、数组元素或对象的属性赋值。

10.1.6　课堂案例——制作系统时钟

📋 **案例学习目标**

使用脚本语言控制动画播放。

📋 **案例知识要点**

使用文字工具输入文字，使用任意变形工具改变图像的中心点，使用动作面板设置脚本语言。效果如图 10-1 所示。

📋 **效果所在位置**

光盘/Ch10/效果/制作系统时钟. fla。

图 10-1

1．导入素材创建元件

（1）选择"文件 > 新建"命令，在弹出的"新建文档"对话框中选择"ActionScript 3.0"选项，单击"确定"按钮，进入新建文档舞台窗口。按 Ctrl+J 组合键，弹出"文档设置"对话框，将"舞台大小"选项设为 515 × 515 像素，单击"确定"按钮，完成舞台属性的修改。

（2）选择"文件 > 导入 > 导入到库"命令，在弹出的"导入到库"对话框中选择"Ch10 > 素材 > 制作系统时钟 > 01 ~ 06"文件，单击"打开"按钮，文件被导入到"库"面板中，如图 10-2 所示。

（3）按 Ctrl+F8 组合键，弹出"创建新元件"对话框，在"名称"选项的文本框中输入"时针"，在"类型"选项下拉列表中选择"影片剪辑"选项，单击"确定"按钮，新建影片剪辑元件"时针"，如图 10-3 所示。舞台窗口也随之转换为影片剪辑元件的舞台窗口。

（4）将"库"面板中的图形元件"04"拖曳到舞台窗口中，选择"任意变形"工具，将时针的下端与舞台中心点对齐（在操作过程中一定要将其与中心点对齐，否则要实现的效果将不会出现），效果如图 10-4 所示。

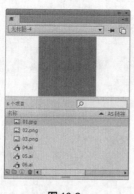

图 10-2

图 10-3

图 10-4

（5）在"库"面板中新建一个影片剪辑元件"分针"，舞台窗口也随之转换为影片剪辑元件的舞台窗口。将"库"面板中的图形元件"05"拖曳到舞台窗口中，选择"任意变形"工具，将分针的下端与舞台中心点对齐（在操作过程中一定要将其与中心点对齐，否则要实现的效果将不会出现），效果如图 10-5 所示。

（6）在"库"面板中新建一个影片剪辑元件"秒针"，如图 10-6 所示，舞台窗口也随之转换为影片剪辑元件的舞台窗口。将"库"面板中的图形元件"06"拖曳到舞台窗口中，选择"任意变形"工具，将秒针的下端与舞台中心点对齐（在操作过程中一定要将其与中心点对齐，否则要实现的效果将不会出现），效果如图 10-7 所示。

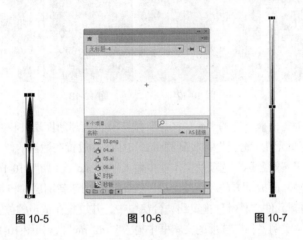

图 10-5　　　　　　　图 10-6　　　　　　　图 10-7

2．确定指针位置

（1）单击舞台窗口左上方的"场景 1"图标 场景 1，进入"场景 1"的舞台窗口。将"图层 1"重新命名为"底图"。将"库"面板中的位图"01.jpg"拖曳到舞台窗口的中心位置，效果如图 10-8 所示。

（2）再次将"库"面板中位图"02"和"03"拖曳到舞台窗口中，并分别放置在适当的位置，如图 10-9 所示。选中"底图"图层的第 2 帧，按 F5 键插入普通帧。单击"时间轴"面板下方的"新建图层"按钮，创建新图层并将其命名为"矩形"，如图 10-10 所示。

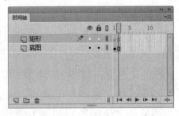

图 10-8　　　　　　　图 10-9　　　　　　　图 10-10

（3）选择"矩形"工具，在工具箱中将"笔触颜色"设为无，"填充颜色"设为灰色（#3E3A39），在舞台窗口中绘制一个矩形，效果如图 10-11 所示。

（4）单击"时间轴"面板下方的"新建图层"按钮，创建新图层并将其命名为"文字"。选择"文本"工具，在文本工具"属性"面板中进行设置，在舞台窗口中适当的位置输入大小为 32、字体为"ITC Avant Garde Gothic"的白色英文，文字效果如图 10-12 所示。

（5）单击"时间轴"面板下方的"新建图层"按钮，创建新图层并将其命名为"时针"。将"库"面板中的影片剪辑元件"时钟"拖曳到舞台窗口中，并放置在适当的位置，如图 10-13 所示。

在实例"属性"面板"实例名称"选项的文本框中输入"sz_mc"，如图 10-14 所示。

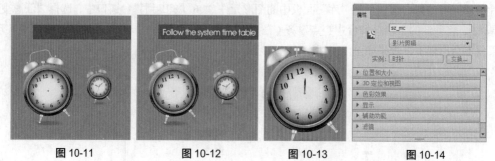

图 10-11　　　　　　图 10-12　　　　　　图 10-13　　　　　　图 10-14

（6）单击"时间轴"面板下方的"新建图层"按钮，创建新图层并将其命名为"分针"。将"库"面板中的影片剪辑元件"分针"拖曳到舞台窗口中，并放置在适当的位置，如图 10-15 所示。在实例"属性"面板"实例名称"选项的文本框中输入"fz_mc"，如图 10-16 所示。

（7）单击"时间轴"面板下方的"新建图层"按钮，创建新图层并将其命名为"秒针"。将"库"面板中的影片剪辑元件"秒针"拖曳到舞台窗口中，并放置在适当的位置，如图 10-17 所示。在实例"属性"面板"实例名称"选项的文本框中输入"mz_mc"，如图 10-18 所示。

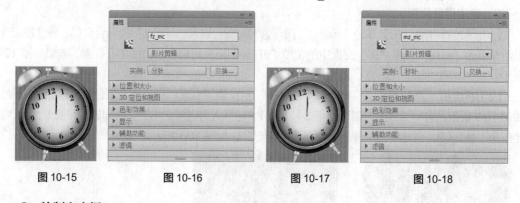

图 10-15　　　　　　图 10-16　　　　　　图 10-17　　　　　　图 10-18

3．绘制文本框

（1）单击"时间轴"面板下方的"新建图层"按钮，创建新图层并将其命名为"文本框"。选择"文本"工具，在"文本工具"属性面板中进行设置，如图 10-19 所示，在舞台窗口中绘制 1 个段落文本框，如图 10-20 所示。

（2）选择"选择"工具，选中文本框，在"文本工具"属性面板中的"实例名称"选项的文本框中输入"y_txt"，如图 10-21 所示。

图 10-19　　　　　　　　　图 10-20　　　　　　　　　图 10-21

（3）用相同的方法在适当的位置再绘制 3 个文本框，并分别在"文本工具"属性面板中，将"实例名称"命名为"m_txt"、"d_txt"和"w_txt"，舞台窗口中的效果如图 10-22 所示。

（4）单击"时间轴"面板下方的"新建图层"按钮，创建新图层并将其命名为"线条"。选择"线条"工具，在线条工具"属性"面板中，将"笔触颜色"设为白色，"填充颜色"设为无，"笔触"选项设为 1，在舞台窗口中绘制两条斜线，效果如图 10-23 所示。

图 10-22

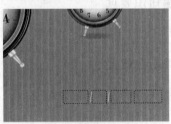
图 10-23

（5）单击"时间轴"面板下方的"新建图层"按钮，创建新图层并将其命名为"动作脚本"。选中"动作脚本"图层的第 1 帧，按 F9 键，弹出"动作"面板，在"动作"面板中设置脚本语言，"脚本窗口"中显示的效果如图 10-24 所示。系统时钟制作完成，按 Ctrl+Enter 键即可查看效果。

```
1  var dqtime:Timer = new Timer(1000);
2  function xssj(event:TimerEvent):void{
3    var sj:Date = new Date();
4    var nf = sj.fullYear;
5    var yf = sj.month+1;
6    var rq = sj.date;
7    var xq = sj.day;
8    var h = sj.hours;
9    var m = sj.minutes;
10   var s = sj.seconds;
11   var axq:Array = new Array("星期日","星期一","星期二","星期三","星期四","星期五","星期六");
12   y_txt.text = nf;
13   m_txt.text = yf;
14   d_txt.text = rq;
15   w_txt.text = axq[xq];
16   if(h>12){
17     h=h-12;
18     }
19   sz_mc.rotation = h*30+m/2;
20   fz_mc.rotation = m*6+s/10;
21   mz_mc.rotation = s*6;
22   }
23 dqtime.addEventListener(TimerEvent.TIMER,xssj);
24 dqtime.start();
```
图 10-24

课堂练习——制作下雪效果

练习知识要点

使用"线条"工具，绘制雪花形状；使用"动作"面板，添加脚本语言，效果如图 10-25 所示。

效果所在位置

光盘/Ch10/制作下雪效果.fla。

图 10-25

课后习题——制作鼠标跟随效果

习题知识要点

使用"矩形"工具，绘制矩形；使用"动作"面板，添加动作脚本语言，效果如图 10-26 所示。

效果所在位置

光盘/Ch10/效果/制作鼠标跟随效果. fla。

图 10-26

第 11 章　组件和动画预设

在 Flash CC 中，系统预先设定了组件和动画预设命令功能来协助用户制作动画，以提高制作效率。本章主要讲解了组件、动画预设的使用方法。通过这些内容的学习，可以了解并掌握如何应用系统自带的功能，事半功倍地完成动画制作。

课堂学习目标	/	了解组件及组件的设置
	/	掌握动画预设的应用、导入、导出和删除

11.1　组件

组件是一些复杂的带有可定义参数的影片剪辑符号。一个组件就是一段影片剪辑，其中所带的参数由用户在创作 Flash 影片时进行设置，其中所带的动作脚本 API 供用户在运行时自定义组件。组件旨在让开发人员重用和共享代码，封装复杂功能，让用户在没有"动作脚本"时也能使用和自定义这些功能。

11.1.1　关于 Flash 组件

组件可以是单选按钮、对话框、下拉列表、预加载栏甚至是根本没有图形的某个项，如定时器、服务器连接实用程序或自定义 XML 分析器等。

对编写 ActionScript 不熟悉的用户，可以直接向文档添加组件。添加的组件可以在"属性"面板中设置其参数，然后可以使用"代码片段"面板处理其事件。

用户无需编写任何 ActionScript 代码，就可以将"转到 Web 页"行为附加到一个 Button 组件，用户单击此按钮时会在 Web 浏览器中打开一个 URL。

创建功能更加强大的应用程序，可通过动态方式创建组件，使用 ActionScript 在运行时设置属性和调用方法，还可使用事件侦听器模型来处理事件。

首次将组件添加到文档时，Flash 会将其作为影片剪辑导入到"库"面板中，还可以将组件从"组件"面板直接拖到"库"面板中，然后将其实例添加到舞台上。在任何情况下，用户都必须将组件添加到库中，才能访问其类元素。

11.1.2　设置组件

选择"窗口 > 组件"命令，或按 Ctrl+F7 组合键，弹出"组件"面板，如图 11-1 所示。Flash CC 提供了 2 类组件，用于创建界面的 User Interface 类组件和控制视频播放的 Video 组件。

可以在"组件"面板中双击要使用的组件，组件显示在舞台窗口中，如图 11-2 所示。

可以在"组件"面板中选中要使用的组件，将其直接拖曳到舞台窗口中，如图 11-3 所示。

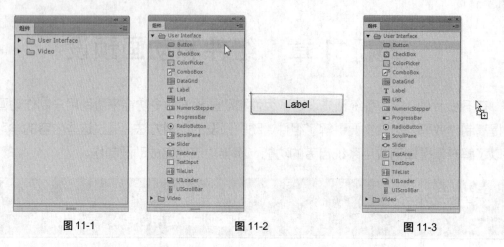

图 11-1　　　　　　　　　图 11-2　　　　　　　　　图 11-3

在舞台窗口中选中组件，如图 11-4 所示，按 Ctrl+F3 组合键，弹出"属性"面板，如图 11-5 所示。可以在其下拉列表中选择相应的选项，如图 11-6 所示。

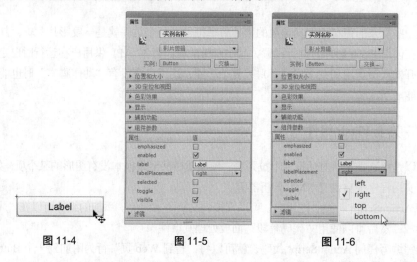

图 11-4　　　　　　　　　图 11-5　　　　　　　　　图 11-6

11.2　使用动画预设

动画预设是预配置的补间动画，可以将它们应用于舞台上的对象。您只需选择对象并单击"动画预设"面板中的"应用"按钮，即可为选中的对象添加动画效果。

使用动画预设是学习在 Flash 中添加动画的基础知识的快捷方法。一旦了解了预设的工作方式后，自己制作动画就非常容易了。

用户可以创建并保存自己的自定义预设。这可以来自已修改的现有动画预设，也可以来自用户自己创建的自定义补间。

使用"动画预设"面板，还可导入和导出预设。用户可以与协作人员共享预设，或利用由 Flash 设计社区成员共享的预设。

11.2.1　预览动画预设

Flash 随附的每个动画预设都包括预览，可在"动画预设"面板中查看其预览。通过预览，用户可以了解在将动画应用于 FLA 文件中的对象时所获得的结果。对于用户创建或导入的自定义预设，用户可以添加自己的预览。

选择"窗口 > 动画预设"命令，弹出"动画预设"面板，如图 11-7 所示。单击"默认预设"文件夹前面的倒三角，展开默认预设选项，选择其中一个默认的预设选项，即可预览默认动画预设，如图 11-8 所示。要停止预览播放，可在"动画预设"面板外单击即可。

图 11-7　　　　　　　　　　图 11-8

11.2.2　应用动画预设

在舞台上选中了可补间的对象（元件实例或文本字段）后，可单击"应用"按钮来应用预设。每个对象只能应用一个预设。如果将第二个预设应用于相同的对象，则第二个预设将替换第一个预设。

一旦将预设应用于舞台上的对象后，在时间轴中创建的补间就不再与"动画预设"面板有任何关系了。在"动画预设"面板中删除或重命名某个预设对以前使用该预设创建的所有补间没有任何影响。如果在面板中的现有预设上保存新预设，它对使用原始预设创建的任何补间都没有影响。

每个动画预设都包含特定数量的帧。当应用预设时，在时间轴中创建的补间范围将包含此数量的帧。如果目标对象已应用了不同长度的补间，补间范围将进行调整，以符合动画预设的长度。可在应用预设后调整时间轴中补间范围的长度。

包含 3D 动画的动画预设只能应用于影片剪辑实例。已补间的 3D 属性不适用于图形或按钮元件，也不适用于文本字段。可以将 2D 或 3D 动画预设应用于任何 2D 或 3D 影片剪辑。

注　意	如果动画预设对 3D 影片剪辑的 z 轴位置进行了动画处理，则该影片剪辑在显示时也会改变其 x 和 y 位置。这是因为，z 轴上的移动是沿着从 3D 消失点（在 3D 元件实例属性检查器中设置）辐射到舞台边缘的不可见透视线执行的。

选择"文件 > 打开"命令，在弹出的"打开"对话框中选择"基础素材 > Ch11 > 01"文件，

单击"打开"按钮打开文件，效果如图 11-9 所示。

单击"时间轴"面板中的"新建图层"按钮 🖹，新建"图层 2"，如图 11-10 所示。将"库"面板中的图形元件"网球"拖曳到舞台窗口中，并放置在适当的位置，如图 11-11 所示。

| 图 11-9 | 图 11-10 | 图 11-11 |

选择"窗口 > 动画预设"命令，弹出"动画预设"面板，如图 11-12 所示。单击"默认预设"文件夹前面的倒三角，展开默认预设选项，如图 11-13 所示。

在舞台窗口中选择"网球"实例，在"动画预设"面板中选择"快速跳跃"选项，如图 11-14 所示。

| 图 11-12 | 图 11-13 | 图 11-14 |

单击"动作预设"面板右下角的"应用"按钮，为"网球"实例添加动画预设，舞台窗口中的效果如图 11-15 所示，"时间轴"面板的效果如图 11-16 所示。

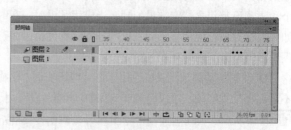

| 图 11-15 | 图 11-16 |

选择"选择"工具 ▶，在舞台窗口中拖曳动画结束点到适当的位置，如图 11-17 所示。选中"图层 1"图层的第 75 帧，按 F5 键插入普通帧，如图 11-18 所示。

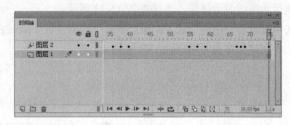

图 11-17　　　　　　　　　　　　　　　　　　　　图 11-18

按 Ctrl+Enter 组合键，测试动画效果，在动画中网球会自上向下降落，再次弹出落下的状态。

11.2.3　将补间另存为自定义动画预设

如果用户想自己创建的补间，或从"动画预设"面板中应用的补间进行更改，可将它另存为新的动画预设。新预设将显示在"动画预设"面板中的"自定义预设"文件夹中。

选择"椭圆"工具 ⬤，在工具箱中将"笔触颜色"设为无，"填充颜色"设为红色渐变，在舞台窗口中绘制 1 个圆形，如图 11-19 所示。

选择"选择"工具 ▶，选中圆形，按 F8 键，弹出"转换为元件"对话框，在"名称"选项的文本框中输入"球"，在"类型"选项的下拉列表中选择"图形"，如图 11-20 所示，单击"确定"按钮，将圆形转换为图形元件。

图 11-19　　　　　　　　　　　　　　　　　　　　图 11-20

用鼠标右键单击"球"实例，在弹出的快捷菜单中选择"创建补间动画"命令，生成补间动画效果，"时间轴"面板如图 11-21 所示。在舞台窗口中，将"球"实例向右拖曳到适当的位置，如图 11-22 所示。

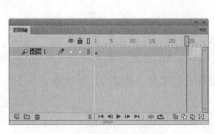

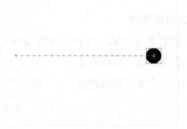

图 11-21　　　　　　　　　　　　　　　　　　　　图 11-22

133

选择"选择"工具 ，将鼠标放置在运动路线上，当鼠标变为 时，单击向下拖曳到适当的位置，将运动路线调为弧线，效果如图 11-23 所示。

选中舞台窗口中的"球"实例，单击"动画预设"面板左下方的"将选区另存为预设"按钮 ，弹出"将预设另存为"对话框，如图 11-24 所示。

图 11-23   图 11-24

在"预设名称"选项的文本框中输入一个名称，如图 11-25 所示，单击"确定"按钮，完成另存为预设效果，"动画预设"面板如图 11-26 所示。

图 11-25   图 11-26

注意   动画预设只能包含补间动画，传统补间不能保存为动画预设，自定义的动画预设存储在"自定义预设"文件夹中。

11.2.4 导入和导出动画预设

在 Flash CC 中动画预设除了默认预设和自定义预设外，还可以通过导入和导出的方式添加动画预设。

1．导入动画预设

动画预设存储为 XML 文件，导入 XML 补间文件可将其添加到"动画预设"面板。

单击"动画预设"面板右上角的选项按钮 ，在弹出的菜单中选择"导入"命令，如图 11-27 所示，在弹出的"导入动画预设"对话框中选择要导入的文件，如图 11-28 所示。

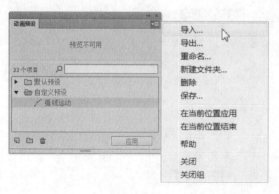

图 11-27   图 11-28

单击"打开"按钮，456.xml 预设会被导入到"动画预设"面板中，如图 11-29 所示。

图 11-29

2．导出动画预设

在 Flash CC 中除了导入动画预设外，还可以将制作好的动画预设导出为 XML 文件，以便与其他 Flash 用户共享。

在"动画预设"面板中选择需要导出的预设，如图 11-30 所示，单击"动画预设"面板右上角的选项按钮，在弹出的菜单中选择"导出"命令，如图 11-31 所示。

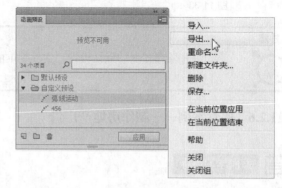

图 11-30   图 11-31

在弹出的"另存为"对话框中，为 XML 文件选择保存位置及输入名称，如图 11-32 所示，单击"保存"按钮即可完成导出预设。

图 11-32

11.2.5　删除动画预设

可从"动画预设"面板中删除预设。在删除预设时，Flash 将从磁盘中删除其 XML 文件。请考虑制作要在以后再次使用的任何预设的备份，方法是先导出这些预设的副本。

在"动画预设"面板中选择需要删除的预设，如图 11-33 所示，单击面板下方的"删除项目"按钮，系统将会弹出"删除预设"对话框，如图 11-34 所示，单击"删除"按钮，即可将选中的预设删除。

图 11-33

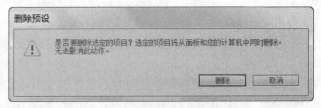

图 11-34

注 意

在删除预设时"默认预设"文件夹中的预设是删除不掉的

11.2.6　课堂案例——制作房地产广告

📋 **案例学习目标**

使用不同的预设命令制作动画效果。

📋 **案例知识要点**

使用"从顶部飞入"预设，制作文字动画效果；使用"从右边飞入"预设，制作楼房动画效果；

使用"从顶部飞出"预设，制作蒲公英动画效果，如图 11-35 所示。

📒 **效果所在位置**

光盘/Ch11/效果/制作房地产广告.fla。

图 11-35

1．创建图形元件

（1）选择"文件 > 新建"命令，在弹出的"新建文档"对话框中选择"ActionScript 3.0"选项，单击"确定"按钮，进入新建文档舞台窗口。按 Ctrl+J 组合键，弹出"文档设置"对话框，将"舞台大小"选项设为 600 × 400 像素，"舞台颜色"设为黑色，单击"确定"按钮，完成舞台属性的修改。

（2）将"图层 1"重命名为"底图"。选择"文件 > 导入 > 导入到库"命令，在弹出的"导入到库"对话框中选择"Ch12 > 素材 > 制作房地产广告 > 01、02、03、04"文件，单击"打开"按钮，文件被导入到"库"面板中，如图 11-36 所示。

（3）按 Ctrl+F8 组合键，弹出"创建新元件"对话框，在"名称"选项的文本框中输入"楼房"，在"类型"选项下拉列表中选择"图形"选项，单击"确定"按钮，新建图形元件"楼房"，如图 11-37 所示。舞台窗口也随之转换为图形元件的舞台窗口。

（4）将"库"面板中的位图"02"拖曳到舞台窗口中，如图 11-38 所示。

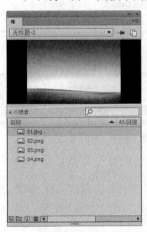

图 11-36

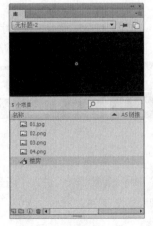

图 11-37

图 11-38

137

（5）按 Ctrl+F8 组合键，弹出“创建新元件”对话框，在“名称”选项的文本框中输入“蒲公英”，在“类型”选项下拉列表中选择“图形”选项，如图 11-39 所示，单击“确定”按钮，新建图形元件“蒲公英”。舞台窗口也随之转换为图形元件的舞台窗口。

（6）将“库”面板中的位图“04”拖曳到舞台窗口中，如图 11-40 所示。

创建新元件
名称(N): 蒲公英
确定
类型(T): 图形
取消
文件夹: 库根目录
高级

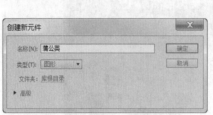

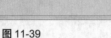

图 11-39

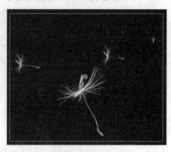

图 11-40

（7）单击“新建元件”按钮，新建图形元件“文字”，舞台窗口也随之转换为图形元件的舞台窗口。选择“文本”工具T，在文本工具“属性”面板中进行设置，在舞台窗口中适当的位置输入大小为 30、字体为“方正兰亭粗黑简体”的白色文字，文字效果如图 11-41 所示。再次在舞台窗口中输入大小为 20、字体为“方正粗雅宋”的白色文字，文字效果如图 11-42 所示。

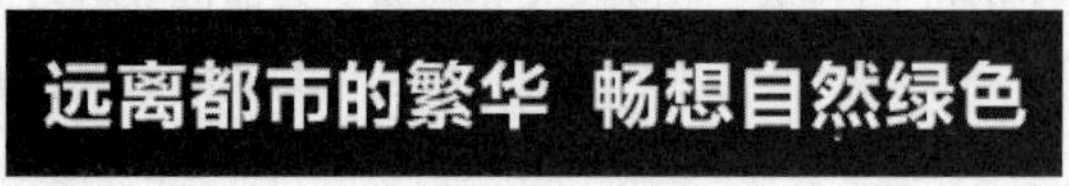

远离都市的繁华 畅想自然绿色

图 11-41

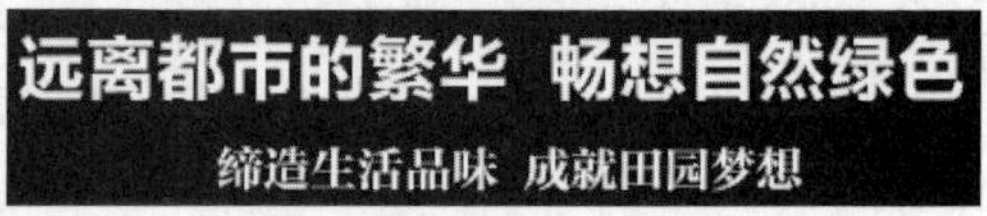

远离都市的繁华 畅想自然绿色
缔造生活品味 成就田园梦想

图 11-42

（8）在舞台窗口中选中文字“繁华”，如图 11-43 所示，在文字“属性”面板中，将“系列”选项设为“方正粗雅宋”，“大小”选项设为 40，效果如图 11-44 所示。

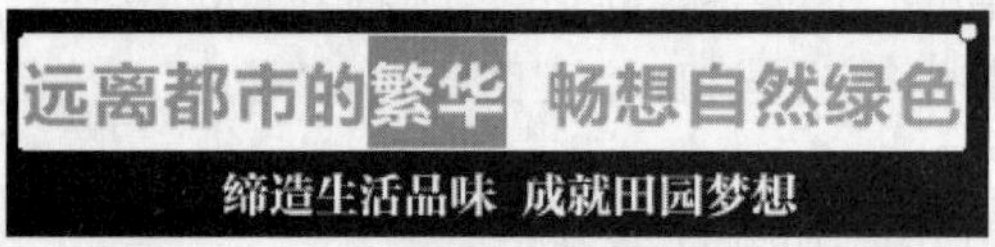

远离都市的繁华 畅想自然绿色
缔造生活品味 成就田园梦想

图 11-43

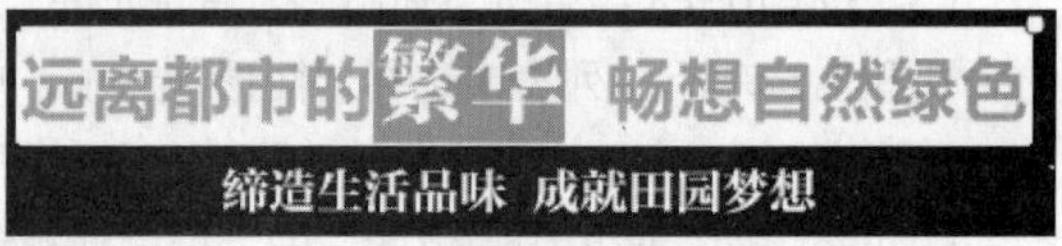

远离都市的繁华 畅想自然绿色
缔造生活品味 成就田园梦想

图 11-44

（9）在舞台窗口中选中文字“绿色”，如图 11-45 所示，在文字“属性”面板中，将“系列”选项设为“方正粗雅宋”，“大小”选项设为 40，效果如图 11-46 所示。

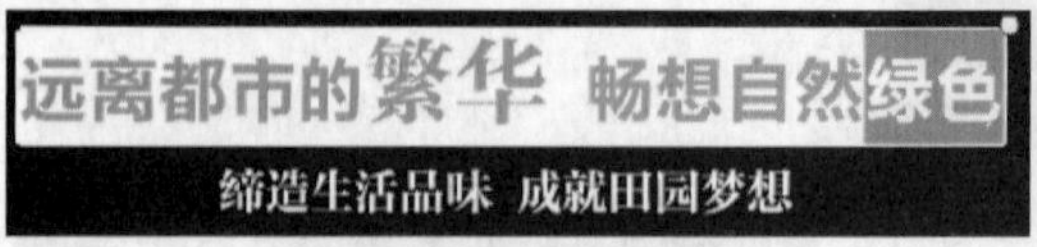

远离都市的繁华 畅想自然绿色
缔造生活品味 成就田园梦想

图 11-45

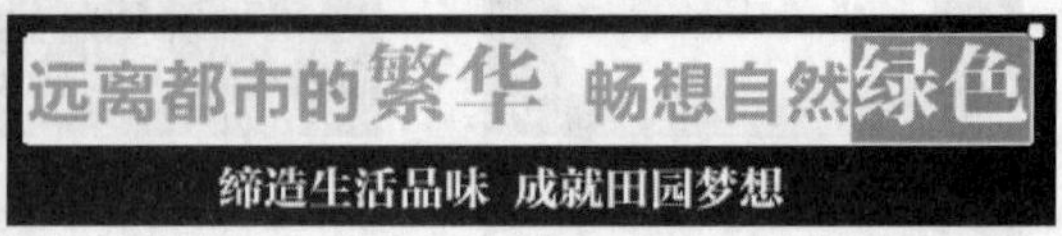

远离都市的繁华 畅想自然绿色
缔造生活品味 成就田园梦想

图 11-46

2．制作场景动画

（1）单击舞台窗口左上方的“场景 1”图标 场景 1，进入“场景 1”的舞台窗口。将“库”面板中的位图“01”拖曳到舞台窗口中，效果如图 11-47 所示。选中“底图”图层的第 24 帧，按 F5 键插入普通帧。

（2）单击“时间轴”面板下方的“新建图层”按钮，创建新图层并将其命名为“楼房”。将

"库"面板中的图形元件"楼房"拖曳到舞台窗口中，如图 11-48 所示。

图 11-47　　　　　　　　　　　　　　　图 11-48

（3）保持"楼房"实例的选取状态，选择"窗口 > 动画预设"命令，弹出"动画预设"面板，如图 11-49 所示，单击"默认预设"文件夹前面的倒三角，展开默认预设，如图 11-50 所示。

图 11-49　　　　　　　　　　　　　　　图 11-50

（4）在"动画预设"面板中，选择"从右边飞入"选项，如图 11-51 所示，单击"应用"按钮，舞台窗口中的效果如图 11-52 所示。

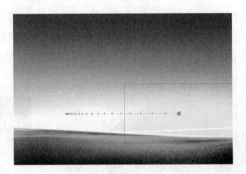

图 11-51　　　　　　　　　　　　图 11-52

（5）选中"楼房"图层的第 1 帧，在舞台窗口中将"楼房"实例水平向右拖曳到适当的位置，如图 11-53 所示。

（6）选中"楼房"图层的第 24 帧，在舞台窗口中将"楼房"实例水平向右拖曳到适当的位置，如图 11-54 所示。

图 11-53

图 11-54

（7）单击"时间轴"面板下方的"新建图层"按钮，创建新图层并将其命名为"蒲公英"。将"库"面板中的位图"03"拖曳到舞台窗口中，如图 11-55 所示。

（8）单击"时间轴"面板下方的"新建图层"按钮，创建新图层并将其命名为"飞舞"。将"库"面板中的图形元件"蒲公英"拖曳到舞台窗口中，如图 11-56 所示。

图 11-55

图 11-56

（9）保持"蒲公英"实例的选取状态，在"动画预设"面板中，选择"从顶部飞出"选项，单击"应用"按钮 应用 ，舞台窗口中的效果如图 11-57 所示。

（10）单击"时间轴"面板下方的"新建图层"按钮，创建新图层并将其命名为"文字"。将"库"面板中的图形元件"文字"拖曳到舞台窗口中，如图 11-58 所示。

图 11-57

图 11-58

（11）保持"文字"实例的选取状态，在"动画预设"面板中，选择"从顶部飞入"选项，单击"应用"按钮 ▢ 应用 ▢，舞台窗口中的效果如图 11-59 所示。

（12）选中"文字"图层的第 1 帧，在舞台窗口中将"文字"实例垂直向上拖曳到适当的位置，如图 11-60 所示。选中"文字"图层的第 24 帧，在舞台窗口中将"文字"实例垂直向上拖曳到适当的位置，如图 11-61 所示。选中所有图层的第 75 帧，按 F5 键插入普通帧，如图 11-62 所示。

图 11-59

图 11-60

图 11-61

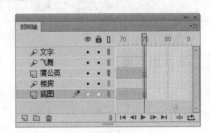

图 11-62

（13）房地产广告效果制作完成，按 Ctrl+Enter 组合键即可查看效果，如图 11-63 所示。

图 11-63

课堂练习——制作啤酒广告

习题知识要点

使用"从左边飞入"和"从右边飞入"预设，制作啤酒进入的动画效果；使用"从顶部飞入"预设，制作 logo 入场的动画效果；使用"从底部飞入"预设，制作星光入场的动画效果，效果如图 11-64 所示。

效果所在位置

光盘 Ch11 效果/制作啤酒广告. fla。

图 11-64

课后习题——制作旅游广告

练习知识要点

使用"元件"命令，创建图形元件与影片剪辑；使用"动画预设"面板，制作动画效果，如图 11-65 所示。

效果所在位置

光盘 Ch11 效果/制作旅游广告. fla。

图 11-65

下篇　案例实训篇

第 12 章　标志设计

一个企业的标志代表着这个企业的形象和文化，以及企业的服务水平、管理机制和综合实力。精美的标志动画可以在动态视觉上为企业进行形象推广。本章将主要介绍 Flash 标志动画中标志的导入及动画的制作方法，同时学习如何应用不同的颜色设置和动画方式来更准确地诠释企业的精神。

课堂学习目标	
/	了解标志设计的概念
/	了解标志设计的功能
/	掌握标志动画的设计思路
/	掌握标志动画的制作方法和技巧

12.1　标志设计概述

在科学技术飞速发展的今天，印刷、摄影、设计和图像的传达作用越来越重要，这种非语言传送的发展具有了可以和语言传送相抗衡的竞争力量。标志，则是其中一种独特的传达方式。

标志，是表明事物特征的记号。它以单纯、显著、易识别的物象、图形或文字符号为直观语言，除标示什么、代替什么之外，还具有表达意义、情感和指令行动等作用。

标志具有功用性、识别性、显著性、多样性、艺术性、准确性等特点，其效果如图 12-1 所示。

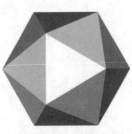

图 12-1

12.2 制作网络公司网页标志

12.2.1 案例分析

本例是为度速风网络司制作的网页标志，度速风网络公司是一家专业的网络服务公司，公司致力于为个人、企业提供基于互联网的全套解决方案，全力为客户缔造个性化的网络空间，为企业提供良好的发展空间。其网页标志的设计要简洁、大气、稳重，同时要符合网络公司的特征，能融入行业的理念和特色。

在设计制作过程中，把标志定位为文字型标志，充分利用网络公司的名称——"度速风网络"作为品牌名称。在字体设计上进行变形，通过字体表现出阳光、效率的企业形象。通过蓝色系的同类色变化以及英文字母 e 的空间变化表现出创新、智慧的企业理念。

本例将使用"文本"工具输入标志名称；使用"钢笔"工具添加画笔效果；使用"属性"面板改变元件的颜色使标志产生阴影效果。

12.2.2 案例设计

本案例的设计流程如图 12-2 所示。

添加文字

编辑文字

改变元件颜色　　　　　　　　　　最终效果

图 12-2

12.2.3 案例制作

1．输入文字

（1）选择"文件 > 新建"命令，在弹出的"新建文档"对话框中选择"ActionScript 3.0"选项，单击"确定"按钮，进入新建文档舞台窗口。按 Ctrl+J 组合键，弹出"文档设置"对话框，将"舞台大小"选项设为 500 × 350 像素，将"舞台颜色"选项设为黑色，单击"确定"按钮，完成舞台属性的修改。

（2）按 Ctrl+F8 组合键，弹出"创建新元件"对话框，在"名称"选项的文本框中输入"标志"，在"类型"选项下拉列表中选择"图形"选项，单击"确定"按钮，新建图形元件"标志"，如图 12-3 所示。舞台窗口也随之转换为图形元件的舞台窗口。

（3）选择"文本"工具 T，在文本工具"属性"面板中进行设置，在舞台窗口中适当的位置输入大小为 60、字体为"汉真广标"的白色文字，文字效果如图 12-4 所示。选择"选择"工具 ，选中文字，按两次 Ctrl+B 组合键将文字打散，如图 12-5 所示。

图 12-3　　　　　　　　　　图 12-4　　　　　　　　　　图 12-5

2．添加画笔

（1）单击"时间轴"面板下方的"新建图层"按钮 ，创建新图层并将其命名为"钢笔绘制"。选择"钢笔"工具 ，在钢笔工具"属性"面板中，将"笔触颜色"设为红色，在"度"字的右下方单击鼠标，设置起始点，如图 12-6 所示，在空白处单击鼠标，设置第 2 个节点，按住鼠标不放，向上拖曳控制手柄，调节控制手柄改变路径的弯度，效果如图 12-7 所示。使用相同的方法，应用"钢笔"工具 绘制出图 12-8 所示的边线效果。

图 12-6　　　　　　　　　　图 12-7　　　　　　　　　　图 12-8

（2）在工具箱的下方将"填充颜色"设为白色。选择"颜料桶"工具 ，在工具箱下方的"空隙大小"选项组中选择"不封闭空隙"选项 ，在边线内部单击鼠标，填充图形，如图 12-9 所示。选择"选择"工具 ，双击边线将其选中，如图 12-10 所示，按 Delete 键将其删除，效果如图 12-11 所示。

图 12-9　　　　　　　　　　图 12-10　　　　　　　　　　图 12-11

（3）选择"选择"工具 ，在"度"字的上方拖曳出一个矩形，如图 12-12 所示。按 Delete 键将其删除，效果如图 12-13 所示。用相同的方法删除其他文字的笔画，效果如图 12-14 所示。

图 12-12   图 12-13   图 12-14

（4）单击"时间轴"面板下方的"新建图层"按钮 🔲，创建新图层并将其命名为"线条绘制"。选择"椭圆"工具 ⬤，在工具箱中将"笔触颜色"设为无，"填充颜色"设为白色，按住 Shift 键的同时绘制圆形，效果如图 12-15 所示。

（5）选择"选择"工具 ▶，选取圆形，如图 12-16 所示。按住 Alt 键，拖曳到适当的位置，复制图形，效果如图 12-17 所示。用相同的方法复制多个图形，效果如图 12-18 所示。

图 12-15   图 12-16   图 12-17   图 12-18

（6）选择"线条"工具 ╱，在线条工具"属性"面板中，将"笔触颜色"设为白色，其他选项的设置如图 12-19 所示。在"风"字的中间绘制出一条斜线，效果如图 12-20 所示。用相同的方法再次绘制一条斜线，效果如图 12-21 所示。

图 12-19   图 12-20   图 12-21

3．制作标志

（1）单击舞台窗口左上方的"场景 1"图标 场景 1，进入"场景 1"的舞台窗口。将"图层 1"重命名为"底图"。按 Ctrl+R 组合键，在弹出的"导入"对话框中选择"Ch12 > 素材 > 制作网络公司网页标志 > 01"文件，单击"打开"按钮，图片被导入到舞台窗口中，并拖曳到与舞台中心对齐的位置，效果如图 12-22 所示。

（2）单击"时间轴"面板下方的"新建图层"按钮 🔲，创建新图层并将其命名为"标志"。将"库"面板中的图形"标志"拖曳到舞台窗口中，效果如图 12-23 所示。

图 12-22 图 12-23

（3）调出"变形"面板，单击面板下方的"重制选区和变形"按钮 ⎕，复制元件。在图形"属性"面板中选择"色彩效果"选项组，在"样式"选项下拉列表中选择"色调"，各选项的设置如图 12-24所示，舞台窗口中的效果如图 12-25 所示。

（4）按 Ctrl+↓ 组合键，将文字向下移一层，按 4 次键盘上的向下键，将实例向下移动，按 2 次键盘上的向右键，将实例向右移动，使文字产生右下角阴影效果，如图 12-26 所示。

图 12-24 图 12-25 图 12-26

（5）选择"文本"工具 T ，在文本工具"属性"面板中进行设置，在舞台窗口中适当的位置输入大小为 24、字体为"Kunstler Script"的深蓝色（#1D4A83）英文，文字效果如图 12-27 所示。选择"选择"工具 ，按住 Alt 键的同时拖曳英文到适当的位置，将其复制，如图 12-28 所示。在文本工具"属性"面板中，将"颜色"选项改为白色。网络公司网页标志效果绘制完成，按 Ctrl+Enter组合键即可查看效果，如图 12-29 所示。

图 12-27 图 12-28 图 12-29

12.3 制作化妆品公司网页标志

12.3.1 案例分析

本例是为欧朵露化妆品公司设计制作的网页标志，欧朵露化妆品公司的产品主要针对的客户是热衷于护肤、美容，致力于让自己变得更美丽的女性。在网页标志设计上希望能表现出女性的柔美和活力。

在设计思路上，我们从公司的品牌名称入手，对"欧朵露"的文字进行了精心的变形设计和处理，文字设计后的风格和品牌定位紧密结合，充分表现了青春女性的活泼和生活气息。标志颜色采用粉色、白色为基调，通过色彩充分体现青春女性的气质。

本例将使用"文本"工具输入标志名称；使用"多边形"工具删除多余的笔画；使用"椭圆"工具和"变形"面板制作花形图案；使用"属性"面板设置笔触样式，制作底图图案效果；使用"属性"面板调整元件的色调。

12.3.2 案例设计

本案例的设计流程如图 12-30 所示。

图 12-30

12.3.3 案例制作

1．输入文字

（1）选择"文件 > 新建"命令，在弹出的"新建文档"对话框中选择"ActionScript 3.0"选项，单击"确定"按钮，进入新建文档舞台窗口。按 Ctrl+J 组合键，弹出"文档设置"对话框，将"舞台大小"选项设为 550 × 340 像素，单击"确定"按钮，完成舞台属性的修改。

（2）按 Ctrl+F8 组合键，弹出"创建新元件"对话框，在"名称"选项的文本框中输入"标志"，在"类型"选项下拉列表中选择"图形"选项，单击"确定"按钮，新建图形元件"标志"，如图 12-31 所示。舞台窗口也随之转换为图形元件的舞台窗口。

（3）选择"文本"工具 T ，在文本工具"属性"面板中进行设置，在舞台窗口中适当的位置输入大小为 88、字体为"汉仪漫步体简"的黑色文字，文字效果如图 12-32 所示。选择"选择"工具 ，选中文字，按两次 Ctrl+B 组合键，将文字打散，如图 12-33 所示。

图 12-31　　　　　　　　　　图 12-32　　　　　　　　　　　　图 12-33

2．删除笔画

（1）选择"多边形"工具 ，圈选"欧"字右下角的笔画，如图 12-34 所示，按 Delete 键将其删除，效果如图 12-35 所示。

（2）选择"选择"工具 ，在"朵"字的中部拖曳出一个矩形，如图 12-36 所示。按 Delete 键将其删除，效果如图 12-37 所示。用相同的方法删除其他文字笔画，制作出图 12-38 所示的效果。

图 12-34　　　　　图 12-35　　　　　图 12-36　　　　　图 12-37　　　　　　　图 12-38

3．钢笔绘制路径

（1）单击"时间轴"面板下方的"新建图层"按钮 ，创建新图层并将其命名为"钢笔绘制"。选择"钢笔"工具 ，在钢笔工具"属性"面板中，将"笔触颜色"设为黑色，在"欧"字的上方单击鼠标，设置起始点，如图 12-39 所示，在左侧的空白处单击，设置第 2 个节点，按住鼠标不放，向右拖曳控制手柄，调节控制手柄改变路径的弯度，效果如图 12-40 所示。

（2）使用相同的方法，应用"钢笔"工具 绘制出边线效果，如图 12-41 所示。在工具箱的下方将"填充颜色"设为黑色，选择"颜料桶"工具 ，在边线内部单击鼠标填充图形，效果如图 12-42 所示。

图 12-39　　　　　　图 12-40　　　　　　　图 12-41　　　　　　　图 12-42

（3）选择"选择"工具 ，双击边线，将其选中，如图 12-43 所示，按 Delete 键将其删除。使用相同的方法绘制其他图形，效果如图 12-44 所示。

图 12-43   图 12-44

4．铅笔绘制

单击"时间轴"面板下方的"新建图层"按钮，创建新图层并将其命名为"铅笔绘制"。选择"铅笔"工具，在铅笔工具"属性"面板中，将"笔触颜色"设为黑色，其他选项的设置如图 12-45 所示。在工具箱中"铅笔模式"选项组的下拉列表中选择"伸直"选项。在"朵"字的下方绘制出一条直线，效果如图 12-46 所示。用相同的方法再次绘制一条直线，效果如图 12-47 所示。

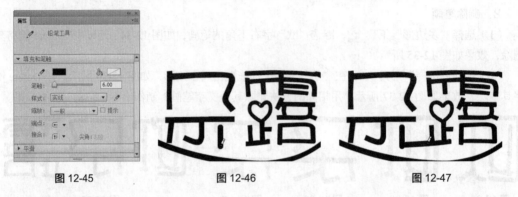

图 12-45   图 12-46   图 12-47

5．添加花朵图案

（1）选择"椭圆"工具，在工具箱中将"笔触颜色"设为无，"填充颜色"设为黑色，选中工具箱下方的"对象绘制"按钮。在舞台窗口中绘制一个椭圆形，效果如图 12-48 所示。

（2）选择"部分选取"工具，在椭圆形的外边线上单击，出现多个节点，如图 12-49 所示。单击需要的节点，按 Delete 键将其删除，效果如图 12-50 所示。使用相同的方法删除其他节点，如图 12-51 所示。

图 12-48   图 12-49   图 12-50   图 12-51

（3）选择"任意变形"工具，单击图形，出现控制点，将中心点移动到图 12-52 所示的位置，按 Ctrl+T 组合键，弹出"变形"面板，单击"重制选区和变形"按钮，复制出一个图形，将"旋转"选项设为 45，如图 12-53 所示，图形效果如图 12-54 所示。

（4）再单击"重制选区和变形"按钮 6 次，复制出 6 个图形。选择"选择"工具，框选所有花瓣图形，如图 12-55 所示，按 Ctrl+G 组合键，将其组合。

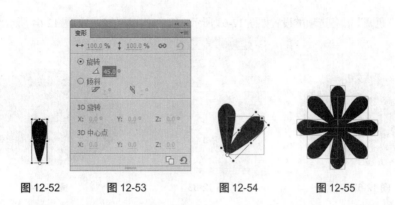

图 12-52　　　　图 12-53　　　　图 12-54　　　　图 12-55

（5）选择"选择"工具 ，拖曳图形到"朵"字的上部，效果如图 12-56 所示。按住 Alt 键，用鼠标选中图形，并拖曳到"欧"字的左下方，复制当前选中的图形，效果如图 12-57 所示。用相同的方法再次复制图形，选择"任意变形"工具 将其放大，效果如图 12-58 所示。

图 12-56　　　　　　　　图 12-57　　　　　　　　图 12-58

6．添加底图

（1）单击舞台窗口左上方的"场景 1"图标 场景1，进入"场景 1"的舞台窗口。将"图层 1"重命名为"背景"。选择"窗口 > 颜色"命令，弹出"颜色"面板，单击"颜色填充"按钮 ，在"颜色类型"选项的下拉列表中选择"径向渐变"，在色带上将左边的颜色控制点设为粉色（#E25CB7），将右边的颜色控制点设为紫色（#9C1981），生成渐变色，如图 12-59 所示。选择"椭圆"工具 ，在椭圆工具"属性"面板中，将"笔触颜色"设为白色，"填充颜色"为刚设置的渐变色，"笔触"选项设为 46，其他选项的设置如图 12-60 所示。在舞台窗口中绘制一个椭圆形，效果如图 12-61 所示。

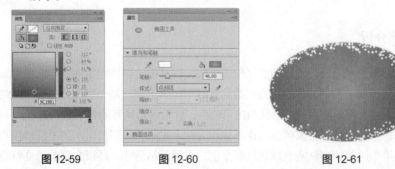

图 12-59　　　　　　图 12-60　　　　　　　　图 12-61

（2）单击"时间轴"面板下方的"新建图层"按钮 ，创建新图层并将其命名为"标志"。将"库"面板中的图形元件"标志"拖曳到舞台窗口中，效果如图 12-62 所示。选择"选择"工具 ，在舞台窗口中选中"标志"实例，在图形"属性"面板中选择"色彩效果"选项组，在"样式"选项下拉列表中选择"色调"，各选项的设置如图 12-63 所示，舞台窗口中的效果如图 12-64 所示。

图 12-62　　　　　　　　　　图 12-63　　　　　　　　　　图 12-64

（3）单击"变形"面板中的"重制选区和变形"按钮 ，复制出一个"标志"实例。在图形"属性"面板中选择"色彩效果"选项组，在"样式"选项下拉列表中选择"色调"，各选项的设置如图 12-65 所示，舞台窗口中的效果如图 12-66 所示。

（4）选择"选择"工具 ，拖曳白色的标志实例到适当的位置，使文字产生阴影效果，化妆品公司网页标志绘制完成，按 Ctrl+Enter 组合键即可查看效果，如图 12-67 所示。

图 12-65　　　　　　　　　　图 12-66　　　　　　　　　　图 12-67

12.4　制作传统装饰图案网页标志

12.4.1　案例分析

本例是为传统装饰图案网设计制作的走光标志效果，吉祥传统装饰图案网是专业的中国传统装饰图案素材网，网站提供了大量的传统装饰图案的素材和知识讲解，是一家文化知识型网站。在网页的标志设计上希望能表现出图案的典型性和艺术特色，也希望和凤舞的名字联系起来。

在设计构想上，我们选择了中国传统装饰图案作为标志底图，展现出网站的主营项目和主要特色。在文字上我们用中国传统书法来表现凤舞两个字，点明网站名称，还以文字的渐变营造出走光的文字动画效果。

本例将使用属性面板改变元件的颜色；使用遮罩层命令制作文字遮罩效果；使用将线条转换为填充命令来将线条转换为图形效果。

12.4.2 案例设计

本案例的设计流程如图 12-68 所示。

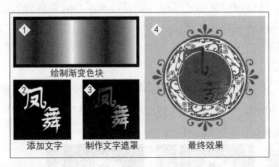

图 12-68

12.4.3 案例制作

1．制作变色效果

（1）选择"文件 > 新建"命令，在弹出的"新建文档"对话框中选择"ActionScript 3.0"选项，单击"确定"按钮，进入新建文档舞台窗口。按 Ctrl+J 组合键，弹出"文档设置"对话框，将"舞台大小"选项设为 350 × 350 像素，将"舞台颜色"选项设为黑色，单击"确定"按钮，完成舞台属性的修改。

（2）按 Ctrl+F8 组合键，弹出"创建新元件"对话框，在"名称"选项的文本框中输入"渐变色"，在"类型"选项下拉列表中选择"图形"选项，单击"确定"按钮，新建图形元件"渐变色"，如图 12-69 所示。舞台窗口也随之转换为图形元件的舞台窗口。

（3）选择"窗口 > 颜色"命令，弹出"颜色"面板，将"笔触颜色"设为无，单击"填充颜色"按钮，在"颜色类型"选项下拉列表中选择"线性渐变"，在色带上将渐变色设为从浅红色（#FF3300）、深红色（#580803）、浅红色（#FF3300）到白色（#FFFFFF），再从浅红色、深红色、浅红色渐变到白色，共设置 8 个控制点，生成渐变色，如图 12-70 所示。

（4）选择"矩形"工具，在舞台窗口中绘制一个矩形，选择"选择"工具，在舞台窗口中选中矩形，在形状"属性"面板中，将"宽"选项设为 535，"高"设为 225，改变矩形的大小，效果如图 12-71 所示。

图 12-69

图 12-70

图 12-71

153

2．制作文字动画

（1）按 Ctrl+F8 组合键，弹出"创建新元件"对话框，在"名称"选项的文本框中输入"文字动"，在"类型"选项下拉列表中选择"影片剪辑"选项，单击"确定"按钮，新建影片剪辑元件"文字动"，如图 12-72 所示。舞台窗口也随之转换为影片剪辑元件的舞台窗口。

（2）将"图层 1"重新命名为"文字"。选择"文本"工具 T ，在文本工具"属性"面板中进行设置，在舞台窗口中适当的位置输入大小为 110、字体为"方正新舒体简体"的白色文字，文字效果如图 12-73 所示。

（3）选择"选择"工具 ，选中文字，按两次 Ctrl+B 组合键，将文字打散，如图 12-74 所示。选中"文字"图层的第 90 帧，按 F5 键插入普通帧，如图 12-75 所示。

图 12-72　　　　　　图 12-73　　　　　　图 12-74　　　　　　图 12-75

（4）单击"时间轴"面板下方的"新建图层"按钮 ，创建新图层并将其命名为"渐变色 1"。将"渐变色 1"图层拖曳到"文字"图层的下方，如图 12-76 所示。将"库"面板中的图形元件"渐变色"拖曳到舞台窗口中，将"渐变色"实例的右边线与文字的右边线对齐，效果如图 12-77 所示。

图 12-76　　　　　　　　　　图 12-77

（5）选中图层"渐变色 1"的第 90 帧，按 F6 键插入关键帧。在舞台窗口中将"渐变色"实例水平向右拖曳到适当的位置，如图 12-78 所示。用鼠标右键单击"渐变色 1"图层的第 1 帧，在弹出的快捷菜单中选择"创建传统补间"命令，生成传统补间动画，如图 12-79 所示。

图 12-78　　　　　　　　　图 12-79

（6）用鼠标右键单击"文字"图层的图层名称，在弹出的快捷菜单中选择"复制层"命令，在"时间轴"面板中直接生成"文字 复制"图层，如图 12-80 所示。

（7）用鼠标右键单击"文字"图层的图层名称，在弹出的快捷菜单中选择"遮罩层"命令，将"文字"图层设为遮罩的层，"渐变色 1"图层设为被遮罩的层，"时间轴"面板如图 12-81 所示。

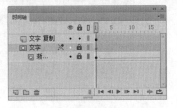

图 12-80　　　　　　　　　　图 12-81

（8）选中"文字 复制"层的第 1 帧，选择"墨水瓶"工具，在墨水瓶工具"属性"面板中，将"笔触颜色"设为红色（#FF0000），"笔触"选项设为 2，用鼠标在文字的边线上单击，勾画出文字的轮廓，效果如图 12-82 所示。

（9）选择"选择"工具，按住 Shift 键的同时，用鼠标将其全部选中，如图 12-83 所示。按 Delete 键将其删除，效果如图 12-84 所示。

（10）用鼠标框选所有红色轮廓色，如图 12-85 所示。选择"修改 > 形状 > 将线条转换为填充"命令，将轮廓线转换为填充，效果如图 12-86 所示。

图 12-82　　　　图 12-83　　　　图 12-84　　　　图 12-85　　　　图 12-86

（11）单击"时间轴"面板下方的"新建图层"按钮，创建新图层并将其命名为"渐变色 2"，并将该图层拖曳到"文字 复制"图层的下方，如图 12-87 所示。

（12）将"库"面板中的图形元件"渐变色"拖曳到"渐变色 2"图层的舞台窗口中。选择"任意变形"工具，旋转"渐变色"实例的角度，效果如图 12-88 所示。

（13）选中"渐变色 2"图层的第 90 帧，按 F6 键插入关键帧。在舞台窗口将"渐变色"实例拖曳到适当的位置，如图 12-89 所示。

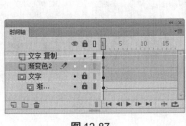

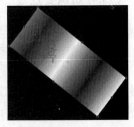

图 12-87　　　　　　　　图 12-88　　　　　　　图 12-89

（14）用鼠标右键单击图层"渐变色 2"的第 1 帧，在弹出的快捷菜单中选择"创建传统补间"命令，生成传统动作补间动画。用鼠标右键单击"文字 复制"图层的图层名称，在弹出的快捷菜单中选择"遮罩层"命令，将"文字 复制"图层设为遮罩的层，"渐变色 2"图层设为被遮罩的层，

"时间轴"面板如图 12-90 所示。舞台窗口中的文字效果如图 12-91 所示。

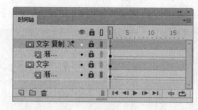

图 12-90　　　　　　　　　　　图 12-91

3．添加底图

（1）单击舞台窗口左上方的"场景 1"图标  场景1 ，进入"场景 1"的舞台窗口。将"图层 1"重命名为"底图"。按 Ctrl+R 组合键，在弹出的"导入"对话框中选择"Ch12 > 素材 > 制作传统装饰图案网页标志 > 01"文件，单击"打开"按钮，图片被导入到舞台窗口中，效果如图 12-92 所示。

（2）单击"时间轴"面板下方的"新建图层"按钮 ，创建新图层并将其命名为"文字"。将"库"面板中的影片剪辑"文字动"拖曳到舞台窗口中，效果如图 12-93 所示。传统装饰图案网页标志制作完成，按 Ctrl+Enter 组合键即可查看效果。

图 12-92　　　　　　　　　　　图 12-93

课堂练习——制作科杰龙电子标志

练习知识要点

使用"文本"工具，输入文字；使用"分离"命令，将文字打散；使用"选择"工具和"套索"工具，删除多余的笔画；使用"部分选取"工具，将文字变形；使用"椭圆"工具，绘制圆形；使用"钢笔"和"颜料桶"工具，添加笔画，效果如图 12-94 所示。

图 12-94

效果所在位置

光盘/Ch12/效果/制作科杰龙电子标志.fla。

课后习题——制作商业中心信息系统图标

习题知识要点

使用"矩形"工具，绘制底图效果；使用"颜色"面板和"颜料桶"工具，制作高光效果；使用"文本"工具，添加月份效果；使用"矩形"工具、"线条"工具、"椭圆"工具、"钢笔"工具和"多角星形"工具，添加图案效果，效果如图 12-95 所示。

图 12-95

效果所在位置

光盘/Ch12/效果/制作商业中心信息系统图标.fla。

第 13 章　贺卡设计

用 Flash CC 软件制作的贺卡在网络上应用广泛，设计精美的 Flash 贺卡可以传递温馨的祝福，带给大家无限的欢乐。本章以多个类别的贺卡为例，为读者讲解贺卡的设计方法和制作技巧，读者通过学习要能够独立地制作出自己喜爱的贺卡。

课堂学习目标	/ 了解贺卡的功能
	/ 了解贺卡的类别
	/ 掌握贺卡的设计思路
	/ 掌握贺卡的制作方法和技巧

13.1　贺卡设计概述

传递一张贺卡的网页链接，收卡人在收到这个链接地址后，单击就可以打开贺卡，感受到你带来的祝福。电子贺卡的种类很多，有静态图片的，也有动画的，甚至还有带美妙音乐的，如图 13-1 所示。下面就介绍如何制作各种类型的电子贺卡。

图 13-1

13.2　制作圣诞节贺卡

13.2.1　案例分析

圣诞节如今已经成为一个全世界人民都喜欢的节日，在这个节日里，大家交换礼物，邮寄圣诞贺卡。本例将设计制作圣诞节电子贺卡，贺卡要表现出圣诞节的重要元素，表达出欢快温馨的节日气氛。

红色与白色相映成趣的圣诞老人是圣诞节活动中最受欢迎的人物。在设计过程中，通过软件对圣诞老人进行有趣的动画设计，目的是活跃贺卡带来的气氛。再通过礼物和祝福语等元素充分体现出圣诞节的欢庆和喜悦。

本例将使用"任意变形"工具旋转图形的角度；使用"矩形"工具绘制装饰圆角矩形；使用"文本"工具输入文字；使用"创建元件"命令创建图形元件和影片剪辑元件；使用"创建传统补间"命令制作补间动画；使用"逐帧动画"制作圣诞老人动画效果；使用"属性"面板调整图形的颜色。

13.2.2　案例设计

本案例的设计流程如图 13-2 所示。

图 13-2

13.2.3　案例制作

1．导入素材制作图形元件

（1）选择"文件 > 新建"命令，在弹出的"新建文档"对话框中选择"ActionScript 3.0"选项，单击"确定"按钮，进入新建文档舞台窗口。按 Ctrl+J 组合键，弹出"文档设置"对话框，将"舞台大小"选项设为 500 × 384 像素，将"舞台颜色"选项设为灰色（#666666），单击"确定"按钮，完成舞台属性的修改。

（2）选择"文件 > 导入 > 导入到库"命令，在弹出的"导入到库"对话框中选择"Ch13 > 素材 > 制作圣诞节贺卡 > 01 ~ 14"文件，单击"打开"按钮，文件被导入到库面板中，如图 13-3 所示。

（3）按 Ctrl+F8 组合键，弹出"创建新元件"对话框，在"名称"选项的文本框中输入"红五星"，在"类型"选项下拉列表中选择"图形"选项，单击"确定"按钮，新建图形元件"红五星"，如图 13-4 所示。舞台窗口也随之转换为图形元件的舞台窗口。将"库"面板中的位图"02"拖曳到舞台窗口中，如图 13-5 所示。

图 13-3   图 13-4   图 13-5

（4）按 Ctrl+F8 组合键，弹出"创建新元件"对话框，在"名称"选项的文本框中输入"礼盒"，在"类型"选项下拉列表中选择"图形"选项，单击"确定"按钮，新建图形元件"礼盒"，如图 13-6 所示。舞台窗口也随之转换为图形元件的舞台窗口。将"库"面板中的位图"05"拖曳到舞台窗口中，如图 13-7 所示。

（5）用上述的方法分别将"库"面板中的位图"06"、"08"、"09"、"10"、"11"和"13"，制作为图形元件"图片 1"、"手"、"星星"、"圣诞鹿"、"图片 2"和"礼物"，如图 13-8 所示。

图 13-6   图 13-7   图 13-8

2．制作文字图形元件

（1）在"库"面板中新建一个图形元件"文字 1"，舞台窗口也随之转换为图形元件的舞台窗口。选择"文本"工具 T，在文本工具"属性"面板中进行设置，在舞台窗口中适当的位置输入大小为 24、字体为"方正兰亭粗黑简体"的白色文字，文字效果如图 13-9 所示。再次在舞台窗口中输入大小为 24、字体为"Bauhaus 93"的白色英文，文字效果如图 13-10 所示。

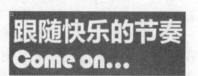

图 13-9   图 13-10

（2）在"库"面板中新建一个图形元件"文字 2"，舞台窗口也随之转换为图形元件的舞台窗口。将"舞台颜色"选项设为白色。在舞台窗口中适当的位置输入大小为 33、字体为"方正兰亭粗黑简体"的红色（#D20000）文字，文字效果如图 13-11 所示。

（3）选择"选择"工具 ▶ ，在舞台窗口中选中文字，按 Ctrl+C 组合键将其复制。在"属性"面板"滤镜"选项组中，单击"添加滤镜"按钮 ✚▾ ，在弹出的快捷菜单中选择"投影"，将"模糊 X"和"模糊 Y"选项均设为 8，"颜色"选项设为黑色，其他选项的设置如图 13-12 所示，舞台窗口中的效果如图 13-13 所示。

图 13-11　　　　　　　　　　图 13-12　　　　　　　　　　图 13-13

（4）单击"时间轴"面板下方的"新建图层"按钮 ，创建新图层并将其命名为"打散描边"。按 Ctrl+Shift+V 组合键，将复制的文字原位粘贴在"打散描边"图层中。保持文字的选取状态，按两次 Ctrl+B 组合键，将其打散，效果如图 13-14 所示。

（5）选择"墨水瓶"工具 ，在墨水瓶工具"属性"面板中，将"笔触颜色"设为白色，"笔触"选项设为 3。用鼠标在文字的边线上单击，勾画出文字的轮廓，效果如图 13-15 所示。

图 13-14 　　　　　　　　　　　　　　　　图 13-15

（6）在"时间轴"面板中创建新图层并将其命名为"文字"。按 Ctrl+Shift+V 组合键，将复制的文字原位粘贴在"文字"图层中，效果如图 13-16 所示。

（7）在"时间轴"面板中创建新图层并将其命名为"小文字"。选择"文本"工具 T ，在文本工具"属性"面板中进行设置，在舞台窗口中适当的位置输入大小为 12、字体为"方正兰亭黑简体"的红色（#D20000）文字，文字效果如图 13-17 所示。

图 13-16 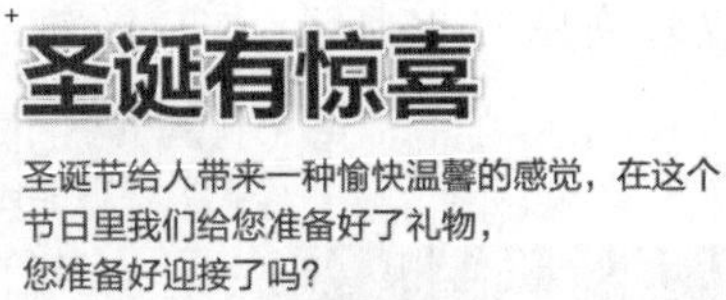　　　　　　　　　　　　　　　　图 13-17

（8）将"舞台颜色"选项设为灰色（#666666）。在"库"面板中新建一个图形元件"文字 3"，舞台窗口也随之转换为图形元件的舞台窗口。在舞台窗口中适当的位置输入大小为 24、字体为"方正兰亭粗黑简体"的白色文字，文字效果如图 13-18 所示。

（9）选择"选择"工具 ▶ ，在舞台窗口中选中文字，在"属性"面板的"滤镜"选项组中，单击"添加滤镜"按钮 ➕▾，在弹出的快捷菜单中选择"发光"，将"模糊 X"和"模糊 Y"选项均设为 10，"颜色"选项设为浅黄色（#F9F7BD），其他选项的设置如图 13-19 所示，舞台窗口中的效果如图 13-20 所示。用相同的方法制作其他文字，效果如图 13-21 所示。

图 13-18　　　　　　　　　图 13-19　　　　　　　　　图 13-20　　　　　　　　　图 13-21

3．制作礼物与礼盒动画

（1）在"库"面板中新建一个影片剪辑元件"礼物堆动"，舞台窗口也随之转换为影片剪辑元件的舞台窗口。将"库"面板中的图形元件"礼物"拖曳到舞台窗口中，如图 13-22 所示。

（2）分别选中"图层 1"的第 10 帧、第 20 帧，按 F6 键插入关键帧。选中"图层 1"的第 10 帧，选中舞台窗口中的"礼物"实例，在图形"属性"面板中选择"色彩效果"选项组，在"样式"选项的下拉列表中选择"Alpha"，将其值设为 50%，效果如图 13-23 所示。

（3）分别用鼠标右键单击"图层 1"的第 1 帧、第 10 帧，在弹出的快捷菜单中选择"创建传统补间"命令，生成传统补间动画，如图 13-24 所示。

图 13-22　　　　　　　　　图 13-23　　　　　　　　　图 13-24

（4）在"库"面板中新建一个影片剪辑元件"礼品盒动"，舞台窗口也随之转换为影片剪辑元件的舞台窗口。将"库"面板中的图形元件"礼盒"拖曳到舞台窗口中，如图 13-25 所示。分别选中"图层 1"图层的第 10 帧、第 20 帧，按 F6 键插入关键帧。

（5）选中"图层 1"的第 10 帧，按 Ctrl+T 组合键，弹出"变形"面板，将"缩放宽度"和"缩放高度"选项均设为 87.5，如图 13-26 所示，按 Enter 键，图形等比例缩放 87.5%，效果如图 13-27 所示。

图 13-25　　　　　　　　　图 13-26　　　　　　　　　图 13-27

（6）分别用鼠标右键单击"图层 1"的第 1 帧、第 10 帧，在弹出的快捷菜单中选择"创建传统补间"命令，生成传统补间动画。

4．制作星星动画

（1）在"库"面板中新建一个影片剪辑元件"星星动"，舞台窗口也随之转换为影片剪辑元件的舞台窗口。将"库"面板中的图形元件"红五星"拖曳到舞台窗口中，如图 13-28 所示。

（2）分别选中"图层 1"的第 20 帧、第 60 帧、第 80 帧，按 F6 键插入关键帧。选中"图层 1"图层的第 20 帧，在"变形"面板中，将"旋转"选项设为 15，如图 13-29 所示，按 Enter 键，"红五星"实例顺时针旋转 15°，效果如图 13-30 所示。选中第 60 帧，在"变形"面板中，将"旋转"选项设为-13，按 Enter 键，"红五星"实例逆时针旋转 13°，如图 13-31 所示。

图 13-28　　　　　图 13-29　　　　　图 13-30　　　　图 13-31

（3）用鼠标右键分别单击"图层 1"的第 1 帧、第 20 帧、第 60 帧，在弹出的快捷菜单中选择"创建传统补间"命令，生成传统补间动画。

5．制作圣诞老人动和圣诞老人头动效果

（1）在"库"面板中新建一个影片剪辑元件"圣诞老人动"，舞台窗口也随之转换为影片剪辑元件的舞台窗口。将"图层 1"重命名为"身体"。将"库"面板中的位图"07"拖曳到舞台窗口中，如图 13-32 所示。选中"身体"图层的第 30 帧，按 F5 键插入普通帧。

（2）在"时间轴"面板中创建新图层并将其命名为"手"。将"手"图层拖曳到"身体"图层的下方，如图 13-33 所示。将"库"面板中的图形元件"手"拖曳到舞台窗口中，如图 13-34 所示。

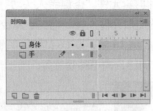

图 13-32　　　　　图 13-33　　　　　图 13-34

（3）选择"任意变形"工具，在舞台窗口中单击"手"实例，在"手"实例的周围出现控制点，将中心点移动到适当的位置，如图 13-35 所示。分别选中"手"图层的第 15 帧、第 30 帧，按 F6键插入关键帧。选中"手"图层的第 15 帧，在"变形"面板中，将"旋转"选项设为-23.2，如图 13-36所示，按 Enter 键，"手"实例逆时针旋转 23.2°，效果如图 13-37 所示。

图 13-35   图 13-36   图 13-37

（4）用分别用鼠标右键单击"手"图层的第 1 帧、第 10 帧，在弹出的快捷菜单中选择"创建传统补间"命令，生成传统补间动画。

（5）在"时间轴"面板中创建新图层并将其命名为"星星"。将"星星"图层拖曳到"身体"图层的上方，如图 13-38 所示。将"库"面板中的图形元件"星星"拖曳到舞台窗口中，效果如图 13-39 所示。分别选中"星星"图层的第 15 帧、第 30 帧，按 F6 键插入关键帧。

（6）选中"星星"图层的第 15 帧，在舞台窗口中选中"星星"实例，在图形"属性"面板中选择"色彩效果"选项组，在"样式"选项的下拉列表中选择"Alpha"，将其值设为 0%。分别用鼠标右键单击"星星"图层的第 1 帧、第 15 帧，在弹出的快捷菜单中选择"创建传统补间"命令，生成传统补间动画，如图 13-40 所示。

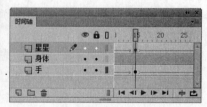

图 13-38   图 13-39   图 13-40

（7）在"库"面板中新建一个影片剪辑元件"圣诞老人头动"，舞台窗口也随之转换为影片剪辑元件的舞台窗口。将"库"面板中的图形元件"头"拖曳到舞台窗口中，如图 13-41 所示。

（8）分别选中"图层 1"的第 6 帧、第 10 帧，按 F6 键插入关键帧，如图 13-42 所示。选中"图层 1"图层的第 6 帧，按两次向下的方向键，向下移动位置。

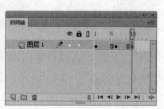

图 13-41   图 13-42

164

6．制作场景动画 1

（1）单击舞台窗口左上方的"场景 1"图标 场景1，进入"场景 1"的舞台窗口。将"图层 1"重命名为"底图"。将"库"面板中的位图"01"拖曳到舞台窗口中，并放置在与舞台中心重叠的位置，如图 13-43 所示。选中"底图"图层的第 140 帧，按 F5 键插入普通帧。

（2）在"时间轴"面板中创建新图层并将其命名为"图片 1"。将"库"面板中的图形元件"图片 1"拖曳到舞台窗口中并放置在适当的位置，如图 13-44 所示。分别选中"图片 1"图层的第 55 帧、第 70 帧，按 F6 键插入关键帧，选中第 71 帧，按 F7 键插入空白关键帧。

图 13-43

图 13-44

（3）选中"图片 1"图层的第 70 帧，选中舞台窗口中的"图片 1"实例，在图形"属性"面板中选择"色彩效果"选项组，在"样式"选项的下拉列表中选择"Alpha"，将其值设为 0%，效果如图 13-45 所示。

（4）用鼠标右键单击"图片 1"图层的第 55 帧，在弹出的快捷菜单中选择"创建传统补间"命令，生成传统补间动画，如图 13-46 所示。

（5）在"时间轴"面板中创建新图层并将其命名为"圣诞老人"。将"库"面板中的影片剪辑元件"圣诞老人动"拖曳到舞台窗口中并放置在适当的位置，如图 13-47 所示。选中"圣诞老人"图层的第 15 帧，按 F6 键插入关键帧。

图 13-45

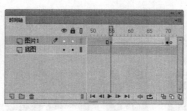
图 13-46

图 13-47

（6）选中"圣诞老人"图层的第 1 帧，选择"选择"工具 ，选中舞台窗口中的"圣诞老人动"实例，在图形"属性"面板中选择"色彩效果"选项组，在"样式"选项的下拉列表中选择"Alpha"，将其值设为 0% 。

（7）选中"圣诞老人"图层的第 15 帧，在舞台窗口中将"圣诞老人"实例水平向左拖曳到适当的位置，如图 13-48 所示。用鼠标右键单击"圣诞老人"图层的第 1 帧，在弹出的快捷菜单中选择"创建传统补间"命令，生成传统补间动画。

（8）分别选中"圣诞老人"图层的第 55 帧、第 70 帧，按 F6 键插入关键帧，再选中第 71 帧，按 F7 键插入空白关键帧。选中"圣诞老人"图层的第 70 帧，在舞台窗口中将"圣诞老人动"实例水平向左拖曳到适当的位置，如图 13-49 所示。在图形"属性"面板中选择"色彩效果"选项组，在"样式"选项的下拉列表中选择"Alpha"，将其值设为 0%。

（9）用鼠标右键单击"圣诞老人"图层的第 55 帧，在弹出的快捷菜单中选择"创建传统补间"命令，生成传统补间动画，如图 13-50 所示。

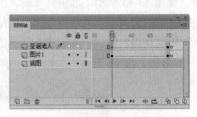

图 13-48   图 13-49   图 13-50

（10）在"时间轴"面板中创建新图层并将其命名为"文字 1"。选中"文字 1"图层的第 4 帧，按 F6 键插入关键帧。将"库"面板中的图形元件"文字 1"拖曳到舞台窗口中并放置在适当的位置，如图 13-51 所示。选中"文字 1"图层的第 15 帧，按 F6 键插入关键帧。

（11）选中"文字 1"图层的第 4 帧，选择"选择"工具，选中舞台窗口中的"文字 1"实例，在图形"属性"面板中选择"色彩效果"选项组，在"样式"选项的下拉列表中选择"Alpha"，将其值设为 0%。

（12）选中"文字 1"图层的第 15 帧，在舞台窗口中将"文字 1"实例水平向左拖曳到适当的位置，如图 13-52 所示。用鼠标右键单击"文字 1"图层的第 4 帧上单击鼠标右键，在弹出的快捷菜单中选择"创建传统补间"命令，生成传统补间动画。

（13）分别选中"文字 1"图层的第 58 帧、第 70 帧，按 F6 键插入关键帧，再选中第 71 帧，按 F7 键插入空白关键帧。选中"文字 1"图层的第 70 帧，在舞台窗口中将"文字 1"实例水平向左拖曳到适当的位置，如图 13-53 所示。在图形"属性"面板中选择"色彩效果"选项组，在"样式"选项的下拉列表中选择"Alpha"，将其值设为 0%。

图 13-51   图 13-52   图 13-53

（14）用鼠标右键单击"文字 1"图层的第 58 帧，在弹出的快捷菜单中选择"创建传统补间"命令，生成传统补间动画。

（15）在"时间轴"面板中创建新图层并将其命名为"小鹿"。选中"小鹿"图层的第 7 帧，按 F6 键插入关键帧。将"库"面板中的图形元件"圣诞鹿"拖曳到舞台窗口中并放置在适当的位置，如图 13-54 所示。选中"小鹿"图层的第 15 帧，按 F6 键插入关键帧。

（16）选中"小鹿"图层的第 7 帧，在舞台窗口中选择"圣诞鹿"实例，在图形"属性"面板中选择"色彩效果"选项组，在"样式"选项的下拉列表中选择"Alpha"，将其值设为 0%。选中"小鹿"图层的第 15 帧，在舞台窗口中将"圣诞鹿"实例水平向左拖曳到适当的位置，如图 13-55 所示。

用鼠标右键单击"小鹿"图层的第 7 帧，在弹出的快捷菜单中选择"创建传统补间"命令，生成传统补间动画。

（17）分别选中"小鹿"图层的第 61 帧、第 70 帧，按 F6 键插入关键帧，再选中第 71 帧，按 F7 键插入空白关键帧。选中"小鹿"图层的第 70 帧，在舞台窗口中将"圣诞鹿"实例水平向左拖曳到适当的位置，如图 13-56 所示。在图形"属性"面板中选择"色彩效果"选项组，在"样式"选项的下拉列表中选择"Alpha"，将其值设为 0% 。

图 13-54　　　　　　　　　　图 13-55　　　　　　　　　　图 13-56

（18）用鼠标右键单击"小鹿"图层的第 61 帧，在弹出的快捷菜单中选择"创建传统补间"命令，生成传统补间动画。

7．制作场景动画 2

（1）在"时间轴"面板中创建新图层并将其命名为"底图 2"。选中"底图 2"图层的第 66 帧，按 F6 键插入关键帧。将"库"面板中的图形元件"图片 2"拖曳到舞台窗口中并放置在适当的位置，如图 13-57 所示。分别选中"底图 2"图层的第 75 帧、第 118 帧、第 128 帧，按 F6 键插入关键帧。

（2）选中"底图 2"图层的第 66 帧，在舞台窗口中选择"图片 2"实例，选择"任意变形"工具调整图形大小，效果如图 13-58 所示。在图形"属性"面板中选择"色彩效果"选项组，在"样式"选项的下拉列表中选择"Alpha"，将其值设为 0% 。

（3）用相同的方法将"底图 2"图层中第 128 帧的"图片 2"实例的 Alpha 值设为 0% 。分别用鼠标右键单击"底图 2"图层的第 66 帧、第 118 帧，在弹出的快捷菜单中选择"创建传统补间"命令，生成传统补间动画。

（4）在"时间轴"面板中创建新图层并将其命名为"文字 2"。选中"文字 2"图层的第 71 帧，按 F6 键插入关键帧。将"库"面板中的图形元件"文字 2"拖曳到舞台窗口中并放置在适当的位置，如图 13-59 所示。分别选中"文字 2"图层的第 80 帧、第 118 帧、第 128 帧，按 F6 键插入关键帧。

图 13-57　　　　　　　　　　图 13-58　　　　　　　　　　图 13-59

（5）选中"文字 2"图层的第 71 帧，在舞台窗口中将"文字 2"实例拖曳到适当的位置并调整大小，效果如图 13-60 所示。在图形"属性"面板中选择"色彩效果"选项组，在"样式"选项的下拉列表中选择"Alpha"，将其值设为 0% 。

（6）选中"文字 2"图层的第 128 帧，在舞台窗口中将"文字 2"实例拖曳到适当的位置，如图 13-61 所示。在图形"属性"面板中选择"色彩效果"选项组，在"样式"选项的下拉列表中选择"Alpha"，将其值设为 0% 。用鼠标右键分别单击"文字 2"图层的第 71 帧、第 118 帧，在弹出的快捷菜单中选择"创建传统补间"命令，生成传统补间动画，如图 13-62 所示。

图 13-60

图 13-61

图 13-62

8．制作场景动画 3

（1）单击"时间轴"面板下方的"新建图层"按钮，创建新图层并将其命名为"椭圆色块"。选中"椭圆色块"的第 128 帧，按 F6 插入关键帧。选择"矩形"工具，在工具箱下方选择"对象绘制"按钮，在矩形工具"属性"面板中，将"笔触颜色"设为粉色（#F3CDCC），"填充颜色"设为红色（#C30600），"笔触"选项设为 5，其他选项的设置如图 13-63 所示。在舞台窗口中绘制一个圆角矩形，效果如图 13-64 所示。

（2）单击"时间轴"面板下方的"新建图层"按钮，创建新图层并将其命名为"圣诞老人头"。选中"圣诞老人头"图层的第 128 帧，按 F6 键插入关键帧。将"库"面板中的影片剪辑元件"圣诞老人头动"拖曳到舞台窗口中并放置在适当的位置，如图 13-65 所示。

图 13-63

图 13-64

图 13-65

（3）在"时间轴"面板中创建新图层并将其命名为"文字 3"。选中"文字 3"图层的第 128 帧，按 F6 键插入关键帧。将"库"面板中的图形元件"文字 3"拖曳到舞台窗口中并放置在适当的位置，如图 13-66 所示。选中第 140 帧，按 F6 键插入关键帧。

（4）选中"文字 3"图层的第 128 帧，在舞台窗口中将"文字 3"实例垂直向上拖曳到适当的位置，如图 13-67 所示。在图形"属性"面板中选择"色彩效果"选项组，在"样式"选项的下拉列表中选择"Alpha"，将其值设为 0% 。用鼠标右键单击"文字 3"图层的第 128 帧，在弹出的快捷菜单中选择"创建传统补间"命令，生成传统补间动画。

（5）在"时间轴"面板中创建新图层并将其命名为"礼物堆"。选中"礼物推"图层的第 128 帧，按 F6 键插入关键帧。将"库"面板中的影片剪辑元件"礼物堆动"拖曳到舞台窗口中并放置在适当的位置，如图 13-68 所示。选中"礼物堆"图层的第 140 帧，按 F6 键插入关键帧。

图 13-66

图 13-67

图 13-68

（6）选中"礼物堆"图层的第 128 帧，在舞台窗口中将"礼物堆动"实例垂直向下拖曳到适当的位置，如图 13-69 所示。在图形"属性"面板中选择"色彩效果"选项组，在"样式"选项的下拉列表中选择"Alpha"，将其值设为 0% 。用鼠标右键单击"礼物堆"图层的第 128 帧，在弹出的快捷菜单中选择"创建传统补间"命令，生成传统补间动画。

（7）在"时间轴"面板中创建新图层并将其命名为"圣诞树"。将"库"面板中的位图"04"拖曳到舞台窗口中并放置在适当的位置，如图 13-70 所示。

（8）在"时间轴"面板中创建新图层并将其命名为"礼品盒"。将"库"面板中的影片剪辑元件"礼品盒动"拖曳到舞台窗口中并放置在适当的位置，如图 13-71 所示。

图 13-69

图 13-70

图 13-71

（9）在"时间轴"面板中创建新图层并将其命名为"星星"。将"库"面板中的影片剪辑元件"星星动"拖曳到舞台窗口中并放置在适当的位置，如图 13-72 所示。再次拖曳"库"面板中的影片剪辑元件"星星动"到舞台窗口多次，并调整其大小和位置，效果如图 13-73 所示。将"库"面板中的位图"03"拖曳到舞台窗口中并放置在适当的位置，如图 13-74 所示。

图 13-72

图 13-73

图 13-74

9．添加背景音乐与动作脚本

（1）在"时间轴"面板中创建新图层并将其命名为"音乐"。将"库"面板中的声音文件"14"拖曳到舞台窗口中，时间轴面板如图 13-75 所示。选中"音乐"图层的第 1 帧，在帧"属性"面板中，选择"声音"选项组，在"同步"选项中选择"事件"，将"声音循环"选项设为"循环"。

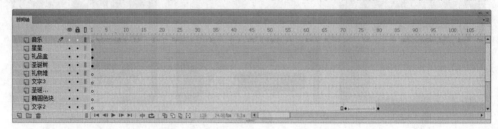

图 13-75

（2）在"时间轴"面板中创建新图层并将其命名为"动作脚本"，选中"动作脚本"图层的第 140 帧，按 F6 键插入关键帧，如图 13-76 所示。按 F9 键弹出"动作"面板，在"脚本窗口"中设置脚本语言，如图 13-77 所示。设置好动作脚本后，关闭"动作"面板。在"动作脚本"图层的第 140 帧上显示出一个标记"a"。圣诞贺卡制作完成，按 Ctrl+Enter 组合键即可查看效果。

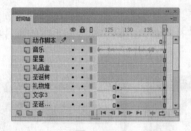

图 13-76

图 13-77

13.3　制作端午节贺卡

13.3.1　案例分析

农历五月初五为"端午节"，是我国的传统节日。这一天必不可少的活动有吃粽子、赛龙舟、挂菖蒲和艾叶、喝雄黄酒等。端午节电子贺卡要体现出传统节日的特色和民俗风味。

在设计制作的过程中，通过制作出绿色背景搭配竹子晃动的效果来烘托端午节的气氛，通过粽子的出场动画效果和祝福语动画的运用体现端午节贺卡的设计主题。贺卡中的传统装饰纹样可以体现出这个节日的历史和文化魅力。

本例将使用"铅笔"工具和"颜料桶"工具绘制小船倒影效果；使用"任意变形"工具调整图形的大小；使用"文本"工具添加文字效果；使用"创建传统补间"命令制作传统补间动画；使用"动作"面板添加动作脚本。

13.3.2　案例设计

本案例的设计流程如图 13-78 所示。

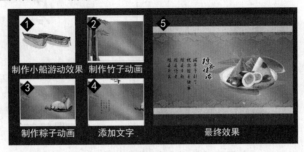

图 13-78

13.3.3　案例制作

1．导入素材制作图形元件

（1）选择"文件 > 新建"命令，在弹出的"新建文档"对话框中选择"ActionScript 3.0"选项，单击"确定"按钮，进入新建文档舞台窗口。按 Ctrl+J 组合键，弹出"文档设置"对话框，将"舞台大小"选项设为 520 × 400 像素，将"帧频"选项设为 12，单击"确定"按钮，完成舞台属性的修改。

（2）选择"文件 > 导入 > 导入到库"命令，在弹出的"导入到库"对话框中选择"Ch13 >素材 > 制作端午节贺卡 > 01 ~ 13"文件，单击"打开"按钮，文件被导入到库面板中，如图 13-79 所示。

（3）按 Ctrl+F8 组合键，弹出"创建新元件"对话框，在"名称"选项的文本框中输入"竹子 1"，在"类型"选项下拉列表中选择"图形"选项，单击"确定"按钮，新建图形元件"竹子 1"，如图 13-80 所示。舞台窗口也随之转换为图形元件的舞台窗口。将"库"面板中的位图"02"拖曳到舞台窗口中，如图 13-81 所示。

图 13-79

图 13-80

图 13-81

（4）在"库"面板中新建一个图形元件"竹子 2"，如图 13-82 所示，舞台窗口也随之转换为图形元件的舞台窗口。将"库"面板中的位图"07"拖曳到舞台窗口中，如图 13-83 所示。用相同的方法分别将"库"面板中的位图"04"、"05"、"06"、"09"、"11"和"12"，制作成图形元件"粽子 1"、"标题 1"、"底图 1"、"标题 2"、"粽子 2"和"标题 3"，如图 13-84 所示。

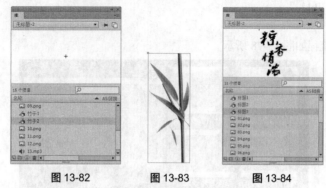

图 13-82   图 13-83   图 13-84

（5）在"库"面板中新建一个图形元件"文字 1"，舞台窗口也随之转换为图形元件的舞台窗口。选择"文本"工具 $\boxed{T}$，在文本工具"属性"面板中进行设置，在舞台窗口中适当的位置输入大小为 20、字体为"方正黄草_GBK"的黑色文字，文字效果如图 13-85 所示。用相同的方法制作图形元件"文字 2"和"文字 3"，如图 13-86 和图 13-87 所示。

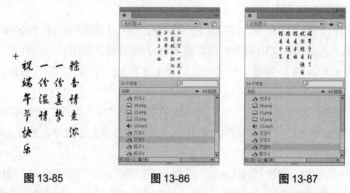

图 13-85   图 13-86   图 13-87

2．制作小船倒影动画

（1）在"库"面板中新建一个影片剪辑元件"小船动"，如图 13-88 所示，舞台窗口也随之转换为影片剪辑元件的舞台窗口。将"图层 1"重命名为"小船"，在"库"面板中将位图"08"拖曳到舞台窗口中，如图 13-89 所示。选中"小船"图层的第 4 帧，按 F5 键插入普通帧，如图 13-90 所示。

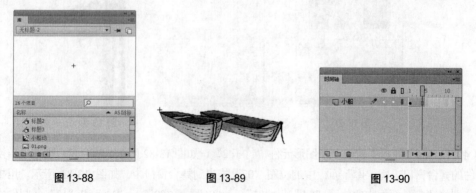

图 13-88   图 13-89   图 13-90

（2）单击"时间轴"面板下方的"新建图层"按钮 ，创建新图层并将其命名为"倒影"。
选择"铅笔"工具 ✐，在工具箱下方的"铅笔模式"选项组中选择"平滑"模式 Ｓ，在铅笔工
具"属性"面板中，将"笔触颜色"设为黑色，"笔触"选项设为 1，在小船的下方绘制一条封闭
的曲线，如图 13-91 所示。

（3）选择"颜料桶"工具 ⬧，在工具箱中将"填充颜色"设为墨绿色（#666600），调出"颜
色"面板，将"Alpha"选项设为 30%，选中"倒影"图层的第 1 帧，用鼠标在封闭的曲线中单击，
填充颜色，选择"选择"工具 ▶，在边线上双击鼠标将其选中，按 Delete 键将边线删除，如图 13-92
所示。

（4）选中"倒影"图层的第 3 帧，按 F6 键插入关键帧。选择"任意变形"工具 ▦，在舞台窗
口中的图形上出现控制框，向下拖曳控制框下方中间的控制点，如图 13-93 所示。在"时间轴"面
板中，拖曳"倒影"图层到"小船"图层的下方，如图 13-94 所示。

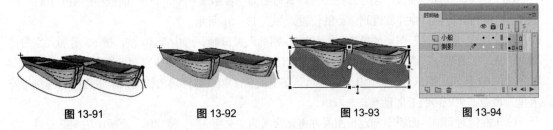

图 13-91　　　　　图 13-92　　　　　　　　图 13-93　　　　　　　图 13-94

3．制作动画 1

（1）单击舞台窗口左上方的"场景 1"图标 🎬 场景 1，进入"场景 1"的舞台窗口。将"图层 1"
重命名为"背景 1"。将"库"面板中的位图"01"拖曳到舞台窗口中，如图 13-95 所示。按 Ctrl+K
组合键，弹出"对齐"面板，勾选"与舞台对齐"选项，单击"水平中齐"按钮 ⬛ 与"垂直中齐"
按钮 ⬛，效果如图 13-96 所示。选中"背景 1"图层的第 131 帧，按 F5 键插入普通帧。

（2）在"时间轴"面板中创建新图层并将其命名为"竹子 1"。将"库"面板中的图形元件"竹
子 1"拖曳到舞台窗口的左侧，如图 13-97 所示。选中"竹子 1"图层的第 20 帧，按 F6 键插入关键
帧，选中第 40 帧，按 F7 键插入空白关键帧。

图 13-95　　　　　　　　　图 13-96　　　　　　　　　图 13-97

（3）选择"竹子 1"图层的第 1 帧，在舞台窗口中将"竹子 1"实例水平向左拖曳到适当的位置，
如图 13-98 所示。用鼠标右键单击"竹子 1"图层的第 1 帧，在弹出的快捷菜单中选择"创建传统补
间"命令，生成传统补间动画。

（4）在"时间轴"面板中创建新图层并将其命名为"粽子 1"。将"库"面板中的图形元件"粽
子 1"拖曳到舞台窗口中并放置在适当的位置，如图 13-99 所示。

（5）选中"粽子 1"图层的第 20 帧，按 F6 键插入关键帧，选中第 40 帧，按 F7 键插入空白关

键帧。选中"粽子 1"图层的第 1 帧，在舞台窗口中将"粽子 1"实例水平向右拖曳到适当的位置，如图 13-100 所示。用鼠标右键单击"粽子 1"图层的第 1 帧，在弹出的快捷菜单中选择"创建传统补间"命令，生成传统补间动画。

图 13-98   图 13-99   图 13-100

（6）在"时间轴"面板中创建新图层并将其命名为"标题 1"。将"库"面板中的图形元件"标题 1"拖曳到舞台窗口中并放置到适当的位置，如图 13-101 所示。

（7）选中"标题 1"图层的第 20 帧，按 F6 键插入关键帧，选中第 40 帧，按 F7 键插入空白关键帧。选中"标题 1"图层的第 1 帧，在舞台窗口中将"标题 1"实例垂直向上拖曳到适当的位置，如图 13-102 所示。用鼠标右键单击"标题 1"图层的第 1 帧，在弹出的快捷菜单中选择"创建传统补间"命令，生成传统补间动画。

（8）在"时间轴"面板中创建新图层并将其命名为"文字 1"。将"库"面板中的图形元件"文字 1"拖曳到舞台窗口中并放置在适当的位置，如图 13-103 所示。选中"文字 1"图层的第 20 帧，按 F6 键插入关键帧，选中第 40 帧，按 F7 键插入空白关键帧。

（9）选中"文字 1"图层的第 1 帧，在舞台窗口中将"文字 1"实例垂直向下拖曳到适当的位置，如图 13-104 所示。用鼠标右键单击"文字 1"图层的第 1 帧，在弹出的快捷菜单中选择"创建传统补间"命令，生成传统补间动画。

图 13-101   图 13-102   图 13-103   图 13-104

4．制作动画 2

（1）在"时间轴"面板中创建新图层并将其命名为"背景 2"。选中"背景 2"图层的第 40 帧，按 F6 键插入关键帧。将"库"面板中的图形元件"底图 1"拖曳到舞台窗口中并放置在适当的位置，如图 13-105 所示。

（2）选中"背景 2"图层的第 90 帧，按 F6 键插入关键帧，选中第 101 帧，按 F7 键插入空白关键帧。选中"背景 2"图层的第 90 帧，在舞台窗口中将"底图 1"实例水平向右拖曳到适当的位置，如图 13-106 所示。用鼠标右键单击"背景 2"图层的第 40 帧，在弹出的快捷菜单中选择"创建传统补间"命令，生成传统补间动画。

图 13-105　　　　　　　　　　　　　　　　图 13-106

（3）在"时间轴"面板中创建新图层并将其命名为"竹子2"。选中"竹子2"图层的第40帧，按F6键插入关键帧。将"库"面板中的图形元件"竹子2"拖曳到舞台窗口的右侧，如图13-107所示。分别选中"竹子2"图层的第50帧、第60帧、第70帧、第80帧、第90帧、第100帧，按F6键插入关键帧，选中第101帧，按F7键插入空白关键帧，如图13-108所示。

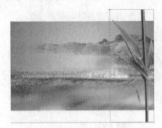

图 13-107　　　　　　　　　　　　　　　　　图 13-108

（4）选中"竹子2"图层的第50帧，按Ctrl+T组合键弹出"变形"面板，将"旋转"选项设为-6.5，如图13-109所示，按Enter键，图形逆时针旋转6.5°，效果如图13-110所示。用相同的方法设置第70帧、第90帧。分别用鼠标右键单击"竹子2"图层的第40帧、第50帧、第60帧、第70帧、第80帧、第90帧，在弹出的快捷菜单中选择"创建传统补间"命令，生成传统补间动画。

（5）在"时间轴"面板中创建新图层并将其命名为"标题2"。选中"标题2"图层的第40帧，按F6键插入关键帧。将"库"面板中的图形元件"标题2"拖曳到舞台窗口中并放置在适当的位置，如图13-111所示。

图 13-109　　　　　　　图 13-110　　　　　　　图 13-111

（6）选中"标题2"图层的第60帧，按F6键插入关键帧，选中第101帧，按F7键插入空白关键帧。选中"标题2"图层的第40帧，在舞台窗口中将"标题2"实例水平向左拖曳到适当的位置，如图13-112所示。用鼠标右键单击"标题2"图层第40帧，在弹出的快捷菜单中选择"创建传统补

175

间"命令，生成传统补间动画。

（7）在"时间轴"面板中创建新图层并将其命名为"文字2"。选中"文字2"图层的第40帧，按F6键插入关键帧，将"库"面板中的图形元件"文字2"拖曳到舞台窗口中并放置在适当的位置，如图13-113所示。

（8）选中"文字2"图层的第60帧，按F6键插入关键帧，选中第101帧，按F7键插入空白关键帧。选中"文字2"图层的第40帧，在舞台窗口中将"文字2"实例水平向左拖曳到适当的位置，如图13-114所示。用鼠标右键单击"文字2"图层的第40帧，在弹出的快捷菜单中选择"创建传统补间"命令，生成传统补间动画。

（9）在"时间轴"面板中创建新图层并将其命名为"小船"。选中"小船"图层的第40帧，按F6键插入关键帧。将"库"面板中的影片剪辑元件"小船动"拖曳到舞台窗口中并放置在适当的位置，如图13-115所示。选中"小船"图层的第101帧，按F7键插入空白关键帧。

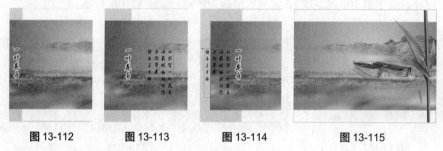

图 13-112　　　　图 13-113　　　　图 13-114　　　　　图 13-115

5．制作动画3

（1）在"时间轴"面板中创建新图层并将其命名为"竹叶"。选中"竹叶"图层的第101帧，按F6键插入关键帧。将"库"面板中的位图"10"拖曳到舞台窗口中并放置在适当的位置，如图13-116所示。再次拖曳"库"面板中的位图"10"到舞台窗口多次，并分别调整其大小、角度及位置，效果如图13-117所示。

（2）在"时间轴"面板中创建新图层并将其命名为"粽子2"。选中"粽子2"图层的第101帧，按F6键插入关键帧。将"库"面板中的图形元件"粽子2"拖曳到舞台窗口中并放置在适当的位置，如图13-118所示。选中"粽子2"图层的第131帧，按F6键插入关键帧。

图 13-116　　　　　　　图 13-117　　　　　　　图 13-118

（3）选中"粽子2"图层的第101帧，在舞台窗口中选中"粽子2"实例，在图形"属性"面板中选择"色彩效果"选项组，在"样式"选项的下拉列表中选择"Alpha"，将其值设为0%。用鼠标右键单击"粽子2"图层的第101帧，在弹出的快捷菜单中选择"创建传统补间"命令，生成传统补间动画。

（4）在"时间轴"面板中创建新图层并将其命名为"标题3"。选中"标题3"图层的第111帧，按 F6 键插入关键帧。将"库"面板中的图形元件"标题 3"拖曳到舞台窗口中并放置在适当的位置，如图 13-119 所示。选中"标题 3"图层的第 131 帧，按 F6 键插入关键帧。

（5）选中"标题 3"图层的第 111 帧，在舞台窗口中将"标题 3"实例水平向右拖曳到适当的位置，如图 13-120 所示。在图形"属性"面板中选择"色彩效果"选项组，在"样式"选项的下拉列表中选择"Alpha"，将其值设为 0% 。用鼠标右键单击"标题 3"图层的第 111 帧，在弹出的快捷菜单中选择"创建传统补间"命令，生成传统补间动画。

（6）在"时间轴"面板中创建新图层并将其命名为"文字 3"。选中"文字 3"图层的第 111 帧，按 F6 键插入关键帧。将"库"面板中的图形元件"文字 3"拖曳到舞台窗口中并放置在适当的位置，如图 13-121 所示。

（7）选中"文字 3"图层的第 131 帧，按 F6 键插入关键帧。选中第 111 帧，在舞台窗口中将"文字 3"实例水平向左拖曳到适当的位置，如图 13-122 所示，在图形"属性"面板中选择"色彩效果"选项组，在"样式"选项的下拉列表中选择"Alpha"，将其值设为 0% 。用鼠标右键单击"文字 3"图层的第 111 帧，在弹出的快捷菜单中选择"创建传统补间"命令，生成传统补间动画。

图 13-119　　　　图 13-120　　　　　　图 13-121　　　　图 13-122

（8）在"时间轴"面板中创建新图层并将其命名为"花纹"。将"库"面板中的位图"03"拖曳到舞台窗口中并放置在适当的位置，如图 13-123 所示。选择"选择"工具 ▶，在舞台窗口中选中花纹图形，按住 Alt 键的同时向下拖曳鼠标到适当的位置，复制图形。选择"修改 > 变形 > 垂直翻转"命令，翻转图形，效果如图 13-124 所示。

图 13-123　　　　　　　　　图 13-124

（9）在"时间轴"面板中创建新图层并将其命名为"矩形条"。选择"矩形"工具 ▢，在工具箱中选择"对象绘制"按钮 ▣。在矩形工具"属性"面板中，将"笔触颜色"设为无，"填充颜色"设为墨绿色（#0B4424），在舞台中拖曳鼠标绘制一个矩形，效果如图 13-125 所示。在矩形工具"属性"面板中，将"填充颜色"设为白色，调出"颜色"面板，将"Alpha"的值设为 69%，在舞台中拖曳鼠标绘制一个矩形，效果如图 13-126 所示。

图 13-125　　　　　　　　　　图 13-126

（10）在"时间轴"面板中选择"矩形"图层，将舞台窗口中的矩形全部选中。选择"选择"工具 ![select]，按住 Alt 键，向下拖曳矩形条到适当的位置，复制矩形，如图 13-127 所示。选择"修改 > 变形 > 垂直翻转"命令，翻转矩形，效果如图 13-128 所示。

图 13-127　　　　　　　　　　图 13-128

6．添加音乐和动作脚本

（1）在"时间轴"面板中创建新图层并将其命名为"音乐"。将"库"面板中的声音文件"13"拖曳到舞台窗口中，时间轴面板如图 13-129 所示。选中"音乐"图层的第 1 帧，在帧"属性"面板中，选择"声音"选项组，在"同步"选项中选择"事件"，将"声音循环"选项设为"循环"。

图 13-129

（2）在"时间轴"面板中创建新图层并将其命名为"动作脚本"。选中"动作脚本"图层的第 131 帧，按 F6 键插入关键帧，如图 13-130 所示。按 F9 键，弹出"动作"面板，在"脚本窗口"中设置脚本语言，如图 13-131 所示。设置好动作脚本后，关闭"动作"面板。在"动作脚本"图层的第 131 帧上显示出一个标记"a"。端午节贺卡制作完成，按 Ctrl+Enter 组合键即可查看效果。

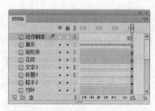

图 13-130　　　　　　　　　　图 13-131

13.4 制作春节贺卡

13.4.1 案例分析

春节，是农历正月初一，又叫阴历年，俗称"过年"。这是我国民间最隆重、最热闹的一个传统节日。本例中的春节电子贺卡要表现出春节喜庆祥和的气氛，把吉祥和祝福送给亲友。

在制作过程中，使用红色和金色的背景烘托出热闹喜庆的氛围，再添加春字、鞭炮图形和宣传语体现贺卡的主题。在表现形式上，通过春字动画、鞭炮动画和文字动画的舞台效果，增强画面的喜庆和活泼感。

本例将使用"文本"工具输入文字；使用"任意变形"工具改变图形的大小；使用"转换为元件"命令制作图形元件；使用"动作"面板设置脚本语言。

13.4.2 案例设计

本案例的设计流程如图 13-132 所示。

图 13-132

13.4.3 案例制作

1．导入素材并制作鞭炮动画效果

（1）选择"文件 > 新建"命令，在弹出的"新建文档"对话框中选择"ActionScript 3.0"选项，单击"确定"按钮，进入新建文档舞台窗口。按 Ctrl+J 组合键弹出"文档设置"对话框，将"舞台大小"选项设为 450 × 300 像素，单击"确定"按钮，完成舞台属性的修改。

（2）选择"文件 > 导入 > 导入到库"命令，在弹出的"导入到库"对话框中选择"Ch13 >素材 > 制作春节贺卡 > 01 ~ 05"文件，单击"打开"按钮，文件被导入到"库"面板中，如图 13-133 所示。

（3）按 Ctrl+F8 组合键，弹出"创建新元件"对话框，在"名称"选项的文本框中输入"春字"，在"类型"选项下拉列表中选择"图形"选项，单击"确定"按钮，新建图形元件"春字"，如

图 13-134 所示。舞台窗口也随之转换为图形元件的舞台窗口。将"库"面板中的位图"02"拖曳到舞台窗口中，如图 13-135 所示。

图 13-133   图 13-134   图 13-135

（4）用相同的方法将"库"面板中的位图"03"和"04"，制作为图形元件"鞭炮"和"年字"，如图 13-136 和图 13-137 所示。

（5）在"库"面板中新建一个影片剪辑元件"鞭炮动"，如图 13-138 所示，舞台窗口也随之转换为影片剪辑元件的舞台窗口。

图 13-136   图 13-137   图 13-138

（6）将"库"面板中的图形元件"鞭炮"拖曳到舞台窗口中，如图 13-139 所示。分别选中"图层 1"的第 10 帧、第 19 帧，按 F6 键插入关键帧。选中"图层 1"的第 10 帧，按 Ctrl+T 组合键弹出"变形"面板，将"旋转"选项设为 9.7，如图 13-140 所示，按 Enter 键，图形顺时针旋转 9.7°，效果如图 13-141 所示。

图 13-139   图 13-140   图 13-141

（7）分别用鼠标右键单击"图层 1"的第 1 帧、第 10 帧，在弹出的快捷菜单中选择"创建传统补间"命令，生成传统补间动画。

2．制作文字动画效果

（1）在"库"面板中新建一个影片剪辑元件"贺动"，舞台窗口也随之转换为影片剪辑元件的舞台窗口。选择"文本"工具 Ｔ，在文本工具"属性"面板中进行设置，在舞台窗口中适当的位置输入大小为 60、字体为"方正大标宋简体"的黄色（#FABF00）文字，文字效果如图 13-142 所示。

（2）选择"选择"工具，在舞台窗口中选中文字，按 F8 键，在弹出的"转换为元件"对话框中进行设置，如图 13-143 所示，单击"确定"按钮，文字转换为图形元件，"库"面板如图 13-144 所示。

图 13-142　　　　　　　　　图 13-143　　　　　　　　　图 13-144

（3）分别选中"图层 1"的第 5 帧、第 10 帧，按 F6 键插入关键帧。选中"图层 1"的第 5 帧，按 Ctrl+T 组合键弹出"变形"面板，将"缩放宽度"和"缩放高度"选项均设为 129%，如图 13-145 所示，按 Enter 键，图形等比例放大，效果如图 13-146 所示。

（4）分别用鼠标右键单击"图层 1"的第 1 帧、第 5 帧，在弹出的快捷菜单中选择"创建传统补间"命令，生成传统补间动画。

（5）在"库"面板中新建一个影片剪辑元件"文字 1"，舞台窗口也随之转换为影片剪辑元件的舞台窗口。选择"文本"工具 Ｔ，在文本工具"属性"面板中进行设置，在舞台窗口中适当的位置输入大小为 18、字体为"方正大标宋简体"的黄色（#FFDD03）文字，文字效果如图 13-147 所示。

（6）选中"图层 1"的第 4 帧，按 F6 键插入关键帧，选中第 6 帧，按 F5 键插入普通帧。选中第 4 帧，在"变形"面板中，将"旋转"选项设为 4.2，按 Enter 键，图形顺时针旋转 4.2°。

图 13-145　　　　　　　　　图 13-146　　　　　　　　　图 13-147

（7）在"库"面板中新建一个影片剪辑元件"文字 2"，舞台窗口也随之转换为影片剪辑元件的舞台窗口。选择"文本"工具 T ，在文本工具"属性"面板中进行设置，在舞台窗口中适当的位置输入大小为 25、字体为"方正大标宋简体"的红色（#C5000A）英文，文字效果如图 13-148 所示。接着在舞台窗口中输入大小为 14、字体为"方正大标宋简体"的红色（#C5000A）英文，文字效果如图 13-149 所示。再在舞台窗口中输入大小为 18、字体为"方正大标宋简体"的红色（#C5000A）英文，文字效果如图 13-150 所示。

图 13-148   图 13-149   图 13-150

（8）在文本工具"属性"面板中进行设置，在舞台窗口中适当的位置输入大小为 20、字体为"方正大标宋简体"的黑色文字，文字效果如图 13-151 所示。再在舞台窗口中输入大小为 14、字体为"方正大标宋简体"的黑色文字，文字效果如图 13-152 所示。将"库"面板中的图形元件"年字"拖曳到舞台窗口中并放置在适当的位置，如图 13-153 所示。

图 13-151   图 13-152   图 13-153

（9）选择"选择"工具 ▶ ，在舞台窗口中选中英文"NEW"，如图 13-154 所示，按 F8 键，在弹出的"转换为元件"对话框中进行设置，如图 13-155 所示，单击"确定"按钮，文字转换为图形元件，"库"面板如图 13-156 所示。

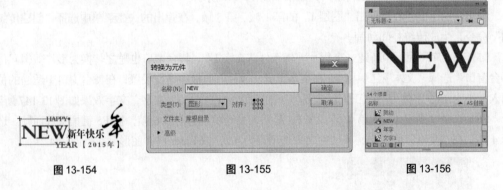

图 13-154   图 13-155   图 13-156

（10）用相同的方法分别将舞台窗口中的英文"HAPPY"、"YEAR"及中文"新年快乐"和"【2015 年】"，转换为图形元件，如图 13-157 和图 13-158 所示。

（11）在舞台窗口中框选所有实例，如图 13-159 所示。按 Ctrl+Shift+D 组合键，将选中的实例分散到独立层，"时间轴"面板如图 13-160 所示。

（12）分别选中"NEW"、"HAPPY"、"新年快乐"、"YEAR"、"【2015】"和"年字"图层的第 15 帧，按 F6 键插入关键帧，如图 13-161 所示。将播放头拖曳到第 1 帧的位置，在舞台窗口中框选实例并水平向右拖曳到适当的位置，如图 13-162 所示。在图形"属性"面板中选择"色彩效果"选项组，在"样式"选项的下拉列表中选择"Alpha"，将其值设为 0% 。分别用鼠标右键单击图层的第 1 帧，在弹出的快捷菜单中选择"创建传统补间"命令，生成传统补间动画，如图 13-163 所示。

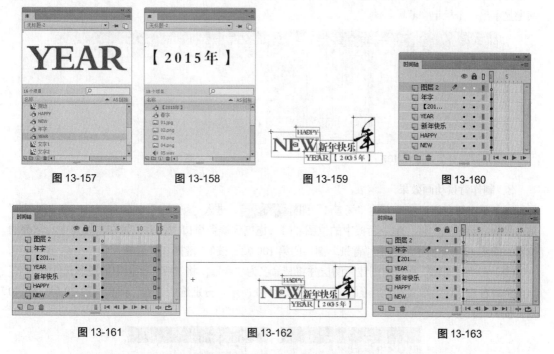

图 13-157　　　　　图 13-158　　　　　图 13-159　　　　　图 13-160

图 13-161　　　　　图 13-162　　　　　图 13-163

（13）单击"HAPPY"图层的图层名称，选中该层中的所有帧，将所有帧向后拖曳至与"NEW"图层相隔 5 帧的位置，如图 13-164 所示。用同样的方法依次对其他图层进行操作，如图 13-165 所示。分别选中"【2015】"、"YEAR"、"新年快乐"、"HAPPY"和"NEW"所有图层的第 39 帧，按 F5 键，在选中的帧上插入普通帧，如图 13-166 所示。

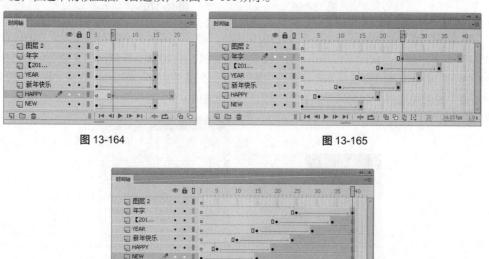

图 13-164　　　　　　　　　　图 13-165

图 13-166

（14）在"时间轴"面板中将"图层 2"重命名为"动作脚本"。选中"动作脚本"图层的第 39

帧，按 F6 键插入关键帧，如图 13-167 所示。按 F9 键弹出"动作"面板，在"脚本窗口"中设置脚本语言，如图 13-168 所示。设置好动作脚本后，关闭"动作"面板。在"动作脚本"图层的第 39 帧上显示出一个标记"a"。

图 13-167   图 13-168

3．制作背景动画效果

（1）单击舞台窗口左上方的"场景 1"图标 场景 1，进入"场景 1"的舞台窗口。将"图层 1"重命名为"背景"。将"库"面板中的位图"01"拖曳到舞台窗口中，并放置在与舞台中心重叠的位置，如图 13-169 所示。选中"背景"图层的第 100 帧，按 F5 键插入普通帧。

（2）在"时间轴"面板中创建新图层并将其命名为"春"。将"库"面板中的图形元件"春字"拖曳到舞台窗口中并放置在适当的位置，如图 13-170 所示。分别选中"春"图层的第 20 帧、第 40 帧，按 F6 键插入关键帧。

图 13-169   图 13-170

（3）选中"春"图层的第 1 帧，在舞台窗口中将"春字"实例水平向右拖曳到适当的位置，如图 13-171 所示。分别用鼠标右键单击"春"图层的第 1 帧、第 20 帧，在弹出的快捷菜单中选择"创建传统补间"命令，生成传统补间动画。选中第 20 帧，在帧"属性"面板中，选择"补间"选项组，在"旋转"选项中选择"顺时针"，其他选项的设置如图 13-172 所示。

图 13-171   图 13-172

（4）在"时间轴"面板中创建新图层并将其命名为"文字 1"。选中"文字 1"图层的第 20 帧，按 F6 键插入关键帧，将"库"面板中的影片剪辑元件"文字 1"拖曳到舞台窗口中并放置在适当的位置，如图 13-173 所示。

（5）选中"文字 1"图层的第 40 帧，按 F6 键插入关键帧。选中"文字 1"图层的第 20 帧，在舞台窗口中将"文字 1"实例水平向右拖曳到适当的位置，如图 13-174 所示。用鼠标右键单击"文字 1"图层的第 20 帧，在弹出的快捷菜单中选择"创建传统补间"命令，生成传统补间动画。

图 13-173 　　　　　　　　　　　图 13-174

（6）在"时间轴"面板中创建新图层并将其命名为"鞭炮"。选中"鞭炮"图层的第 40 帧，按 F6 键插入关键帧。将"库"面板中的影片剪辑元件"鞭炮动"拖曳到舞台窗口中并放置在适当的位置，如图 13-175 所示。

（7）在"时间轴"面板中创建新图层并将其命名为"文字 2"。选中"文字 2"图层的第 40 帧，按 F6 键插入关键帧。将"库"面板中的影片剪辑元件"文字 2"拖曳到舞台窗口中并放置在适当的位置，如图 13-176 所示。

图 13-175 　　　　　　　　　　　图 13-176

（8）在"时间轴"面板中创建新图层并将其命名为"圆"。选中"圆"图层的第 80 帧，按 F6 键插入关键帧。选择"椭圆"工具 ，在工具箱的下方选择"对象绘制"按钮 。在工具箱中将"笔触颜色"设为无，"填充颜色"设为红色（#C8000B），按住 Shift 键，在舞台窗口中拖曳鼠标，绘制一个圆形，效果如图 13-177 所示。

（9）选中"圆"图层，按 F8 键在弹出的"转换为元件"对话框中进行设置，如图 13-178 所示，单击"确定"按钮，将圆形转换为图形元件。

图 13-177 　　　　　　　　　　　图 13-178

（10）分别选中"圆"图层的第 90 帧、第 95 帧、第 100 帧，按 F6 键插入关键帧。选中"圆"图层的第 80 帧，在舞台窗口中将"圆"实例水平向右拖曳到适当的位置，如图 13-179 所示。选中"圆"图层的第 95 帧，按 Ctrl+T 组合键，弹出"变形"面板，将"缩放宽度"和"缩放高度"选项均设为 120%，如图 13-180 所示，按 Enter 键，图形等比例放大，效果如图 13-181 所示。

图 13-179　　　　　　图 13-180　　　　　　图 13-181

（11）分别用鼠标右键单击"圆"图层的第 80 帧、第 90 帧、第 95 帧，在弹出的快捷菜单中选择"创建传统补间"命令，生成传统补间动画。

（12）在"时间轴"面板中创建新图层并将其命名为"贺"。选中"贺"图层的第 100 帧，按 F6 键插入关键帧，将"库"面板中的影片剪辑元件"贺动"拖曳到舞台窗口中并放置在适当的位置，如图 13-182 所示。

（13）在"时间轴"面板中创建新图层并将其命名为"音乐"。将"库"面板中声音文件"05"拖曳到舞台中。在"时间轴"面板中创建新图层并将其命名为"动作脚本"。选中"动作脚本"图层的第 100 帧，按 F6 键插入关键帧，如图 13-183 所示。

图 13-182　　　　　　　　　　　图 13-183

（14）按 F9 键，弹出"动作"面板，在"脚本窗口"中设置脚本语言，如图 13-184 所示。设置好动作脚本后，关闭"动作"面板。在"动作脚本"图层的第 100 帧上显示出一个标记"a"。春节贺卡效果制作完成，按"Ctrl+Enter"组合键即可查看效果，如图 13-185 所示。

图 13-184　　　　　　　　　　图 13-185

课堂练习——制作生日贺卡

练习知识要点

使用"文本"工具，添加祝福语；使用"遮罩层"命令，制作彩带遮罩效果；使用"分散到图层"命令，制作文字动画效果；使用"创建传统补间"命令，制作动画效果；使用"动作"面板，添加脚本语言，效果如图 13-186 所示。

效果所在位置

光盘/Ch13/效果/制作生日贺卡.fla。

图 13-186

课后习题——制作母亲节贺卡

习题知识要点

使用"创建传统补间"命令，制作传统补间动画效果；使用"属性"面板。改变实例的透明度；使用"动作"面板，添加脚本语言，效果如图 13-187 所示。

效果所在位置

光盘/Ch13/效果/制作母亲节贺卡.fla。

图 13-187

第 14 章　电子相册设计

网络电子相册可以用于描述美丽的风景、展现亲密的友情、记录精彩的瞬间。本章以多个主题的电子相册为例，讲解网络电子相册的构思方法和制作技巧，读者通过学习可以掌握制作要点，从而设计制作出精美的网络电子相册。

课堂学习目标
- 了解电子相册的功能
- 了解电子相册的特点
- 掌握电子相册的设计思路
- 掌握电子相册的制作方法
- 掌握电子相册的应用技巧

14.1　电子相册设计概述

电子相册拥有传统相册无法比拟的优越性，具有欣赏方便、交互性强、储存量大、易于保存、欣赏性强、成本低廉等优点，如图 14-1 所示。

图 14-1

14.2　制作万圣节照片

14.2.1　案例分析

万圣节是西方国家的传统节日。前一天晚上（也就是万圣节前夜），小孩们会穿上化妆服，戴上面具，挨家挨户收集糖果，独具趣味。要求将万圣节照片制作成电子相册，通过新的艺术和技术手段给这些照片以新的意境。

在设计制作过程中，先设计出符合照片特色的背景图，再设置好照片之间互相切换的顺序，增加电子相册的趣味性。在画面前方更换不同的万圣节照片，完美表现出万圣节的精彩瞬间。

本例将使用"变形"面板改变照片的大小并旋转角度；使用"属性"面板改变照片的位置；使用"动作"面板为按钮添加脚本语言。

14.2.2　案例设计

本案例的设计流程如图 14-2 所示。

添加小照片　　　　　　添加大照片　　　　　　最终效果

图 14-2

14.2.3　案例制作

1．导入图片并制作照片按钮

（1）选择"文件 ＞ 新建"命令，在弹出的"新建文档"对话框中选择"ActionScript 3.0"选项，单击"确定"按钮，进入新建文档舞台窗口。按 Ctrl+J 组合键，弹出"文档设置"对话框，将"舞台大小"选项设为 500 × 500 像素，单击"确定"按钮，完成对舞台属性的修改。

（2）选择"文件 ＞ 导入 ＞ 导入到库"命令，在弹出的"导入到库"对话框中选择"Ch14 ＞ 素材 ＞ 制作万圣节照片 ＞ 01~11"文件，单击"打开"按钮，文件被导入到"库"面板中，如图 14-3 所示。

（3）在"库"面板下方单击"新建元件"按钮，弹出"创建新元件"对话框，在"名称"选项的文本框中输入"小照片 1"，在"类型"选项的下拉列表中选择"按钮"选项，单击"确定"按钮，新建按钮元件"小照片 1"，如图 14-4 所示，舞台窗口也随之转换为图形元件的舞台窗口。

（4）将"库"面板中的位图"07"文件拖曳到舞台窗口中，如图 14-5 所示。用相同方法制作其他按钮元件，并将"库"面板中对应的位图拖曳到按钮元件的舞台窗口中，"库"面板中的显示效果如图 14-6 所示。

图 14-3

图 14-4

图 14-5

图 14-6

2．在场景中确定小照片的位置

（1）单击舞台窗口左上方的"场景 1"图标  场景 1，进入"场景 1"的舞台窗口。将"图层 1"重命名为"底图"。将"库"面板中的位图"01.jpg"拖曳到舞台窗口的中心位置，如图 14-7 所示。选中"底图"图层的第 78 帧，按 F5 键插入普通帧。

（2）单击"时间轴"面板下方的"新建图层"按钮，创建新图层并将其命名为"小照片"。将"库"面板中的按钮元件"小照片 1"拖曳到舞台窗口中，在按钮"属性"面板"实例名称"选项的文本框中输入 a，将"X"选项设为 18，"Y"选项设为 340，将实例放置在背景图的左下方，效果如图 14-8 所示。

（3）将"库"面板中的按钮元件"小照片 2"拖曳到舞台窗口中，在按钮"属性"面板"实例名称"选项的文本框中输入 b，将"X"选项设为 104，"Y"选项设为 370，将实例放置在背景图的左下方，效果如图 14-9 所示。

图 14-7

图 14-8

图 14-9

（4）将"库"面板中的按钮元件"小照片 3"拖曳到舞台窗口中，在按钮"属性"面板"实例名称"选项的文本框中输入 c，将"X"选项设为 195，"Y"选项设为 342，将实例放置在背景图的中下方，效果如图 14-10 所示。

（5）将"库"面板中的按钮元件"小照片 4"拖曳到舞台窗口中，在按钮"属性"面板"实例名称"选项的文本框中输入 d，将"X"选项设为 288，"Y"选项设为 365，将实例放置在背景图的右下方，效果如图 14-11 所示。

（6）将"库"面板中的按钮元件"小照片 5"拖曳到舞台窗口中，在按钮"属性"面板"实例名称"选项的文本框中输入 e，将"X"选项设为 288，"Y"选项设为 365，将实例放置在背景图的右下方，效果如图 14-12 所示。

图 14-10

图 14-11

图 14-12

（7）分别选中"小照片"图层的第 2 帧、第 16 帧、第 31 帧、第 47 帧和第 63 帧，按 F6 键插入关键帧。选中"小照片"图层的第 2 帧，在舞台窗口中选中"小照片 1"实例，按 Delete 键将其删除，效果如图 14-13 所示。

（8）选中"小照片"图层的第 16 帧，在舞台窗口中选中"小照片 2"实例，按 Delete 键将其删除，效果如图 14-14 所示。选中"小照片"图层的第 31 帧，在舞台窗口中选中"小照片 3"实例，按 Delete 键将其删除，效果如图 14-15 所示。

图 14-13　　　　　　　　　　　图 14-14　　　　　　　　　　　图 14-15

（9）选中"小照片"图层的第 47 帧，在舞台窗口中选中"小照片 4"实例，按 Delete 键将其删除，效果如图 14-16 所示。选中"小照片"图层的第 63 帧，在舞台窗口中选中"小照片 5"实例，按 Delete 键将其删除，效果如图 14-17 所示。

图 14-16　　　　　　　　　　　图 14-17

3．在场景中确定大照片的位置

（1）在"时间轴"面板中创建新图层并将其命名为"大照片 1"。分别选中"大照片 1"图层的第 2 帧、第 16 帧，按 F6 键插入关键帧，如图 14-18 所示。选中第 2 帧，将"库"面板中的按钮元件"大照片 1"拖曳到舞台窗口中。保持实例的选取状态，按 Ctrl+T 组合键，弹出"变形"面板，将"缩放宽度"和"缩放高度"选项均设为 26，"旋转"选项设为-10，如图 14-19 所示。

（2）将实例缩小并旋转，在按钮"属性"面板中，将"X"选项设为 18，"Y"选项设为 360，将实例放置在背景图的左下方，效果如图 14-20 所示。分别选中"大照片 1"图层的第 8 帧、第 15 帧，按 F6 键插入关键帧。

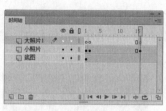

图 14-18

图 14-19

图 14-20

（3）选中"大照片 1"图层的第 8 帧，在舞台窗口选中"大照片 1"实例，在"变形"面板中将"缩放宽度"和"缩放高度"选项分别设为 100，将"旋转"选项设为 0，将实例放置在舞台窗口的上方，效果如图 14-21 所示。

（4）选中"大照片 1"图层的第 9 帧，按 F6 键插入关键帧。分别用鼠标右键单击"大照片 1"图层的第 2 帧、第 9 帧，在弹出的快捷菜单中选择"创建传统补间"命令，生成传统补间动画，如图 14-22 所示。

（5）选中"大照片 1"图层的第 8 帧，在舞台窗口中选中"大照片 1"实例，在按钮"属性"面板"实例名称"选项的文本框中输入 a1，如图 14-23 所示。

图 14-21

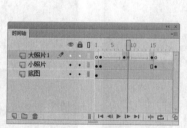
图 14-22

图 14-23

（6）选择"窗口 > 动作"命令，在弹出的"动作"面板中输入动作脚本，如图 14-24 所示。设置好动作脚本后，关闭"动作"面板。在"大照片 1"图层的第 8 帧上显示出一个标记"a"。

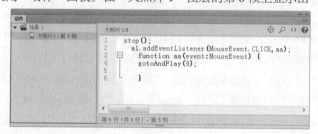
图 14-24

（7）在"时间轴"面板中创建新图层并将其命名为"大照片 2"。分别选中"大照片 2"图层的第 16 帧、第 31 帧，按 F6 键插入关键帧，如图 14-25 所示。选中"大照片 2"图层的第 16 帧，将"库"

面板中的按钮元件"大照片 2"拖曳到舞台窗口中。

（8）保持实例的选取状态，在"变形"面板中将"缩放宽度"和"缩放高度"选项均设为 26，"旋转"选项设为 3.2，将实例缩小并旋转，在按钮"属性"面板中，将"X"选项设为 108，"Y"选项设为 370。将实例放置在背景图的左下方，效果如图 14-26 所示。分别选中"大照片 2"图层的第 22 帧、第 30 帧，按 F6 键插入关键帧，如图 14-27 所示。

图 14-25

图 14-26

图 14-27

（9）选中"大照片 2"图层的第 22 帧，选中舞台窗口中的"大照片 2"实例，在"变形"面板中将"缩放宽度"和"缩放高度"选项均设为 100，"旋转"选项设为 0，实例扩大，将实例放置在舞台窗口的上方，效果如图 14-28 所示。选中"大照片 2"图层的第 23 帧，按 F6 键插入关键帧。分别用鼠标右键单击"大照片 2"图层的第 16 帧、第 22 帧，在弹出的快捷菜单中选择"创建传统补间"命令，生成传统补间动画。

（10）选中"大照片 2"图层的第 22 帧，在舞台窗口中选中"大照片 2"实例，在按钮"属性"面板"实例名称"选项的文本框中输入 b1，如图 14-29 所示。

图 14-28

图 14-29

（11）按 F9 键，在弹出的"动作"面板中输入动作脚本，如图 14-30 所示。设置好动作脚本后，关闭"动作"面板。在"大照片 2"图层的第 22 帧上显示出一个标记"a"。

图 14-30

（12）在"时间轴"面板中创建新图层并将其命名为"大照片 3"。分别选中"大照片 3"图层的第 31 帧、第 47 帧，按 F6 键插入关键帧，如图 14-31 所示。选中"大照片 3"图层的第 31 帧，将"库"面板中的按钮元件"大照片 3"拖曳到舞台窗口中。

（13）保持实例的选取状态，在"变形"面板中将"缩放宽度"选项设为 26，"缩放高度"选项也随之转换为 26，"旋转"选项设为-9.5，如图 14-32 所示，将实例缩小并旋转。在按钮"属性"面板中，将"X"选项设为 194，"Y"选项设为 363，将实例置在背景图的中下方，效果如图 14-33 所示。分别选中"大照片 3"图层的第 38 帧、第 46 帧，按 F6 键插入关键帧。

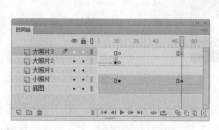
图 14-31

图 14-32

图 14-33

（14）选中"大照片 3"图层的第 38 帧，选中舞台窗口中的"大照片 3"实例，在"变形"面板中将"缩放宽度"和"缩放高度"选项均设为 100，"旋转"选项设为 0，实例扩大，将实例放置在舞台窗口的上方，效果如图 14-34 所示。

（15）选中"大照片 3"图层的第 39 帧，按 F6 键插入关键帧。分别用鼠标右键单击"大照片 3"图层的第 31 帧、第 39 帧，在弹出的快捷菜单中选择"创建传统补间"命令，生成传统补间动画。选中"大照片 3"图层的第 38 帧，在舞台窗口中选中"大照片 3"实例，在按钮"属性"面板"实例名称"选项的文本框中输入 c1，如图 14-35 所示。

图 14-34

图 14-35

（16）按 F9 键，在弹出的"动作"面板中输入动作脚本，如图 14-36 所示。设置好动作脚本后，关闭"动作"面板。在"大照片 3"图层的第 38 帧上显示出一个标记"a"。

（17）在"时间轴"面板中创建新图层并将其命名为"大照片 4"。分别选中"大照片 4"图层的第 47 帧、第 63 帧，按 F6 键插入关键帧。选中"大照片 4"图层的第 47 帧，将"库"面板中的按钮元件"大照片 4"拖曳到舞台窗口中。

（18）保持实例的选取状态，在"变形"面板中将"缩放宽度"和"缩放高度"选项均设为 26，将"旋转"选项设为 6。将实例缩小并旋转，在按钮"属性"面板中，将"X"选项设为 296，"Y"

选项设为 365，将实例放置在背景图的右下方，如图 14-37 所示。分别选中"大照片 4"图层的第 54 帧、第 62 帧，按 F6 键插入关键帧。

图 14-36　　　　　　　　　　　　　　　　　图 14-37

（19）选中"大照片 4"图层的第 54 帧，选中舞台窗口中的"大照片 4"实例，在"变形"面板中将"缩放宽度"和"缩放高度"选项分别设为 100，"旋转"选项设为 0，实例扩大，将实例放置在舞台窗口的上方，效果如图 14-38 所示。选中"大照片 4"图层的第 55 帧，按 F6 键插入关键帧。

（20）分别用鼠标右键单击"大照片 4"图层的第 47 帧和第 55 帧，在弹出的快捷菜单中选择"创建传统补间"命令，生成传统补间动画。选中"大照片 4"图层的第 54 帧，在舞台窗口中选中"大照片 3"实例，在"属性"面板"实例名称"选项的文本框中输入 d1，如图 14-39 所示。

图 14-38　　　　　　　　　　　　　　　　图 14-39

（21）按 F9 键，在弹出的"动作"面板中输入动作脚本，如图 14-40 所示。设置好动作脚本后，关闭"动作"面板。在"大照片 4"图层的第 54 帧上显示出一个标记"a"。

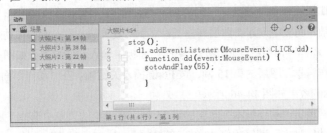

图 14-40

（22）在"时间轴"面板中创建新图层并将其命名为"大照片 5"。选中"大照片 5"图层的第 63 帧，按 F6 键插入关键帧。将"库"面板中的按钮元件"大照片 5"拖曳到舞台窗口中。

（23）保持实例的选取状态，在"变形"面板中将"缩放宽度"和"缩放高度"选项均设为26，"旋转"选项设为-5.5。将实例缩小并旋转，在按钮"属性"面板中，将"X"选项设为356，"Y"选项设为342，将实例放置在背景图的右下方，效果如图14-41所示。分别选中"大照片5"图层的第70帧、第78帧，按F6键插入关键帧。

（24）选中"大照片5"图层的第70帧，选中舞台窗口中的"大照片5"实例，在"变形"面板中将"缩放宽度"和"缩放高度"选项均设为100，"旋转"选项设为0，实例扩大，将实例放置在舞台窗口的上方，效果如图14-42所示。选中"大照片5"图层的第71帧，按F6键插入关键帧。

（25）分别用鼠标右键单击"大照片5"图层的第63帧、第70帧，在弹出的快捷菜单中选择"创建传统补间"命令，生成传统补间动画。选中"大照片5"图层的第70帧，在舞台窗口中选中"大照片3"实例，在按钮"属性"面板"实例名称"选项的文本框中输入d1，如图14-43所示。

图14-41

图14-42

图14-43

（26）按F9键，在弹出的"动作"面板中输入动作脚本，如图14-44所示。设置好动作脚本后，关闭"动作"面板。在"大照片5"图层的第70帧上显示出一个标记"a"。

图14-44

4．添加动作脚本

（1）在"时间轴"面板中创建新图层并将其命名为"动作脚本"。选中"动作脚本"图层的第1帧，选择"窗口 > 动作"命令，在弹出的"动作"面板中输入动作脚本，如图14-45所示。

（2）选中"动作脚本"图层的第15帧，按F6键插入关键帧。在"动作"面板中设置脚本语言，"脚本窗口"中显示的效果如图14-46所示。

（3）用鼠标右键单击"动作脚本"图层的第15帧，在弹出的菜单中选择"复制帧"命令。分别用鼠标右键单击"动作脚本"图层的第30帧、第46帧、第62帧、第78帧，在弹出的快捷菜单中选择"粘贴帧"命令，"时间轴"面板如图14-47所示。万圣节照片效果制作完成，按 Ctrl+Enter组合键即可查看效果，如图14-48所示。

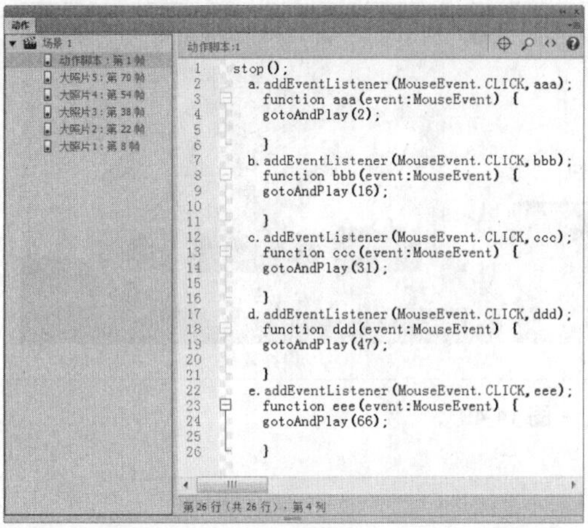

图 14-45

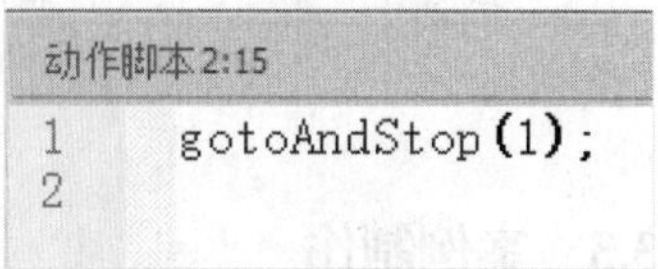

图 14-46

图 14-47

图 14-48

14.3 制作个人电子相册

14.3.1 案例分析

在我们的生活中，总会有许多的温馨时刻被相机记录下来。我们可以将这些温馨的个性照片制作成电子相册，通过创新的表现方式展现出个人的独特个性。

在设计制作过程中，背景的颜色要给人清新自然的感觉，简易的相框设计，显得大方而随意，按照顺序制作出按钮，自然地摆放在舞台窗口中，形成悠闲朴实的氛围。整个相册通过对整体氛围的营造表现出独特的个性。

本例将使用"直接复制元件"命令制作其他按钮元件；使用"属性"面板为实例添加投影效果；使用"动作"面板设置脚本语言。

14.3.2 案例设计

本案例的设计流程如图 14-49 所示。

图 14-49

14.3.3 案例制作

1．导入图片并制作按钮

（1）选择"文件 > 新建"命令，在弹出的"新建文档"对话框中选择"ActionScript 3.0"选项，单击"确定"按钮，进入新建文档舞台窗口。按 Ctrl+J 组合键，弹出"文档设置"对话框，将"舞台大小"选项设为 600 × 400 像素，单击"确定"按钮，完成舞台属性的修改。

（2）选择"文件 > 导入 > 导入到库"命令，在弹出的"导入到库"对话框中选择"Ch14 > 素材 > 制作个人电子相册 > 01 ~ 07"文件，单击"打开"按钮，文件被导入到"库"面板中，如图 14-50 所示。

（3）在"库"面板下方单击"新建元件"按钮，弹出"创建新元件"对话框，在"名称"选项的文本框中输入"图形 1"，在"类型"选项的下拉列表中选择"按钮"选项，单击"确定"按钮，新建按钮元件"图形 1"，如图 14-51 所示，舞台窗口也随之转换为图形元件的舞台窗口。

（4）选择"基本矩形"工具，在基本矩形工具"属性"面板中，将"笔触颜色"设为无，"填充颜色"设为灰色（#999999），其他选项的设置如图 14-52 所示，在舞台窗口中绘制一个圆角矩形，效果如图 14-53 所示。

（5）用鼠标右键单击"库"面板中的按钮元件"图形 1"，在弹出的快捷菜单中选择"直接复制元件"命令，在弹出的"直接复制元件"对话框中进行设置，如图 14-54 所示，单击"确定"按钮，新建图形元件"图形 2"。

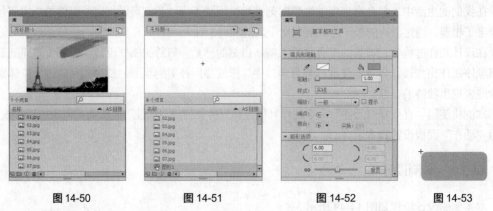

图 14-50   图 14-51   图 14-52   图 14-53

（6）在"库"面板中双击按钮元件"图形 2"，进入按钮元件的舞台窗口中。选择"选择"工具，选中舞台窗口中的灰色矩形，如图 14-55 所示。在工具箱中将"填充颜色"设为洋红色（#F04E66），效果如图 14-56 所示。

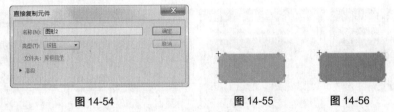

图 14-54　　　　　　　　图 14-55　　　　图 14-56

（7）用上述的方法制作按钮元件"图形 3"、"图形 4"和"图形 5"，分别将矩形的颜色设为橘色（#FF6600）、草绿色（#33CC00）和青蓝色（#0099FF），效果如图 14-57、图 14-58 和图 14-59 所示。

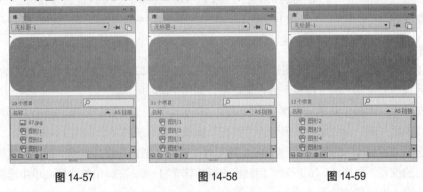

图 14-57　　　　　　　图 14-58　　　　　　　图 14-59

（8）在"库"面板中新建一个按钮元件"按钮 1"，舞台窗口也随之转换为按钮元件的舞台窗口。将"库"面板中的按钮元件"图形 1"拖曳到舞台窗口中，如图 14-60 所示。保持实例的选取状态，在按钮"属性"面板"滤镜"选项组中单击"添加滤镜"按钮，在弹出的快捷菜单中选择"投影"，将"模糊 X"和"模糊 Y"选项均设为 5，"颜色"选项设为黑色，其他选项的设置如图 14-61 所示，舞台窗口中的效果如图 14-62 所示。

（9）单击"时间轴"面板下方的"新建图层"按钮，新建"图层 2"。选择"文本"工具，在文本工具"属性"面板中进行设置，在舞台窗口中适当的位置输入大小为 24、字体为"Arial"的白色数字，文字效果如图 14-63 所示。

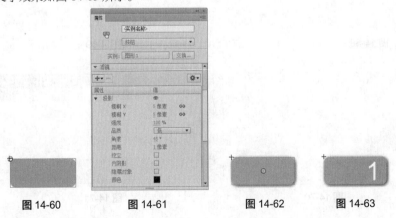

图 14-60　　　　图 14-61　　　　　　　图 14-62　　　　　图 14-63

（10）用步骤 8 ~ 步骤 9 的方法分别用"库"面板中的按钮元件"图形 2"、"图形 3"、"图形 4"和"图形 5"，制作按钮元件"按钮 2"、"按钮 3"、"按钮 4"和"按钮 5"，如图 14-64、图 14-65、图 14-66 和图 14-67 所示。

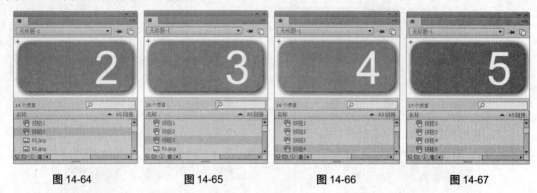

图 14-64   图 14-65   图 14-66   图 14-67

2．制作挡板动画效果

（1）在"库"面板中新建一个图形元件"挡板"，舞台窗口也随之转换为图形元件的舞台窗口。将"库"面板中的位图"07"拖曳到舞台窗口中，如图 14-68 所示。

（2）在"库"面板中新建一个影片剪辑元件"挡板动"，舞台窗口也随之转换为影片剪辑元件的舞台窗口。将"库"面板中的图形元件"挡板"拖曳到舞台窗口中，如图 14-69 所示。

（3）选中"图层 1"的第 20 帧，按 F6 键插入关键帧。在舞台窗口中将"挡板"实例水平向左拖曳到适当的位置，如图 14-70 所示。用鼠标右键单击第 1 帧，在弹出的快捷菜单中选择"创建传统补间"命令，生成传统补间动画。

（4）单击"时间轴"面板下方的"新建图层"按钮，新建"图层 2"。选中"图层 2"的第 20 帧，按 F6 键插入关键帧。按 F9 键，在弹出的"动作"面板中输入动作脚本，如图 14-71 所示。设置好动作脚本后，关闭"动作"面板。在"图层 2"的第 20 帧上显示出一个标记"a"。

图 14-68   图 14-69

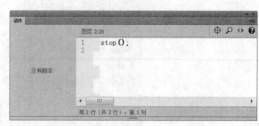

图 14-70   图 14-71

3．摆放按钮的位置

（1）单击舞台窗口左上方的"场景 1"图标  场景 1，进入"场景 1"的舞台窗口。将"图层 1"重命名为"底图"。将"库"面板中的位图"01.jpg"拖曳到舞台窗口的中心位置，如图 14-72 所示。选中"底图"图层的第 110 帧，按 F5 键插入普通帧。

（2）在"时间轴"面板中创建新图层并将其命名为"矩形块"。选择"矩形"工具 🔲，在矩形工具"属性"面板中，将"笔触颜色"设为无，"填充颜色"设为白色，"Alpha"选项设为 50%，在舞台窗口中绘制一个半透明矩形，效果如图 14-73 所示。

图 14-72

图 14-73

（3）在"时间轴"面板中创建新图层并将其命名为"按钮"。分别将"库"面板中的按钮元件"按钮 1"、"按钮 2"、"按钮 3"、"按钮 4"和"按钮 5"拖曳到舞台窗口中并放置在适当的位置，如图 14-74 所示。

（4）选择"选择"工具 ▶，选中舞台窗口中的"按钮 1"实例，在按钮"属性"面板"实例名称"选项的文本框中输入 a，如图 14-75 所示。选中舞台窗口中的"按钮 2"实例，在按钮"属性"面板"实例名称"选项的文本框中输入 b，如图 14-76 所示。

图 14-74

图 14-75

图 14-76

（5）用相同的方法将"按钮 3"、"按钮 4"和"按钮 5"实例，分别命名为 c、d 和 e，如图 14-77、图 14-78 和图 14-79 所示。

（6）在"时间轴"面板中创建新图层并将其命名为"按钮 1"。选中"按钮 1"图层的第 44 帧，按 F6 键插入关键帧。将"库"面板中的按钮元件"图形 1"拖曳到舞台窗口中，并放置在适当的位置，如图 14-80 所示。保持实例的选取状态，在按钮"属性"面板"实例名称"选项的文本框中输入 a1，如图 14-81 所示。

（7）在"时间轴"面板中创建新图层并将其命名为"按钮 2"。选中"按钮 2"图层的第 66 帧，按 F6 键插入关键帧。将"库"面板中的按钮元件"图形 2"拖曳到舞台窗口中，并放置在适当的位置。保持实例的选取状态，在按钮"属性"面板"实例名称"选项的文本框中输入 b1，如图 14-82 所示。

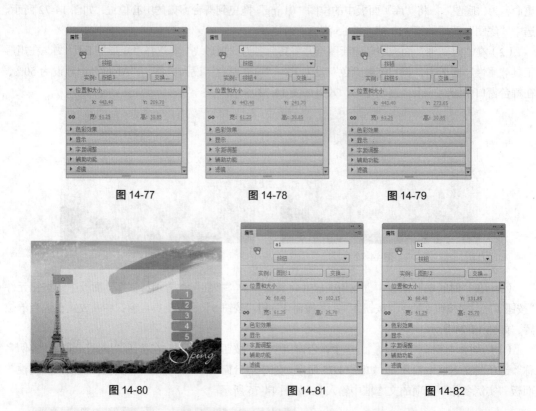

图 14-77　　　　　　　　　图 14-78　　　　　　　　　图 14-79

图 14-80　　　　　　　　　图 14-81　　　　　　　　　图 14-82

（8）在"时间轴"面板中创建新图层并将其命名为"按钮 3"。选中"按钮 3"图层的第 88 帧，按 F6 键插入关键帧。将"库"面板中的按钮元件"图形 3"拖曳到舞台窗口中，并放置在适当的位置，如图 14-83 所示。保持实例的选取状态，在按钮"属性"面板"实例名称"选项的文本框中输入 c1，如图 14-84 所示。

（9）在"时间轴"面板中创建新图层并将其命名为"按钮 4"。选中"按钮 4"图层的第 110 帧，按 F6 键插入关键帧。将"库"面板中的按钮元件"图形 4"拖曳到舞台窗口中，并放置在适当的位置。保持实例的选取状态，在按钮"属性"面板"实例名称"选项的文本框中输入 d1，如图 14-85 所示。

图 14-83　　　　　　　　　图 14-84　　　　　　　　　图 14-85

4．制作照片动画

（1）在"时间轴"面板中创建新图层并将其命名为"照片 1"。选中"照片 1"图层的第 23 帧，按 F6 键插入关键帧。选中"照片 1"图层的第 1 帧，将"库"面板中的位图"02"拖曳到舞台窗口中。在位图"属性"面板中，将"X"选项设为 100，"Y"选项设为 93，效果如图 14-86 所示。

（2）在"时间轴"面板中创建新图层并将其命名为"挡板 1"。分别选中"挡板 1"图层的第 2 帧、第 22 帧，按 F6 键插入关键帧。选中"挡板 1"图层的第 2 帧，将"库"面板中的影片剪辑元件"挡板动"拖曳到舞台窗口中。在实例"属性"面板中，将"X"选项设为 83，"Y"选项设为 93，效果如图 14-87 所示。

图 14-86　　　　　　　　　　　　　　图 14-87

（3）在"时间轴"面板中创建新图层并将其命名为"照片 2"。分别选中"照片 2"图层的第 23 帧、第 45 帧，按 F6 键插入关键帧。选中"照片 2"图层的第 23 帧，将"库"面板中的位图"03"拖曳到舞台窗口中。在位图"属性"面板中，将"X"选项设为 100，"Y"选项设为 93，效果如图 14-88 所示。

（4）在"时间轴"面板中创建新图层并将其命名为"挡板 2"。分别选中"挡板 2"图层的第 24 帧、第 44 帧，按 F6 键插入关键帧。选中"挡板 2"图层的第 24 帧，将"库"面板中的影片剪辑元件"挡板动"拖曳到舞台窗口中。在实例"属性"面板中，将"X"选项设为 83，"Y"选项设为 93，效果如图 14-89 所示。

图 14-88　　　　　　　　　　　　　　图 14-89

（5）在"时间轴"面板中创建新图层并将其命名为"照片 3"。分别选中"照片 3"图层的第 45 帧、第 67 帧，按 F6 键插入关键帧。选中"照片 3"图层的第 45 帧，将"库"面板中的位图"04"拖曳到舞台窗口中。在位图"属性"面板中，将"X"选项设为 100，"Y"选项设为 93，效果如图 14-90 所示。

（6）在"时间轴"面板中创建新图层并将其命名为"挡板 3"。分别选中"挡板 3"图层的第

46 帧、第 66 帧，按 F6 键插入关键帧。选中"挡板 3"图层的第 46 帧，将"库"面板中的影片剪辑元件"挡板动"拖曳到舞台窗口中。在实例"属性"面板中，将"X"选项设为 83，"Y"选项设为 93，效果如图 14-91 所示。

图 14-90

图 14-91

（7）在"时间轴"面板中创建新图层并将其命名为"照片 4"。分别选中"照片 4"图层的第 67 帧、第 89 帧，按 F6 键插入关键帧。选中"照片 4"图层的第 67 帧，将"库"面板中的位图"05"拖曳到舞台窗口中。在位图"属性"面板中，将"X"选项设为 100，"Y"选项设为 93，效果如图 14-92 所示。

（8）在"时间轴"面板中创建新图层并将其命名为"挡板 4"。分别选中"挡板 4"图层的第 68 帧、第 88 帧，按 F6 键插入关键帧。选中"挡板 4"图层的第 68 帧，将"库"面板中的影片剪辑元件"挡板动"拖曳到舞台窗口中。在实例"属性"面板中，将"X"选项设为 83，"Y"选项设为 93，效果如图 14-93 所示。

图 14-92

图 14-93

（9）在"时间轴"面板中创建新图层并将其命名为"照片 5"。选中"照片 5"图层的第 89 帧，按 F6 键插入关键帧。选中"照片 5"图层的第 89 帧，将"库"面板中的位图"06"拖曳到舞台窗口中。在位图"属性"面板中，将"X"选项设为 100，"Y"选项设为 93，效果如图 14-94 所示。

（10）在"时间轴"面板中创建新图层并将其命名为"挡板 5"。分别选中"挡板 5"图层的第 90 帧、第 110 帧，按 F6 键插入关键帧。选中"挡板 5"图层的第 90 帧，将"库"面板中的影片剪辑元件"挡板动"拖曳到舞台窗口中。在实例"属性"面板中，将"X"选项设为 83，"Y"选项设为 93，效果如图 14-95 所示。

| 图 14-94 | 图 14-95 |

5．添加动作脚本

（1）选中"按钮 1"图层的第 44 帧，按 F9 键，在弹出的"动作"面板中输入动作脚本，如图 14-96 所示。设置好动作脚本后，关闭"动作"面板。在"按钮 3"的第 44 帧上显示出一个标记"a"。

（2）选中"按钮 2"图层的第 66 帧，按 F9 键，在弹出的"动作"面板中输入动作脚本，如图 14-97 所示。设置好动作脚本后，关闭"动作"面板。在"按钮 4"的第 66 帧上显示出一个标记"a"。

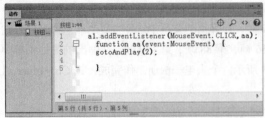
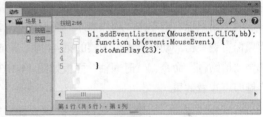

| 图 14-96 | 图 14-97 |

（3）选中"按钮 3"图层的第 88 帧，按 F9 键，在弹出的"动作"面板中输入动作脚本，如图 14-98 所示。设置好动作脚本后，关闭"动作"面板。在"按钮 3"的第 88 帧上显示出一个标记"a"。

（4）选中"按钮 4"图层的第 110 帧，按 F9 键，在弹出的"动作"面板中输入动作脚本，如图 14-99 所示。设置好动作脚本后，关闭"动作"面板。在"按钮 4"的第 110 帧上显示出一个标记"a"。

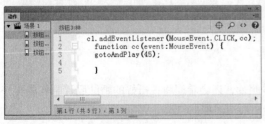
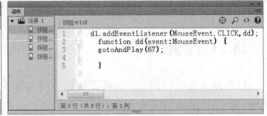

| 图 14-98 | 图 14-99 |

（5）在"时间轴"面板中创建新图层并将其命名为"动作脚本"，并放置在所有图层的上方，如图 14-100 所示。选中"动作脚本"图层的第 1 帧，按 F9 键，在弹出的"动作"面板中输入动作

脚本，如图 14-101 所示。设置好动作脚本后，关闭"动作"面板。在"动作脚本"的第 1 帧上显示出一个标记"a"。

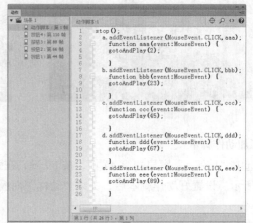

图 14-100   图 14-101

（6）选中"动作脚本"图层的第 22 帧，按 F6 键插入关键帧。在"动作"面板中设置脚本语言，"脚本窗口"中显示的效果如图 14-102 所示。

（7）用鼠标右键单击"动作脚本"图层的第 22 帧，在弹出的菜单中选择"复制帧"命令。分别用鼠标右键单击"动作脚本"图层的第 44 帧、第 66 帧、第 88 帧、第 110 帧，在弹出的快捷菜单中选择"粘贴帧"命令，"时间轴"面板如图 14-103 所示。个人电子相册制作完成，按 Ctrl+Enter 组合键即可查看效果。

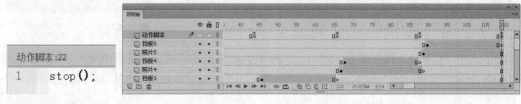

```
动作脚本:22
1    stop();
```

图 14-102   图 14-103

14.4　制作浪漫婚纱相册

14.4.1　案例分析

每对新人在举行婚礼前，都要拍摄浪漫的婚纱照片，还会希望将拍摄好的婚纱照片制作成电子相册，在婚礼的现场播放，因此婚纱相册需要制造出浪漫温馨的气氛。

在设计制作过程中，要挑选最有代表性的婚纱照片，根据照片的场景和颜色来设计摆放的顺序，选择最有意境的照片来作为背景图，通过动画来提高照片在浏览时的视觉效果。

本例将使用"文本"工具和"多角星形"工具制作浏览按钮；使用"动作"面板添加脚本语言；使用"遮罩层"命令制作照片遮罩效果。

14.4.2　案例设计

本案例的设计流程如图 14-104 所示。

图 14-104

14.4.3　案例制作

1. 导入图片制作图形元件

（1）选择"文件 > 新建"命令，在弹出的"新建文档"对话框中选择"ActionScript 3.0"选项，单击"确定"按钮，进入新建文档舞台窗口。按 Ctrl+J 组合键，弹出"文档设置"对话框，将"舞台大小"选项设为 600 × 450 像素，将"舞台颜色"选项设为灰色（#666666），单击"确定"按钮，完成舞台属性的修改。

（2）选择"文件 > 导入 > 导入到库"命令，在弹出的"导入到库"对话框中选择"Ch14 > 素材 > 制作浪漫婚纱相册 > 01 ~ 07"文件，单击"打开"按钮，文件被导入到"库"面板中，如图 14-105 所示。

（3）按 Ctrl+F8 组合键，弹出"创建新元件"对话框，在"名称"选项的文本框中输入"照片"，在"类型"选项的下拉列表中选择"图形"，单击"确定"按钮，新建图形元件"照片"，如图 14-106 所示，舞台窗口也随之转换为图形元件的舞台窗口。

图 14-105

图 14-106

（4）分别将"库"面板中的位图"02"、"03"、"04"、"05"、"06"、"07"拖曳到舞台窗口中，放置到同一高度，调出位图"属性"面板，将所有照片的"Y"选项值设为 - 60，"X"选项保持不变，如图 14-89 所示。

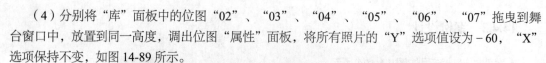

图 14-107

（5）选中所有照片，选择"修改 > 对齐 > 按宽度均匀分布"命令，效果如图 14-90 所示。

图 14-108

2．制作浏览按钮

（1）在"库"面板中新建一个按钮元件"浏览"，舞台窗口也随之转换为按钮元件的舞台窗口。选择"文本"工具 T，在文本工具"属性"面板中进行设置，在舞台窗口中适当的位置输入大小为12、字体为"方正兰亭特黑扁简体"的白色文字，文字效果如图 14-109 所示。

（2）选择"多角星形"工具，在工具箱下方选中"对象绘制"按钮，在多角星形工具"属性"面板中，将"笔触颜色"设为无，"填充颜色"设为白色，在"工具设置"选项组中单击"选项"按钮，在弹出的"工具设置"对话框中进行设置，如图 14-110 所示，单击"确定"按钮，在舞台窗口中绘制一个三角形，效果如图 14-111 所示。

（3）选择"矩形"工具，在工具箱中将"笔触颜色"设为无，"填充颜色"设为白色，在舞台窗口中绘制一个矩形，效果如图 14-112 所示。选中"图层 1"图层的"指针经过"帧，按 F6 键插入关键帧。选择"选择"工具，在舞台窗口中将文字与图形同时选取，在工具箱中将"填充颜色"设为青绿色（#66FFFF），文字与图形的颜色也随之改变为青绿色，效果如图 14-113 所示。

图 14-109　　　　　图 14-110　　　　　图 14-111

图 14-112　　　　　图 14-113

3．制作浏览照片效果

（1）单击舞台窗口左上方的"场景 1"图标 场景 1，进入"场景 1"的舞台窗口。将"图层 1"重命名为"底图"。将"库"面板中的位图"01"拖曳到舞台窗口中，并放置在与舞台中心重叠的位置，如图 14-114 所示。选中"底图"图层的第 300 帧，按 F5 键插入普通帧，如图 14-115 所示。

图 14-114　　　　　　　　　　　　　　　　图 14-115

（2）在"时间轴"面板中创建新图层并将其命名为"透明底框"。选择"窗口 > 颜色"命令，弹出"颜色"面板，将"笔触颜色"设为无，将"填充颜色"设为白色，"Alpha"选项设为 50%，如图 14-116 所示。选择"矩形"工具 ，在舞台窗口中绘制一个矩形，并将其放置到合适的位置，效果如图 14-117 所示。用相同的方法绘制多个矩形，效果如图 14-118 所示。

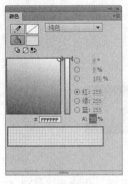

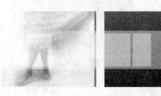

图 14-116　　　　　　　　图 14-117　　　　　　　　图 14-118

（3）在"时间轴"面板中创建新图层并将其命名为"照片"。选中"照片"图层的第 2 帧，按 F6 键插入关键帧。将"库"面板中的图形元件"照片"拖曳到舞台的左侧，如图 14-119 所示。

（4）选中"照片"图层的第 300 帧，按 F6 键插入关键帧。在舞台窗口中将"照片"实例水平向右拖曳到适当的位置，如图 14-120 所示，用鼠标右键单击"照片"图层的第 2 帧，在弹出的快捷菜单中选择"创建传统补间"命令，生成传统补间动画。

图 14-119　　　　　　　　　　　　　　　　图 14-120

（5）选中"透明底框"图层，按 Ctrl+C 组合键复制图形。在"时间轴"面板中创建新图层并将其命名为"遮罩"，并放置在"照片"图层的上方。选中"遮罩"图层的第 2 帧，按 F6 键插入关键帧。按 Ctrl+Shift+V 组合键，将复制的图形原位粘贴到"遮罩"图层的第 2 帧，效果如图 14-121 所示。

（6）用鼠标右键单击"遮罩"图层的图层名称，在弹出的快捷菜单中选择"遮罩层"命令，将

209

"遮罩"图层转换为遮罩层，"照片"图层转换为被遮罩的层，如图 14-122 所示。

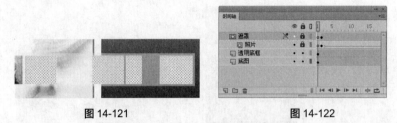

图 14-121   图 14-122

（7）在"时间轴"面板中创建新图层并将其命名为"顶层装饰框"。选择"窗口 > 颜色"命令，弹出"颜色"面板，将"笔触颜色"设为无，"填充颜色"设为橙色（#D99E44），"Alpha"选项设为100%，如图 14-123 所示，选择"矩形"工具 ，在舞台窗口中绘制一个矩形，并将其放置到合适的位置，效果如图 14-124 所示。

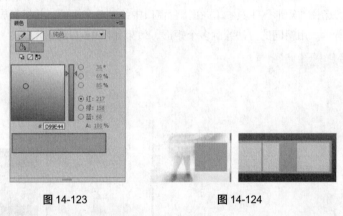

图 14-123   图 14-124

（8）在工具箱中将"填充颜色"设为白色，在舞台窗口中绘制一个矩形，并将其放置到合适的位置，效果如图 14-125 所示。用相同的方法绘制多个矩形，并放在适当的位置，效果如图 14-126 所示。

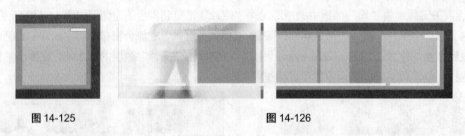

图 14-125   图 14-126

4．添加文字与动作脚本

（1）在"时间轴"面板中创建新图层并将其命名为"文字"。选择"文本"工具 T ，在文本工具"属性"面板中进行设置，在舞台窗口中适当的位置输入大小为 21、字体为"ArsisDReg"的白色英文，文字效果如图 14-127 所示。选中字母"R"，如图 14-128 所示，在文本"属性"面板中将"大小"选项设为 61，效果如图 14-129 所示。

图 14-127　　　　　　　　图 14-128　　　　　　　　图 14-129

（2）在文本工具"属性"面板中进行设置，在舞台窗口中适当的位置输入大小为 19、字体为"方正兰亭黑简体"的白色文字，文字效果如图 14-130 所示。然后在舞台窗口中输入大小为 7、字体为"方正兰亭黑简体"的白色文字，文字效果如图 14-131 所示。

图 14-130　　　　　　　　　　　　　图 14-131

（3）将"库"面板中的按钮元件"浏览"拖曳到舞台窗口中并放置在适当的位置，如图 14-132 所示。保持实例的选取状态，在按钮"属性"面板"实例名称"选项的文本框中输入 a，如图 14-133 所示。

（4）在"时间轴"面板中创建新图层并将其命名为"动作脚本"。选中"动作脚本"图层的第 1 帧，按 F9 键，在弹出的"动作"面板中输入动作脚本，如图 14-134 所示。设置好动作脚本后，关闭"动作"面板。在"动作脚本"的第 1 帧上显示出一个标记"a"。浪漫婚纱相册制作完成，按 Ctrl+Enter 组合键即可查看效果，如图 14-135 所示。

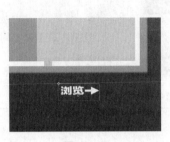

图 14-132　　　　　　　　图 14-133

211

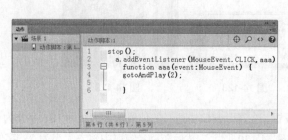

图 14-134   图 14-135

课堂练习——制作儿童电子相册

练习知识要点

使用"变形"面板，改变照片的大小；使用"属性"面板，改变照片的不透明度；使用"动作"面板，添加脚本语言，效果如图 14-136 所示。

效果所在位置

光盘/Ch14/效果/制作儿童电子相册.fla。

图 14-136

课后习题——制作旅游相册

习题知识要点

使用"按钮"元件，制作按钮效果；使用"椭圆"工具和"线条"工具，绘制关闭按钮图形；使用"动作"面板，添加动作脚本语言，效果如图 14-137 所示。

效果所在位置

光盘/Ch14/效果/制作旅游相册.fla。

图 14-137

第 15 章　广告设计

广告可以帮助企业树立品牌、拓展知名度、提高销售量。本章以多个主题的广告为例，讲解广告的设计方法和制作技巧。通过学习本章的内容，读者可以掌握广告的设计思路和制作要领，创作出完美的网络广告。

课堂学习目标	/ 了解广告的概念
	/ 了解广告的传播方式
	/ 了解广告的表现形式
	/ 掌握广告动画的设计思路
	/ 掌握广告动画的制作方法和技巧

15.1　广告设计概述

广告设计是视觉传达艺术设计的一种，其价值在于把产品载体的功能特点通过一定的方式转换成视觉元素，使之更直观地面向消费者。广告可借助的媒体很多，也是大面积、多层次展现企业或产品形象的最有力手段。广告设计奠基在广告学与设计上面，广告设计人员能代替企业、品牌、活动等为产品做广告。网络时代到来之后，网络广告其实就是最新的广告设计和表现形式，效果如图 15-1 所示。

图 15-1

15.2　制作健身舞蹈广告

15.2.1　案例分析

近年来，广大人民群众的生活水平日益提高，健康意识也深入人心，健身热潮持续升温。健身舞蹈是一种集体性健身活动形式，其编排新颖、动作简单、易于普及，已经成为现代人热衷的健身娱乐方式。健身舞蹈广告要表现出健康、时尚、积极、进取的主题。

在设计制作过程中，以蓝色的背景和彩色的圆环表现生活的多彩，以正在舞蹈的人物剪影表现出运动的生机和活力，以跃动的节奏图形和主题文字激发人们参与健身舞蹈的热情。

本例将使用"矩形"工具和"任意变形"工具制作声音条动画效果；使用"逐帧"动画，制作文字动画效果；使用"创建传统补间"命令，制作人物变色效果；使用"属性"面板，改变元件的色调。

15.2.2　案例设计

本案例的设计流程如图 15-2 所示。

图 15-2

15.2.3　案例制作

1．导入图片并制作人物动画

（1）选择"文件 > 新建"命令，在弹出的"新建文档"对话框中选择"ActionScript 3.0"选项，单击"确定"按钮，进入新建文档舞台窗口。按 Ctrl+J 组合键，弹出"文档设置"对话框，将"舞台大小"选项设为 350 × 500 像素，将"舞台颜色"选项设为青色（#00CCFF），单击"确定"按钮，完成舞台属性的修改。

（2）选择"文件 > 导入 > 导入到库"命令，在弹出的"导入到库"对话框中选择"Ch15 > 素材 > 制作健身舞蹈广告 > 01 ~ 06"文件，单击"打开"按钮，文件被导入到"库"面板中，如图 15-3 所示。

（3）在"库"面板中新建一个图形元件"人物 1"，舞台窗口也随之转换为图形元件的舞台窗口。将"库"面板中的位图"04"拖曳到舞台窗口中，如图 15-4 所示。用相同的方法将"库"面板中的位图"05"制作成图形元件"人物 2"，如图 15-5 所示。

图 15-3   图 15-4   图 15-5

（4）在"库"面板中新建一个影片剪辑元件"人物动"，舞台窗口也随之转换为影片剪辑元件的舞台窗口。将"库"面板中的图形元件"人物 1"拖曳到舞台窗口左侧，如图 15-6 所示。单击"时间轴"面板下方的"新建图层"按钮 ，新建"图层 2"。将"库"面板中的图形"人物 2"拖曳到舞台窗口右侧，如图 15-7 所示。

（5）分别选中"图层 1"、"图层 2"的第 10 帧，按 F6 键插入关键帧，在舞台窗口中选中对应的人物，按住 Shift 键，分别将其向舞台中心水平拖曳，效果如图 15-8 所示。

 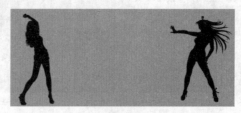 

图 15-6   图 15-7   图 15-8

（6）分别用鼠标右键单击"图层 1"、"图层 2"的第 1 帧，在弹出的快捷菜单中选择"创建传统补间"命令，生成传统补间动画，如图 15-9 所示。

（7）分别选中"图层 1"、"图层 2"的第 40 帧，按 F5 键插入普通帧。分别选中"图层 1"的第 16、17 帧，按 F6 键插入关键帧。

（8）选中"图层 1"图层的第 16 帧，在舞台窗口中选中"人物 1"实例，在图形"属性"面板中选择"色彩效果"选项组，在"样式"选项下拉列表中选择"色调"，各选项的设置如图 15-10 所示，舞台窗口中的效果如图 15-11 所示。

图 15-9   图 15-10   图 15-11

（9）选中"图层 1"图层的第 16 帧和第 17 帧，用鼠标右键单击被选中的帧，在弹出的快捷菜单中选择"复制帧"命令，将其复制。用鼠标右键单击"图层 1"的第 21 帧，在弹出的快捷菜单中选择"粘贴帧"命令，将复制过的帧粘贴到第 21 帧中。

（10）分别选中"图层 2"图层的第 15、16 帧，按 F6 键插入关键帧。选中"图层 2"的第 15 帧，在舞台窗口中选中"人物 2"实例，用步骤 8 中的方法对其进行同样的操作，效果如图 15-12 所示。选中"图层 2"的第 15 帧和第 16 帧，将其复制，并粘贴到"图层 2"的第 20 帧中，如图 15-13 所示。

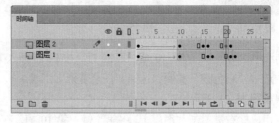

图 15-12　　　　　　　　　　　　　　图 15-13

2．制作影片剪辑元件

（1）在"库"面板中新建一个影片剪辑元件"声音条"，舞台窗口也随之转换为影片剪辑元件的舞台窗口。选择"矩形"工具，在工具箱中将"笔触颜色"设为无，"填充颜色"设为白色，在舞台窗口中竖直绘制多个矩形，选中所有矩形，选择"窗口 > 对齐"命令，弹出"对齐"面板，单击"底对齐"按钮，将所有矩形底对齐，效果如图 15-14 所示。

（2）选中"图层 1"的第 8 帧，按 F5 键插入普通帧。分别选中"图层 1"的第 3 帧、第 5 帧、第 7 帧，按 F6 键，插入关键帧。选中"图层 1"的第 3 帧，选择"任意变形"工具，在舞台窗口中随机改变各矩形的高度，保持底对齐。用上述方法分别对"图层 1"的第 5 帧、第 7 帧所对应舞台窗口中的矩形进行操作。

（3）在"库"面板中新建一个影片剪辑元件"文字"，舞台窗口也随之转换为影片剪辑元件的舞台窗口。将"库"面板中的位图"03"拖曳到舞台窗口中，如图 15-15 所示。选中"图层 1"的第 6 帧，按 F5 键，插入普通帧。

（4）单击"时间轴"面板下方的"新建图层"按钮，新建"图层 2"。选择"文本"工具，在文本工具"属性"面板中进行设置，在舞台窗口中适当的位置输入大小为 22、字体为"方正兰亭粗黑简体"的白色文字，文字效果如图 15-16 所示。

（5）选中文字，按两次 Ctrl+B 组合键，将其打散。选择"任意变形"工具，单击工具箱下方的"扭曲"按钮，拖动控制点将文字变形，并放置到合适的位置，效果如图 15-17 所示。

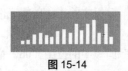

图 15-14　　　　　　图 15-15　　　　　　图 15-16　　　　　　图 15-17

（6）选中"图层 2"的第 4 帧，按 F6 键插入关键帧。在工具箱中将"填充颜色"设为青绿色（#00FFFF），舞台窗口中的效果如图 15-18 所示。

（7）在"库"面板中新建一个影片剪辑元件"圆动"，舞台窗口也随之转换为影片剪辑元件的舞台窗口。将"库"面板中的位图"02"拖曳到舞台窗口中，如图 15-19 所示。保持图像的选取状态，按 F8 键，在弹出的"转换为元件"对话框中进行设置，如图15-20 所示，单击"确定"按钮，将图像转换为图形元件。

图 15-18

图 15-19

图 15-20

（8）分别选中"图层 1"的第 10 帧、第 20 帧，按 F6 键插入关键帧。选中"图层 1"的第 10 帧，在舞台窗口中选中"彩色圆"实例，选择"任意变形"工具，按住 Shift 键拖动控制点，将其等比放大，效果如图 15-21 所示。

（9）分别用鼠标右键单击"图层 1"的第 1 帧、第 10 帧，在弹出的快捷菜单中选择"创建传统补间"命令，生成传统补间动画，如图 15-22 所示。

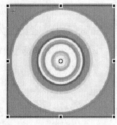

图 15-21

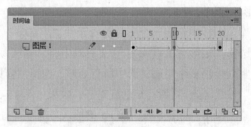

图 15-22

3．制作动画效果

（1）单击舞台窗口左上方的"场景 1"图标 场景1，进入"场景 1"的舞台窗口。将"图层 1"重命名为"底图"。将"库"面板中的位图"01"拖曳到舞台窗口中，效果如图 15-23 所示。

（2）在"时间轴"面板中创建新图层并将其命名为"圆"。将"库"面板中的影片简介元件"圆动"向舞台窗口中拖曳 3 次，选择"任意变形"工具，按需要分别调整"圆动"实例的大小，并放置到合适的位置，如图 15-24 所示。

（3）在"时间轴"面板中创建新图层并将其命名为"文字"。将"库"面板中的影片剪辑元件"文字"拖曳到舞台窗口中，效果如图 15-25 所示。

（4）在"时间轴"面板中创建新图层并将其命名为"声音条"。将"库"面板中的影片剪辑元件"声音条"拖曳到舞台窗口中，调整其大小并放置到适当的位置，效果如图 15-26 所示。

（5）在"时间轴"面板中创建新图层并将其命名为"人物"。将"库"面板中的影片剪辑元件"人物动"拖曳到舞台窗口中并放置在适当的位置，如图 15-27 所示。

（6）在"时间轴"面板中创建新图层并将其命名为"装饰"。将"库"面板中的位图"06"拖曳到舞台窗口中并放置在适当的位置，如图 15-28 所示。健身舞蹈广告制作完成，按 Ctrl+Enter 组合键即可查看效果。

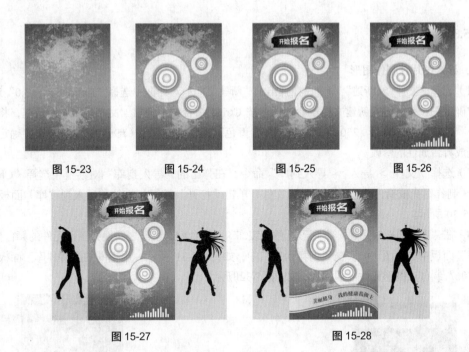

图 15-23　　　　　图 15-24　　　　　图 15-25　　　　　图 15-26

图 15-27　　　　　　　　　　图 15-28

15.3　制作时尚戒指广告

15.3.1　案例分析

戒指现在已经成为时尚和爱情的象征物品，它既是时尚人士最喜爱的装饰品，也是情侣们的定情物。戒指广告要表现出戒指产品的尊贵奢华、时尚典雅，营造出温馨浪漫的氛围。

在设计制作过程中，通过玫红色的丝光背景效果营造出华贵的气氛；通过飘带动画表现出潮流的感觉；绘制高光的戒指来突出产品的形象及特点；添加广告文字明示广告产品的定位。

本例将使用"钢笔"工具，绘制飘带图形并制作动画效果；使用"铅笔"工具和"颜色"面板，制作戒指的高光图形；使用"文本"工具，添加广告语。

15.3.2　案例设计

本案例的设计流程如图 15-29 所示。

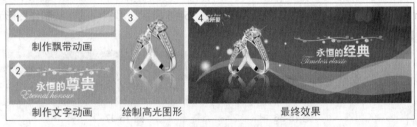

图 15-29

15.3.3 案例制作

1．导入图片并制作图形

（1）选择"文件 > 新建"命令，在弹出的"新建文档"对话框中选择"ActionScript 3.0"选项，单击"确定"按钮，进入新建文档舞台窗口。按 Ctrl+J 组合键，弹出"文档设置"对话框，将"舞台大小"选项设为 600 × 250 像素，将"舞台颜色"选项设为灰色（#999999），单击"确定"按钮，完成舞台属性的修改。

（2）选择"文件 > 导入 > 导入到库"命令，在弹出的"导入到库"对话框中选择"Ch15 > 素材 > 制作时尚戒指广告 > 01 ~ 06"文件，单击"打开"按钮，文件被导入到"库"面板中，如图 15-30 所示。

（3）在"库"面板中新建一个图形元件"装饰"，舞台窗口也随之转换为图形元件的舞台窗口。将"库"面板中的位图"05"拖曳到舞台窗口中，如图 15-31 所示。用相同的方将"库"面板中的位图"06"制作成图形元件"星星"，如图 15-32 所示。

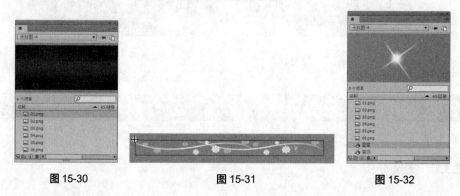

图 15-30　　　　　　　　图 15-31　　　　　　　　图 15-32

（4）在"库"面板中新建一个图形元件"文字 1"，舞台窗口也随之转换为图形元件的舞台窗口。选择"文本"工具 T ，在文本工具"属性"面板中进行设置，在舞台窗口中适当的位置输入大小为 24、字体为"方正兰亭粗黑简体"的白色文字，文字效果如图 15-33 所示。

（5）选中文字"经典"，如图 15-34 所示，在文本"属性"面板中将"大小"选项设为 36，效果如图 15-35 所示。

图 15-33　　　　　　　　图 15-34　　　　　　　　图 15-35

（6）在文本工具"属性"面板中进行设置，在舞台窗口中适当的位置输入大小为 30、字体为"Edwardian Script ITC"的白色英文，文字效果如图 15-36 所示。用相同的方法制作图形元件"文字 2"，如图 15-37 所示。

图 15-36　　　　　　　　图 15-37

2．绘制飘带图形并制作动画效果

（1）在"库"面板中新建一个影片剪辑元件"飘带动"，舞台窗口也随之转换为影片剪辑元件的舞台窗口。选择"钢笔"工具 ，在工具箱中将"笔触颜色"设为白色。在背景的左侧用鼠标单击，创建第 1 个锚点，如图 15-38 所示，在背景的上方再次单击鼠标，创建第 2 个锚点，将鼠标按住不放并向右拖曳到适当的位置，将直线转换为曲线，效果如图 15-39 所示。用相同的方法，应用"钢笔"工具 绘制出飘带的外边线，取消选取状态，效果如图 15-40 所示。

| 图 15-38 | 图 15-39 | 图 15-40 |

（2）选择"窗口 > 颜色"命令，弹出"颜色"面板，单击"填充颜色"按钮 ，将"填充颜色"设为白色，将"Alpha"选项设为 30%，如图 15-41 所示。

（3）选择"颜料桶"工具 ，在飘带外边线的内部单击鼠标，填充透明色，效果如图 15-42 所示。选择"选择"工具 ，在飘带的外边线上双击鼠标，选中所有的边线，按 Delete 键删除边线，效果如图 15-43 所示。

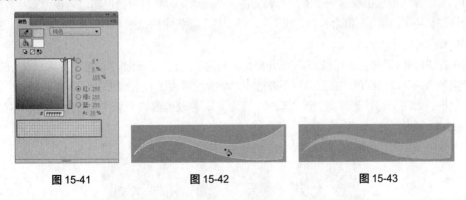

| 图 15-41 | 图 15-42 | 图 15-43 |

（4）单击"时间轴"面板下方的"新建图层"按钮 ，新建图层"图层 2"。用步骤 1 ~ 步骤 3 的方法在"图层 2"中再绘制一条飘带，效果如图 15-44 所示。

（5）分别选中"图层 1"、"图层 2"的第 50 帧，按 F6 键插入关键帧。选中"图层 1"的第 20 帧，按 F6 键插入关键帧，选择"任意变形"工具 ，在工具箱下方选中"封套"按钮 。此时，飘带图形的周围出现控制点，效果如图 15-45 所示。

| 图 15-44 | 图 15-45 |

（6）拖曳控制点来改变飘带的弧度，效果如图 15-46 所示。选择"选择"工具 ，在飘带图形的外部单击鼠标，取消对飘带图形的选取，效果如图 15-47 所示。

（7）选中"图层 2"的第 30 帧，插入关键帧，用步骤 5 ~ 步骤 6 的方法来改变"图层 2"的第

30 帧时飘带的弧度，效果如图 15-48 所示。

图 15-46　　　　　　　　图 15-47　　　　　　　　图 15-48

（8）分别用鼠标右键单击"图层 1"的第 1 帧、第 20 帧，在弹出的快捷菜单中选择"创建补间形状"命令，生成形状补间动画。用相同的方法对"图层 2"的第 1 帧、第 30 帧创建形状补间动画，如图 15-49 所示。

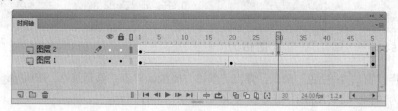

图 15-49

3．制作高光动画

（1）在"库"面板中新建一个影片剪辑元件"高光动"，舞台窗口也随之转换为影片剪辑元件的舞台窗口。将"图层 1"重命名为"戒指"。将"库"面板中的位图"03"拖曳到舞台窗口中，如图 15-50 所示。

（2）在"时间轴"面板中创建新图层并将其命名为"高光"。选择"铅笔"工具 ，在工具箱中将"笔触颜色"设为红色，在工具箱下方选中"平滑"模式 。沿着戒指的表面绘制一个闭合的月牙状边框，如图 15-51 所示。选择"选择"工具 ，修改边框的平滑度。删除"戒指"图层，效果如图 15-52 所示。

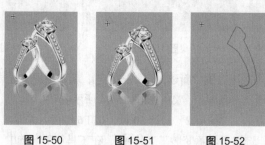

图 15-50　　　　图 15-51　　　　图 15-52

（3）选择"颜料桶"工具 ，在工具箱中将"填充颜色"设为白色，在边框的内部单击鼠标，将边框内部填充为白色。选择"选择"工具 ，用鼠标双击红色的边框，将边框全选，按 Delete 键删除边框，效果如图 15-53 所示。

（4）在"颜色"面板中，将"笔触颜色"设为无，单击"填充颜色"按钮 ，在"颜色类型"选项下拉列表中选择"线性渐变"，在色带上单击鼠标，创建一个新的控制点。将第 1 个控制点设为白色，其"Alpha"选项设为 0%；将第 2 个控制点设为白色并放置在色带的中间；将第 3 个控制点设为白色，其"Alpha"选项设为 0%，如图 15-54 所示，生成渐变色。

（5）选择"颜料桶"工具 ，在月牙图形中从上方向下方拖曳渐变色，如图 15-55 所示，然后松开鼠标，渐变色显示在月牙图形的上半部，效果如图 15-56 所示。

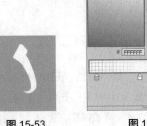

图 15-53　　　　　图 15-54　　　　　图 15-55　　　　图 15-56

（6）选中"高光"图层的第 50 帧，按 F6 键插入关键帧。选中"高光"图层的第 60 帧，按 F5 键，插入普通帧。选中"高光"图层的第 51 帧，按 F7 键插入空白关键帧。

（7）选中"高光"图层的第 50 帧，选择"渐变变形"工具 ，在舞台窗口中单击渐变色，出现控制点和控制线，如图 15-57 所示。

（8）将鼠标放在外侧圆形的控制点上，光标变为环绕形箭头，向右下方拖曳控制点，改变渐变色的位置及倾斜度，如图 15-58 所示。将鼠标放在中心控制点的上方，光标变为十字形箭头，拖曳中心控制点，将渐变色向下拖曳，直到渐变色显示在图形的下半部，效果如图 15-59 所示。

（9）用鼠标右键单击"高光"图层的第 1 帧，在弹出的快捷菜单中选择"创建形状补间"命令，生成形状补间动画，如图 15-60 所示。

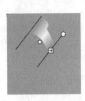

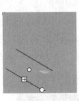
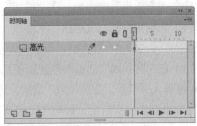

图 15-57　　　　图 15-58　　　　图 15-59　　　　图 15-60

4．制作星星动画

（1）在"库"面板中新建一个影片剪辑元件"星星动"，舞台窗口也随之转换为影片剪辑元件的舞台窗口。将"库"面板中的图形元件"星星"拖曳到舞台窗口中，如图 15-61 所示。

（2）分别选中"图层 1"的第 15 帧、第 30 帧，按 F6 键插入关键帧。选中"图层 1"的第 15 帧，选中舞台窗口中的"星星"实例，在图形"属性"面板中选择"色彩效果"选项组，在"样式"选项的下拉列表中选择"Alpha"，将其值设为 0 %。

（3）分别用鼠标右键单击"图层 1"的第 1 帧、第 15 帧，在弹出的快捷菜单中选择"创建传统补间"命令，生成动作补间动画，如图 15-62 所示。

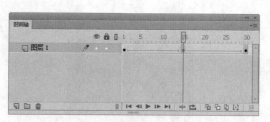

图 15-61   图 15-62

5．制作文字动画

（1）在"库"面板中新建一个影片剪辑元件"文字动"，舞台窗口也随之转换为影片剪辑元件的舞台窗口。将"图层 1"重命名为"文字 2"。将"库"面板中的图形元件"文字 2"拖曳到舞台窗口中，如图 15-63 所示。分别选中"文字 2"图层的第 20 帧、第 55 帧、第 66 帧，按 F6 键插入关键帧。

（2）选中"文字 2"图层的第 1 帧，在舞台窗口中将"文字 2"实例水平向右拖曳到适当的位置，如图 15-64 所示。在图形"属性"面板中选择"色彩效果"选项组，在"样式"选项的下拉列表中选择"Alpha"，将其值设为 0%。

图 15-63   图 15-64

（3）选中"文字 2"图层的第 66 帧，选中舞台窗口中的"文字 2"实例，在图形"属性"面板中选择"色彩效果"选项组，在"样式"选项的下拉列表中选择"Alpha"，将其值设为 0%。

（4）分别用鼠标右键单击"文字 2"图层的第 1 帧、第 55 帧，在弹出的快捷菜单中选择"创建传统补间"命令，生成传统补间动画。

（5）在"时间轴"面板中创建新图层并将其命名为"文字 1"。选中"文字 1"图层的第 66 帧，按 F6 键插入关键帧，如图 15-65 所示。选中"文字 1"图层的第 66 帧，将"库"面板中的元件"文字 1"拖曳到舞台窗口中，并与"文字 2"图层中的文字相互重叠，如图 15-66 所示。

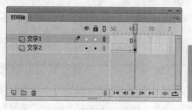

图 15-65   图 15-66

（6）分别选中"文字 1"图层的第 85 帧、第 120 帧、第 130 帧，按 F6 键插入关键帧。选中"文字 1"图层的第 66 帧，在舞台窗口中将"文字 1"实例水平向右拖曳到适当的位置，如图 15-67 所示，在图形"属性"面板中选择"色彩效果"选项组，在"样式"选项的下拉列表中选择"Alpha"，将其值设为 0%。

（7）选中"文字 1"图层的第 130 帧，选中舞台窗口中的"文字 1"实例，在图形"属性"面板中选择"色彩效果"选项组，在"样式"选项的下拉列表中选择"Alpha"，将其值设为 0%。分别用鼠标右键单击"文字 1"图层的第 66 帧、第 120 帧,在弹出的快捷菜单中选择"创建传统补间"命令,生成传统补间动画。

(8)在"时间轴"面板中创建新图层并将其命名为"装饰"。选中"装饰"图层的第 10 帧,按 F6 键,插入关键帧。将"库"面板中的图形元件"装饰"拖曳到舞台窗口中,如图 15-68 所示。分别选中"装饰"图层的第 20 帧、第 55 帧、第 66 帧、第 76 帧、第 85 帧、第 120 帧、第 130 帧,按 F6 键,插入关键帧。

图 15-67　　　　　　　　　　　　　　图 15-68

(9)选中"装饰"图层的第 10 帧,选中舞台窗口中的"装饰"实例,在图形"属性"面板中选择"色彩效果"选项组,在"样式"选项的下拉列表中选择"Alpha",将其值设为 0%。用相同的方法设置"装饰"图层的第 66 帧、第 76 帧、第 130 帧。

(10)分别用鼠标右键单击"装饰"图层的第 10 帧、第 55 帧、第 66 帧、第 76 帧、第 120 帧,在弹出的快捷菜单中选择"创建传统补间"命令,生成传统补间动画,如图 15-69 所示。

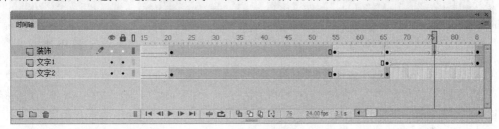

图 15-69

6.在场景中确定元件的位置

(1)单击舞台窗口左上方的"场景 1"图标 <u>场景 1</u>,进入"场景 1"的舞台窗口。将"图层 1"重命名为"底图"。将"库"面板中的位图"01"拖曳到舞台窗口中,并放置在与舞台中心重叠的位置,如图 15-70 所示。将"库"面板中的位图"02"拖曳到舞台窗口中,并放置在适当的位置,如图 15-71 所示。

图 15-70　　　　　　　　　　　　　　图 15-71

(2)在"时间轴"面板中创建新图层并将其命名为"飘带"。将"库"面板中的影片剪辑元件"飘带动"拖曳到舞台窗口中,并放置在适当的位置,如图 15-72 所示。

(3)在"时间轴"面板中创建新图层并将其命名为"戒指"。将"库"面板中的位图"04"拖曳到舞台窗口中,将其放置在底图的左侧,如图 15-73 所示。

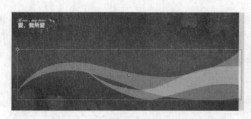

图 15-72   图 15-73

（4）将"库"面板中的位图"03"拖曳到舞台窗口中，并放置在适当的位置，如图 15-74 所示。在"时间轴"面板中创建新图层并将其命名为"高光"。将"库"面板中的影片剪辑元件"高光动"拖曳到舞台窗口中，将其放置在戒指上，如图 15-75 所示。再次拖曳"库"面板中的影片剪辑元件"高光动"到舞台窗口，选择"修改 > 变形 > 水平翻转"命令，实例水平翻转。选择"任意变形"工具 ▦，将其调整到合适的大小，并放置到合适的位置，如图 15-76 所示。

图 15-74   图 15-75   图 15-76

（5）在"时间轴"面板中创建新图层并将其命名为"星星"。将"库"面板中的影片剪辑元件"星星动"拖曳到舞台窗口中，将其放置在戒指的钻石上，如图 15-77 所示。按住 Alt 键，用鼠标将"星星动"实例向另一个戒指上拖曳，将实例进行复制，调出"变形"面板，在面板中进行设置，如图 15-78 所示，"星星动"实例缩小，效果如图 15-79 所示。

图 15-77   图 15-78   图 15-79

（6）在"时间轴"面板中创建新图层并将其命名为"文字"。将"库"面板中的影片剪辑元件"文字动"拖曳到舞台窗口中，将其放置在底图的右侧，如图 15-80 所示。（由于影片剪辑元件"文字动"中的第 1 帧为透明文字，所以此时只能显示出实例的选中框。）时尚戒指广告制作完成，按 Ctrl+Enter 组合键即可查看效果，效果如图 17-81 所示。

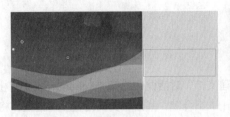

图 15-80　　　　　　　　　　　　　　　　　图 15-81

15.4　制作手机广告

15.4.1　案例分析

手机是现代人通讯生活的必需品，人们对其技术和创新的要求越来越高，使得商家在推出新款手机时面临的竞争也就越来越大，本例将设计制作手机广告，希望借助网络和广告动画的形式表现出手机产品的创新和独特。

在设计制作过程中，使用黑色底搭配粉色的光束制作出具有空间感和诱惑感的背景；手机产品放置在重要位置，突出对产品的展示，字体的色彩搭配与背景相得益彰，可以起到醒目强化的效果，达到了宣传的目的。

本例将使用"遮罩层"命令，制作遮罩动画效果；使用"矩形"工具和"颜色"面板，制作渐变矩形；使用"动作"面板，设置脚本语言；在制作过程中，要处理好遮罩图形，并准确设置脚本语言。

15.4.2　案例设计

本案例的设计流程如图 15-82 所示。

图 15-82

227

15.4.3 案例制作

1．导入图片并制作图形元件

（1）选择"文件 > 新建"命令，在弹出的"新建文档"对话框中选择"ActionScript 3.0"选项，单击"确定"按钮，进入新建文档舞台窗口。按 Ctrl+J 组合键，弹出"文档设置"对话框，将"舞台大小"选项设为 800 × 251 像素，将"舞台颜色"选项设为灰色（#999999），单击"确定"按钮，完成舞台属性的修改。

（2）选择"文件 > 导入 > 导入到库"命令，在弹出的"导入到库"对话框中选择"Ch15 > 素材 > 制作手机广告 > 01 ~ 04"文件，单击"打开"按钮，文件被导入到"库"面板中，如图 15-83 所示。

（3）在"库"面板中新建一个图形元件"手机"，舞台窗口也随之转换为图形元件的舞台窗口。将"库"面板中的位图"03"拖曳到舞台窗口中，如图 15-84 所示。用相同的方法将"库"面板中的位图"01"制作成图形元件"底图"，"库"面板如图 15-85 所示。

图 15-83 　　　　　 图 15-84 　　　　　 图 15-85

（4）在"库"面板中新建一个图形元件"渐变色"，舞台窗口也随之转换为图形元件的舞台窗口。选择"窗口 > 颜色"命令，弹出"颜色"面板，将"笔触颜色"设为无，单击"填充颜色"按钮，在"颜色类型"选项下拉列表中选择"线性渐变"，在色带上设置 3 个控制点，选中色带上两侧的控制点，将其设为白色，在"Alpha"选项中将其不透明度设为 0%，选中色带中间的控制点，将其设为白色，生成渐变色，如图 15-86 所示。

（5）选择"矩形"工具，在舞台窗口中绘制 1 个矩形，效果如图 15-87 所示。在"库"面板中新建一个图形元件"标志"，舞台窗口也随之转换为图形元件的舞台窗口。将"库"面板中的位图"04"拖曳到舞台窗口中，如图 15-88 所示。

（6）单击"时间轴"面板下方的"新建图层"按钮，新建"图层 2"。选择"文本"工具 T，在文本工具"属性"面板中进行设置，在舞台窗口中适当的位置输入大小为 16、字体为"方正粗黑繁体"的白色文字，文字效果如图 15-89 所示。

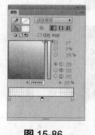  

图 15-86 　　 图 15-87 　　 图 15-88 　　 图 15-89

（7）在"库"面板中新建一个图形元件"文字 1"，舞台窗口也随之转换为图形元件的舞台窗口。选择"文本"工具 ，在文本工具"属性"面板中进行设置，在舞台窗口中适当的位置输入大小为 22、字体为"方正准圆简体"的白色文字，文字效果如图 15-90 所示。再次在舞台窗口中输入大小为 53、字体为"方正字迹-张颢硬笔楷书"的白色文字，文字效果如图 15-90 所示。

图 15-90   图 15-91

（8）在"库"面板中新建一个图形元件"文字 2"，舞台窗口也随之转换为图形元件的舞台窗口。在文本工具"属性"面板中进行设置，在舞台窗口中适当的位置输入大小为 25、字体为"方正准圆简体"的青蓝色（#0099FF）文字，文字效果如图 15-92 所示。再次在舞台窗口中输入大小为 16、字体为"方正准圆简体"的青蓝色（#0099FF）英文，文字效果如图 15-93 所示。

图 15-92   图 15-93

2．制作标志动画

（1）在"库"面板中新建一个影片剪辑元件"标志动"，舞台窗口也随之转换为影片剪辑元件的舞台窗口。将"库"面板中的图形元件"标志"拖曳到舞台窗口中，如图 15-94 所示。分别选中"图层 1"的第 15 帧、第 30 帧，按 F6 键插入关键帧。

（2）选中"图层 1"的第 15 帧，在舞台窗口中选中"标志"实例，按 Ctrl+T 组合键，在弹出的"变形"面板中进行设置，如图 15-95 所示，按 Enter 键确认变形，效果如图 15-96 所示。

图 15-94   图 15-95   图 15-96

（3）分别用鼠标右键单击"图层 1"的第 1 帧、第 15 帧，在弹出的快捷菜单中选择"创建传统补间"命令，生成传统补间动画。将"舞台颜色"选项设为青蓝色（#0099FF）。

3．制作轮廓动画

（1）单击舞台窗口左上方的"场景 1"图标 ，进入"场景 1"的舞台窗口。将"图层 1"重命名为"轮廓"。将"库"面板中的图形元件"02"拖曳到舞台窗口中，并放置在舞台窗口的左侧，如图 15-97 所示。按多次 Ctrl+B 组合键将其打散，如图 15-98 所示。

229

图 15-97

图 15-98

（2）选中"轮廓"图层的第40帧，按F5键插入普通帧。在"时间轴"面板中创建新图层并将其命名为"渐变"，将"渐变"图层拖曳到"轮廓"图层的下方，如图 15-99 所示。将"库"面板中的图形元件"渐变色"拖曳到舞台窗口，并放置在适当的位置，如图 15-100 所示。

图 15-99

图 15-100

（3）分别选中"渐变"图层的第10帧、第20帧、第30帧、第40帧，按F6键插入关键帧，如图 15-101 所示。选中"渐变"图层的第10帧，在舞台窗口中将"渐变色"实例水平向右拖曳到适当的位置，如图 15-102 所示。

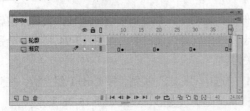
图 15-101

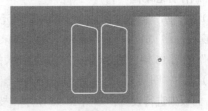
图 15-102

（4）用相同的方法设置"渐变"图层的第30帧。分别用鼠标右键单击"渐变"图层的第1帧、第10帧、第20帧、第30帧，在弹出的快捷菜单中选择"创建传统补间"命令，生成传统补间动画，如图 15-103 所示。

（5）用鼠标右键单击"轮廓"图层的图层名称，在弹出的快捷菜单中选择"遮罩层"命令，将"轮廓"图层转换为遮罩层，"渐变"图层转为被遮罩的层，如图 15-104 所示。

图 15-103

图 15-104

4．制作场景动画

（1）在"时间轴"面板中创建新图层并将其命名为"底图"。选中"底图"图层的第40帧，按F6键插入关键帧。将"库"面板中的图形元件"底图"拖曳到舞台窗口中，并放置在与舞台中心重叠的位置，如图 15-105 所示。

（2）选中"底图"图层的第 50 帧，按 F6 键插入关键帧，选中第 85 帧，按 F5 键，插入普通帧。选中"底图"图层的第 40 帧，在舞台窗口中选中"底图"实例，在图形"属性"面板中选择"色彩效果"选项组，在"样式"选项的下拉列表中选择"Alpha"，将其值设为 0%。

（3）用鼠标右键单击"底图"图层的第 40 帧，在弹出的快捷菜单中选择"创建传统补间"命令，生成传统补间动画，如图 15-106 所示。

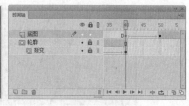

图 15-105   图 15-106

（4）在"时间轴"面板中创建新图层并将其命名为"手机"。选中"手机"图层的第 40 帧，按 F6 键插入关键帧。将"库"面板中的图形元件"手机"拖曳到舞台窗口中，并放置在轮廓中，如图 15-107 所示。

（5）选中"手机"图层的第 50 帧，按 F6 键插入关键帧。选中"手机"图层的第 40 帧，在舞台窗口中选中"手机"实例，在图形"属性"面板中选择"色彩效果"选项组，在"样式"选项的下拉列表中选择"Alpha"，将其值设为 0%。

（6）用鼠标右键单击"手机"图层的第 40 帧，在弹出的快捷菜单中选择"创建传统补间"命令，生成传统补间动画，如图 15-108 所示。

图 15-107   图 15-108

（7）在"时间轴"面板中创建新图层并将其命名为"文字 1"。选中"文字 1"图层的第 50 帧，按 F6 键插入关键帧。将"库"面板中的图形元件"文字 1"拖曳到舞台窗口中，并放置在适当的位置，如图 15-109 所示。

（8）选中"文字 1"图层的第 70 帧，按 F6 键插入关键帧。选中"文字 1"图层的第 50 帧，在舞台窗口中将"文字 1"实例垂直向上拖曳到适当的位置，如图 15-110 所示。用鼠标右键单击"文字 1"图层的第 50 帧，在弹出的快捷菜单中选择"创建传统补间"命令，生成传统补间动画。

图 15-109   图 15-110

（9）在"时间轴"面板中创建新图层并将其命名为"文字2"。选中"文字2"图层的第50帧，按F6键插入关键帧。将"库"面板中的图形元件"文字2"拖曳到舞台窗口中，并放置在适当的位置，如图15-111所示。

（10）选中"文字2"图层的第70帧，按F6键插入关键帧。选中"文字2"图层的第50帧，在舞台窗口中将"文字2"实例垂直向下拖曳到适当的位置，如图15-112所示。用鼠标右键单击"文字2"图层的第50帧，在弹出的快捷菜单中选择"创建传统补间"命令，生成传统补间动画。

图15-111　　　　　　　　　　　　　　　图15-112

（11）在"时间轴"面板中创建新图层并将其命名为"标志"。选中"标志"图层的第70帧，按F6键插入关键帧。将"库"面板中的影片剪辑元件"标志动"拖曳到舞台窗口中，并放置在适当的位置，如图15-113所示。

（12）选中"标志"图层的第85帧，按F6键插入关键帧。选中"标志"图层的第70帧，在舞台窗口中将"标志动"实例水平向右拖曳到适当的位置，如图15-114所示。在图形"属性"面板中选择"色彩效果"选项组，在"样式"选项的下拉列表中选择"Alpha"，将其值设为0%。

（13）用鼠标右键单击"标志"图层的第70帧，在弹出的快捷菜单中选择"创建传统补间"命令，生成传统补间动画。

图15-113　　　　　　　　　　　　　　　图15-114

（14）在"时间轴"面板中创建新图层并将其命名为"动作脚本"。选中"动作脚本"图层的第85帧，按F6键插入关键帧。按F9键，在弹出的"动作"面板中输入动作脚本，如图15-115所示。设置好动作脚本后，关闭"动作"面板。在"动作脚本"的第85帧上显示出一个标记"a"。手机广告制作完成，按Ctrl+Enter组合键即可查看效果。

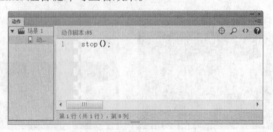

图15-115

课堂练习——制作电子商务广告

练习知识要点

使用"矩形"工具和"颜色"面板，绘制渐变矩形；使用"文本"工具，添加标题文字；使用"创建传统补间"命令，制作补间动画，效果如图 15-116 所示。

效果所在位置

光盘/Ch15/效果/制作电子商务光告.fla。

图 15-116

课后习题——制作音乐广告

习题知识要点

使用"创建元件"命令，制作图形元件；使用"创建传统补间"命令，制作补间动画，效果如图 15-117 所示。

效果所在位置

光盘/Ch15/效果/制作音乐广告.fla。

图 15-117

第 16 章　网页设计

应用 Flash 技术设计制作的网页打破了以往网页静止、呆板的表现形式，将网页与动画、音效、视频相结合，使其变得丰富多彩，并增强了交互性。本章以多个主题的网页为例，讲解了使用 Flash 制作网页的设计构思和制作方法，读者可以学习到网页设计的要领和技巧，从而制作出不同风格的网页作品。

课堂学习目标	
/	了解网页的概念
/	了解网页的特点
/	了解网页的表现手法
/	掌握网页的设计思路和流程
/	掌握网页的制作方法和技巧

16.1　网页设计概述

网页设计是一种建立在新型媒体之上的新型设计。网页媒体具有很强的视觉效果、互动性、互操作性，以及受众面广等其他媒体所不具有的特点，是区别于报刊、影视的一个新媒体，它既拥有传统媒体的优点，同时又使传播变得更为直接、省力和有效。一个成功的网页设计，首先在观念上要确立动态的思维方式，其次，要有效地将图形引入网页设计之中，增加人们浏览网页的兴趣，在崇尚鲜明个性的今天，网页设计应增加个性化因素。网页设计区别于网页制作，它是将策划案例中的内容、网站的主题模式，结合设计者的认识，通过艺术的手法表现出来的过程。设计好的网页如图 16-1 所示。

图 16-1

16.2　制作数码产品网页

16.2.1　案例分析

数码产品网页为用户提供各种数码产品的相关资讯，包括精品专区、促销专区、产品展示、在线订单等内容。在设计数码产品网页时要注意界面美观，布局搭配合理，从而利于用户对数码产品进行浏览和交易。

在设计制作过程中，先对界面进行合理的布局，将导航栏放在上面区域，这样有利于用户浏览。将产品的介绍、展示放在中间位置，符合用户的阅读习惯。将界面设计为稳重的蓝色，起到衬托的效果，突出前方的宣传主体。通过图形和文字动画的互动，体现出数码产品的时尚性。

本例将使用"矩形"工具和"颜色"面板制作淡绿色矩形条；使用"创建传统补间"命令制作补间动画；使用"文本"工具添加说明文字。

16.2.2　案例设计

本案例的设计流程图如图 16-2 所示。

图 16-2

16.2.3　案例制作

1．导入图片并绘制矩形条图形

（1）选择"文件 > 新建"命令，在弹出的"新建文档"对话框中选择"ActionScript 3.0"选项，单击"确定"按钮，进入新建文档舞台窗口。按 Ctrl+J 组合键，弹出"文档设置"对话框，将"舞台大小"选项设为 650 × 400 像素，单击"确定"按钮，完成舞台属性的修改。

（2）选择"文件 > 导入 > 导入到库"命令，在弹出的"导入到库"对话框中选择"Ch16 > 素材 > 制作数码产品网页 > 01 ~ 07"文件，单击"打开"按钮，文件被导入到"库"面板中，如图 16-3 所示。

（3）在"库"面板中新建一个图形元件"淡绿色条"，如图 16-4 所示，舞台窗口也随之转换为图形元件的舞台窗口。选择"窗口 > 颜色"命令，弹出"颜色"面板，将"笔触颜色"设为无，"填充颜色"设为淡绿色（#D1E5E7），选择"矩形"工具 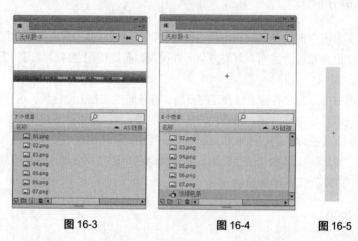，在舞台窗口中绘制一个矩形。选中矩形，在形状"属性"面板中，将"宽度"和"高度"选项分别设为 42、390，舞台窗口中的效果如图 16-5 所示。

图 16-3   图 16-4   图 16-5

（4）在"库"面板中新建一个影片剪辑元件"淡绿色条动 1"，舞台窗口也随之转换为影片剪辑元件的舞台窗口。将"库"面板中的图形元件"淡绿色条"拖曳到舞台窗口中，如图 16-6 所示。

（5）分别选中"图层 1"的第 100 帧、第 200 帧，按 F6 键插入关键帧。选中"图层 1"的第 100 帧，在舞台窗口中将"淡绿色条"实例水平向左拖曳到合适的位置，如图 16-7 所示。

（6）分别用鼠标右键单击"图层 1"的第 1 帧、第 100 帧，在弹出的快捷菜单中选择"创建传统补间"命令，生成传统补间动画，如图 16-8 所示。

（7）用步骤 4～步骤 6 的方法制作影片剪辑元件"淡绿色条动 2"，"淡绿色条"实例的运动方向与"淡绿色条动 1"中的"淡绿色条"实例运动方向相反。

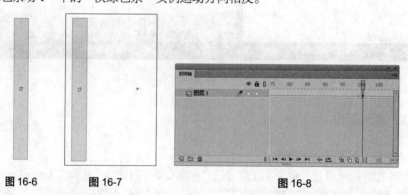

图 16-6   图 16-7   图 16-8

2．制作照相机自动切换效果

（1）在"库"面板中新建一个影片剪辑元件"相机切换"，舞台窗口也随之转换为影片剪辑元件的舞台窗口。将"图层 1"重命名为"框"。选中"框"图层的第 61 帧，按 F5 键插入普通帧。选择"窗口 > 颜色"命令，弹出"颜色"面板，将"笔触颜色"设为无，单击"填充颜色"按钮 ，在"颜色类型"选项下拉列表中选择"线性渐变"，在色带上设置 3 个控制点，选中色带两侧的控制点，将其设为淡绿色（#65A8AE），选中色带中间的控制点，将其设为白色，如图 16-9 所示，生成渐变。

（2）选择"矩形"工具 ▣，在工具箱下方选中"对象绘制"按钮 ▣，在舞台窗口中绘制一个矩形，效果如图 16-10 所示。选择"渐变变形"工具 ▣，在舞台中单击渐变图形，改变渐变的角度，效果如图 16-11 所示。

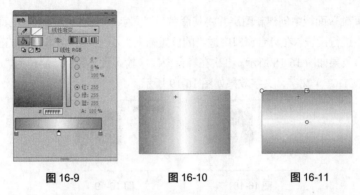

图 16-9　　　　　图 16-10　　　　　图 16-11

（3）选择"矩形"工具 ▣，在工具箱中将"填充颜色"设为白色，在舞台窗口中绘制一个矩形，效果如图 16-12 所示。

（4）选择"文本"工具 T，在文本工具"属性"面板中进行设置，在舞台窗口中适当的位置输入大小为 18、字体为"方正兰亭粗黑简体"的橘黄色（#F17B1A）文字，文字效果如图 16-13 所示。

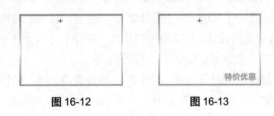

图 16-12　　　　　图 16-13

（5）在"时间轴"面板中创建新图层并将其命名为"相机 1"。将"库"面板中的位图"04"拖曳到矩形块的右上方，如图 16-14 所示。选中"相机 1"图层的第 20 帧，按 F7 键插入空白关键帧。

（6）在"时间轴"面板中创建新图层并将其命名为"相机 2"。选中"相机 2"图层的第 22 帧，按 F6 键插入关键帧，将"库"面板中的位图"05"拖曳到矩形块的右上方，如图 16-15 所示。选中"相机 2"图层的第 40 帧，按 F7 键插入空白关键帧。

（7）在"时间轴"面板中创建新图层并将其命名为"相机 3"。选中"相机 3"图层的第 42 帧，按 F6 键插入关键帧。将"库"面板中的位图"06"拖曳到矩形块的右上方，如图 16-16 所示。选中"相机 3"图层的第 60 帧，按 F7 键插入空白关键帧。

（8）在"时间轴"面板中创建新图层并将其命名为"模糊"。选中"模糊"图层的第 20 帧，按 F6 键插入关键帧。将"库"面板中的位图"07"拖曳到矩形块的右上方，如图 16-17 所示。分别选中"模糊"图层的第 40 帧、第 60 帧，按 F6 键，插入关键帧，选中第 22 帧、第 42 帧，按 F7 键插入空白关键帧。

图 16-14

图 16-15

图 16-16

图 16-17

（9）在"时间轴"面板中创建新图层并将其命名为"文字"。选择"文本"工具 T ，在文本工具"属性"面板中进行设置，在舞台窗口中适当的位置输入大小为 18、字体为"方正兰亭粗黑简体"的黑色文字，文字效果如图 16-18 所示。再次在舞台窗口中输入大小为 20、字体为"Benguiat Bk BT"的浅灰色（#DCDCDCF）文字，文字效果如图 16-19 所示。

图 16-18

图 16-19

3．制作型号图形元件

（1）在"库"面板中新建一个图形元件"型号1"，舞台窗口也随之转换为图形元件的舞台窗口。选择"文本"工具 T ，在文本工具"属性"面板中进行设置，在舞台窗口中适当的位置输入大小为 12、字体为"Athenian"的深绿色（#077C87）文字，文字效果如图 16-20 所示。

（2）在"库"面板中新建一个图形元件"型号2"，舞台窗口也随之转换为图形元件的舞台窗口。在文本工具"属性"面板中进行设置，在舞台窗口中适当的位置输入大小为 12、字体为"Athenian"的深绿色（#077C87）文字，文字效果如图 16-21 所示。

（3）在"库"面板中新建一个图形元件"型号3"，舞台窗口也随之转换为图形元件的舞台窗口。用步骤 1 的设置在舞台窗口中输入需要的文字，"库"面板中的效果如图 16-22 所示。在"库"面板中新建一个图形元件"型号4"，舞台窗口也随之转换为图形元件的舞台窗口。用与步骤（1）中相同的设置在舞台窗口中输入文字"C-468YE"，如图 16-23 所示。

C-320FX

图 16-20

C-780CZ

图 16-21

图 16-22

C-468YE

图 16-23

4．制作目录动画

（1）在"库"面板中新建一个影片剪辑元件"目录动"，舞台窗口也随之转换为影片剪辑元件的舞台窗口。将"图层 1"重新命名为"型号 1"。将"库"面板中的图形元件"型号 1"拖曳到舞台窗口中，如图 16-24 所示。

（2）选中"型号 1"图层的第 85 帧，按 F5 键插入普通帧，选中第 40 帧、第 70 帧，按 F6 键插入关键帧。选中"型号 1"图层的第 40 帧，在舞台窗口中将"型号 1"实例水平向右拖曳到适当的位置，如图 16-25 所示。

图 16-24　　　　　　　　　　　　　　　　　　　　　　图 16-25

（3）选中"型号 1"图层的第 70 帧，在舞台窗口中将"型号 1"实例水平向右拖曳到适当的位置，如图 16-26 所示。分别用鼠标右键单击"型号 1"图层的第 1 帧、第 40 帧，在弹出的快捷菜单中选择"创建传统补间"命令，生成传统补间动画，如图 16-27 所示。

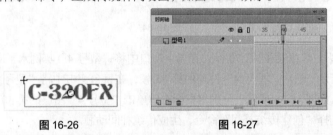

图 16-26　　　　　　　　　　　　图 16-27

（4）在"时间轴"面板中创建新图层并将其命名为"型号 2"。选中"型号 2"图层的第 10 帧，按 F6 键插入关键帧，将"库"面板中的图形元件"型号 2"拖曳到舞台窗口中，如图 16-28 所示。选中"型号 2"图层的第 50 帧、第 75 帧，按 F6 键插入关键帧。

（5）选中"型号 2"图层的第 50 帧，在舞台窗口中将"型号 2"实例水平向右拖曳到适当的位置，如图 16-29 所示。选中第 75 帧，在舞台窗口中将"型号 2"实例水平向右拖曳到适当的位置，如图 16-30 所示。分别用鼠标右键单击"型号 2"图层的第 10 帧、第 50 帧，在弹出的快捷菜单中选择"创建传统补间"命令，生成传统补间动画。

（6）在"时间轴"面板中创建新图层并将其命名为"型号 3"，选中"型号 3"图层的第 20 帧，按 F6 键插入关键帧，将"库"面板中的图形元件"型号 3"拖曳到舞台窗口中，如图 16-31 所示。选中"型号 3"图层的第 60 帧、第 80 帧，按 F6 键插入关键帧。

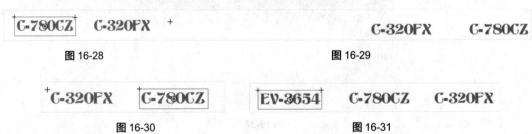

图 16-28　　　　　　　　　　　　　　　　　　　　　　图 16-29

图 16-30　　　　　　　　　　　　图 16-31

（7）选中"型号 3"图层的第 60 帧，在舞台窗口中将"型号 3"实例水平向右拖曳到适当的位置，如图 16-32 所示。选中第 80 帧，在舞台窗口中将"型号 3"实例水平向右拖曳到适当的位置，效果如图 16-33 所示。分别用鼠标右键单击"型号 3"图层第 20 帧、第 60 帧，在弹出的快捷菜单中选择"创建传统补间"命令，生成传统补间动画。

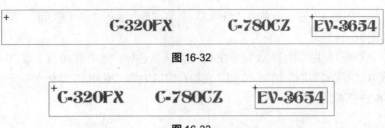

图 16-32

图 16-33

（8）在"时间轴"面板中创建新图层并将其命名为"型号 4"，选中"型号 4"图层的第 30 帧，按 F6 键插入关键帧，将"库"面板中的图形元件"型号 4"拖曳到舞台窗口中，如图 16-34 所示。选中"型号 4"图层的第 70 帧、第 85 帧，按 F6 键插入关键帧。

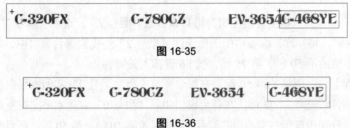

图 16-34

（9）选中"型号 4"图层的第 70 帧，在舞台窗口中将"型号 4"实例水平向右拖曳到适当的位置，如图 16-35 所示。选中"型号 4"图层的第 85 帧，在舞台窗口中将"型号 4"实例水平向右拖曳到适当的位置，如图 16-36 所示。分别用鼠标右键单击"型号 4"图层的第 30 帧、第 70 帧，在弹出的快捷菜单中选择"创建传统补间"命令，生成传统补间动画。

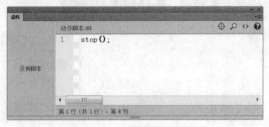

图 16-35

图 16-36

（10）在"时间轴"面板中创建新图层并将其命名为"动作脚本"。选中"动作脚本"图层的第 85 帧，按 F6 键插入关键帧。按 F9 键，在弹出的"动作"面板中输入动作脚本，如图 16-37 所示。设置好动作脚本后，关闭"动作"面板。在"动作脚本"的第 85 帧上显示出一个标记"a"。

图 16-37

5．制作动画效果

（1）单击舞台窗口左上方的"场景 1"图标 场景 1，进入"场景 1"的舞台窗口。将"图层 1"重命名为"淡绿色条"。将"库"面板中的影片剪辑元件"淡绿色条动 1"向舞台窗口中拖曳 3 次，并分别放置到合适的位置，如图 16-38 所示。将"库"面板中的影片剪辑元件"淡绿色条动 2"向舞台窗口中拖曳 4 次，并分别放置到合适的位置，效果如图 16-39 所示。

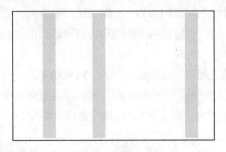

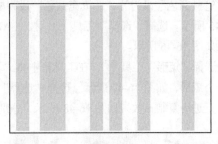

图 16-38　　　　　　　　　　　　　　　　图 16-39

（2）在"时间轴"面板中创建新图层并将其命名为"菜单"。分别将"库"面板中的位图"01"、"02"拖曳到舞台窗口中，并放置在适当的位置，效果如图 16-40 所示。选择"文本"工具 T，在文本工具"属性"面板中进行设置，在舞台窗口中适当的位置输入大小为 12、字体为"方正兰亭黑简体"的浅绿色（#D1E5E7）文字，文字效果如图 16-41 所示。

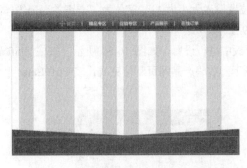

图 16-40　　　　　　　　　　　　　　　　图 16-41

（3）在"时间轴"面板中创建新图层并将其命名为"图片"，将"库"面板中的位图"03"拖曳到舞台窗口中并放置在适当的位置，如图 16-42 所示。在"时间轴"面板中创建新图层并将其命名为"目录"，将"库"面板中的影片剪辑元件"目录动"拖曳到舞台窗口中并放置在适当的位置，如图 16-43 所示。

（4）在"时间轴"面板中创建新图层并将其命名为"相机切换"，将"库"面板中的影片剪辑元件"相机切换"拖曳到舞台窗口中并放置在适当的位置，如图 16-44 所示。

图 16-42　　　　　　　图 16-43　　　　　　图 16-44

（5）在"时间轴"面板中创建新图层并将其命名为"颜色块"，选择"矩形"工具 ▣，在工具箱中将"笔触颜色"设为无，"填充颜色"设为橙色（#F17B1A），在舞台窗口中绘制一个矩形，如图 16-45 所示。选择"选择"工具 ▶，按住 Alt 键，用鼠标将矩形图形拖曳到适当的位置进行复制，效果如图 16-46 所示。

（6）选择"矩形"工具 ▣，在工具箱中将"填充颜色"设为浅黄色（#FFF9DB），在舞台窗口中绘制一个矩形，如图 16-47 所示。选择"选择"工具 ▶，按住 Alt 键，用鼠标将矩形图形拖曳到适当的位置进行复制，效果如图 16-48 所示。分别选中矩形，按 Ctrl+G 组合键将其组合。

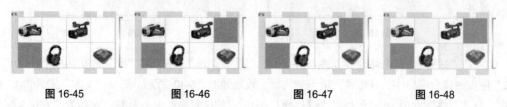

| 图 16-45 | 图 16-46 | 图 16-47 | 图 16-48 |

（7）在"时间轴"面板中创建新图层并将其命名为"文字"。选择"文本"工具 T，在文本工具"属性"面板中进行设置，在舞台窗口中适当的位置输入大小为 11、字体为"方正兰亭黑简体"的灰色（#5A5A5A）说明文字，文字效果如图 16-49 所示。

（8）选择"线条"工具 ╱，在工具"属性"面板中进行设置，如图 16-50 所示。按住 Shift 键的同时，在文字的下方绘制一条直线，如图 16-51 所示。数码产品网页制作完成，按 Ctrl+Enter 组合键，效果如图 16-52 所示。

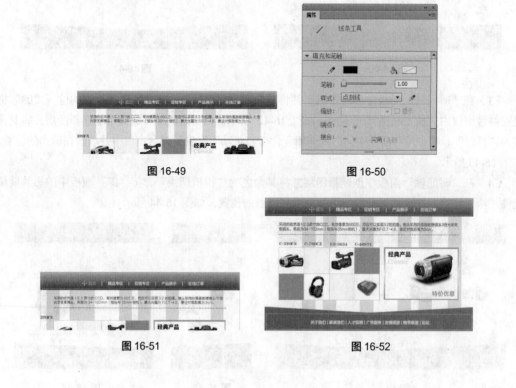

| 图 16-49 | 图 16-50 |

| 图 16-51 | 图 16-52 |

16.3　制作化妆品网页

16.3.1　案例分析

化妆品网页主要是对化妆品的产品系列和功能特色进行生动的介绍，其中包括图片和详细的文字讲解。网页的设计上力求表现出化妆品的产品特性，营造出淡雅的时尚文化品位。

在设计制作过程中，整体界面以蓝色为主基调，表现出冷静高雅的氛围。界面背景以时尚雅致的花朵来衬托，使界面的文化感和设计感更强。制作的标签栏能很好地与化妆品产品相呼应，在设计理念上强化了产品的性能和特点。

本例将使用矩形工具和颜色面板绘制按钮图形；使用文本工具添加标题和产品说明文字效果；使用动作面板为按钮元件添加脚本语言。

16.3.2　案例设计

本案例的设计流程如图 16-53 所示。

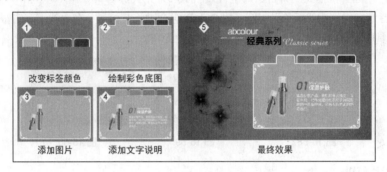

图 16-53

16.3.3　案例制作

1．绘制标签

（1）选择"文件 > 新建"命令，在弹出的"新建文档"对话框中选择"ActionScript 3.0"选项，单击"确定"按钮，进入新建文档舞台窗口。按 Ctrl+J 组合键，弹出"文档设置"对话框，将"舞台大小"选项设为 650 × 400 像素，将"舞台颜色"选项设为蓝色（#0099FF），单击"确定"按钮，完成舞台属性的修改。

（2）选择"文件 > 导入 > 导入到库"命令，在弹出的"导入到库"对话框中选择"Ch16 > 素材 > 制作化妆品网页 > 01 ~ 06"文件，单击"打开"按钮，文件被导入到"库"面板中，如图 16-54 所示。

（3）在"库"面板中新建一个图形元件"标签"，如图 16-55 所示，舞台窗口也随之转换为图形元件的舞台窗口。选择"矩形"工具 ▣，在矩形工具"属性"面板中，将"笔触颜色"设为无，

"填充颜色"设为浅蓝色（#74D8F4），"笔触"选项设为 3，其他选项的设置如图 16-56 所示。在舞台窗口中绘制一个圆角矩形，效果如图 16-57 所示。

图 16-54　　　　　　　图 16-55　　　　　　　图 16-56　　　　　　　图 16-57

（4）选择"选择"工具，选中圆角矩形的下部，按 Delete 键删除，效果如图 16-58 所示。在"库"面板中新建一个按钮元件"按钮"，舞台窗口也随之转换为按钮元件的舞台窗口。将"库"面板中的图形元件"标签"拖曳到舞台窗口中，如图 16-59 所示。

（5）在舞台窗口中选中"标签"实例，按 Ctrl+B 组合键将其打散，在边线上双击鼠标将其选中，按 Delete 键将其删除，效果如图 16-60 所示。

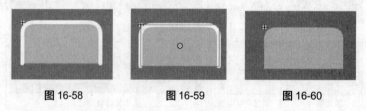

图 16-58　　　　　　　图 16-59　　　　　　　图 16-60

2．制作影片剪辑

（1）在"库"面板中新建一个影片剪辑元件"产品介绍"，舞台窗口也随之转换为影片剪辑元件的舞台窗口。将"图层 1"重命名为"彩色标签"。将"库"面板中的图形元件"标签"向舞台窗口中拖曳 4 次，使各实例保持同一水平高度，效果如图 16-61 所示。

（2）选中左边数第 2 个"标签"实例，按 Ctrl+B 组合键将其打散，在"颜色"面板中将"填充颜色"设为深绿色（#139EC5），舞台窗口中的效果如图 16-62 所示。

（3）用步骤（2）中的方法对其他"标签"实例进行操作，将左边数第 3 个标签的"填充颜色"设为青蓝色（#48C45A），将左边数第 4 个标签的"填充颜色"设为蓝色（#0049A3），效果如图 16-63 所示。选中"彩色标签"图层的第 4 帧，按 F5 键，插入普通帧。

图 16-61　　　　　　　图 16-62　　　　　　　图 16-63

（4）在"时间轴"面板中创建新图层并将其命名为"彩色块"。选择"矩形"工具，在舞台窗口中绘制一个圆角矩形，效果如图 16-64 所示。分别选中"彩色块"图层的第 2 帧、第 3 帧、第 4

帧，按 F6 键插入关键帧。

（5）选中"彩色块"图层的第 1 帧，选择"橡皮擦"工具 ，在工具箱下方选中"擦除线条"模式 ，将矩形与第 1 个标签重合的部分擦除，效果如图 16-65 所示。

图 16-64　　　　　　　　　　　　　　　　　图 16-65

（6）选中"彩色块"图层的第 2 帧，在舞台窗口中选中圆角矩形，将其填充颜色设成与第 2 个标签颜色相同，将矩形与第 2 个标签重合的部分擦除，效果如图 16-66 所示。

（7）用步骤 6 的方法分别对"彩色块"图层的第 3 帧、第 4 帧进行操作，将各帧对应舞台窗口中的矩形颜色设成与第 3 个、第 4 个标签颜色相同，并将各矩形与对应标签重合部分的线段删除，效果如图 16-67 所示。

（8）在"时间轴"面板中创建新图层并将其命名为"按钮"。将"库"面板中的按钮元件"按钮"向舞台窗口中拖曳 4 次，分别与各彩色标签重合，效果如图 16-68 所示。

图 16-66　　　　　　　　　　图 16-67　　　　　　　　　　图 16-68

（9）选择"选择"工具 ，在舞台窗口中选中左边数第 1 个"按钮"实例，在按钮"属性"面板"实例名称"选项的文本框中输入 a，如图 16-69 所示。选中左边数第 2 个"按钮"实例，在按钮"属性"面板"实例名称"选项的文本框中输入 b，如图 16-70 所示。

（10）选中左边数第 3 个"按钮"实例，在按钮"属性"面板"实例名称"选项的文本框中输入 c，如图 16-71 所示。选中左边数第 4 个"按钮"实例，在按钮"属性"面板"实例名称"选项的文本框中输入 d，如图 16-72 所示。

图 16-69　　　　　　　　图 16-70　　　　　　　　图 16-71　　　　　　　　图 16-72

（11）在"时间轴"面板中创建新图层并将其命名为"产品介绍"。分别选中"产品介绍"图层的第 2 帧、第 3 帧、第 4 帧，按 F6 键插入关键帧。选中"产品介绍"图层的第 1 帧，将"库"面板中的位图"02"拖曳到舞台窗口中，效果如图 16-73 所示。

（12）选择"文本"工具 T，在文本"属性"面板中进行设置，在舞台窗口中分别输入红色（#D54261）文字"01"、白色文字"保湿护肤、Moisturizing"和白色说明文字，效果如图 16-74 所示。

（13）选中"产品介绍"图层的第 2 帧，将"库"面板中的位图"03"拖曳到舞台窗口中，在文本"属性"面板中进行设置，在舞台窗口中分别输入红色（#D54261）文字"02"、白色文字"美白养颜、Whitening"和白色说明文字，效果如图 16-75 所示。

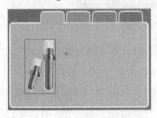

图 16-73　　　　　　　　　　　图 16-74　　　　　　　　　　　图 16-75

（14）选中"产品介绍"图层的第 3 帧，将"库"面板中的位图"04"拖曳到舞台窗口中，在文本"属性"面板中进行设置，在舞台窗口中分别输入红色（#D54261）文字"03"、白色文字"补水滋养、Replenishment"和白色说明文字，效果如图 16-76 所示。

（15）选中"产品介绍"图层的第 4 帧，将"库"面板中的位图"05"拖曳到舞台窗口中，在文本"属性"面板中进行设置，在舞台窗口中分别输入红色（#D54261）文字"04"、白色文字"自然彩妆、Makeup"和白色说明文字，效果如图 16-77 所示。

（16）在"时间轴"面板中创建新图层并将其命名为"花纹边"，选中"花纹边"图层的第 1 帧，将"库"面板中的位图"06"拖曳到舞台窗口中，并放置在适当的位置，如图 16-78 所示。

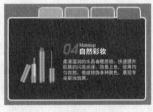

图 16-76　　　　　　　　　　　图 16-77　　　　　　　　　　　图 16-78

（17）选择"选择"工具 ，按住 Alt 键，用鼠标将舞台窗口中的"06"拖曳到适当的位置进行复制。选择"修改 > 变形 > 水平翻转"命令，水平翻转复制的图形，效果如图 16-79 所示。

（18）选中"花纹边"图层，按住 Alt 键，用鼠标将舞台窗口中的图片拖曳到适当的位置进行复制。选择"修改 > 变形 > 垂直翻转"命令，垂直翻转复制的图形，效果如图 16-80 所示。

（19）在"时间轴"面板中创建新图层并将其命名为"动作脚本"。按 F9 键，在弹出的"动作"面板中输入动作脚本，如图 16-81 所示。设置好动作脚本后，关闭"动作"面板。在"动作脚本"的第 1 帧上显示出一个标记"a"。

图 16-79　　　　　　　　图 16-80　　　　　　　　　　　图 16-81

3．制作场景动画

（1）单击舞台窗口左上方的"场景 1"图标 场景 1，进入"场景 1"的舞台窗口。将"图层 1"重命名为"底图"。将"库"面板中的位图"01"拖曳到舞台窗口中，并放置在与舞台中心重叠的位置，如图 16-82 所示。

（2）在"时间轴"面板中创建新图层并将其命名为"色块"。选择"窗口 > 颜色"命令，弹出"颜色"面板，将"笔触颜色"设为无，单击"填充颜色"按钮 🖌，在"颜色类型"选项下拉列表中选择"线性渐变"，在色带上将左边的颜色控制点设为深青色（#00A6E4），将右边的颜色控制点设为青色（#00A6E3），生成渐变色，如图 16-83 所示。选择"矩形"工具 🔲，在舞台窗口中绘制一个矩形，效果如图 16-84 所示。

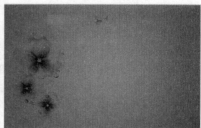

图 16-82　　　　　　　　图 16-83　　　　　　　　图 16-84

（3）在"时间轴"面板中创建新图层并将其命名为"文字"。选择"文本"工具 T，在文本工具"属性"面板中进行设置，在舞台窗口中适当的位置输入大小为 30、字体为"Arial"的白色英文，文字效果如图 16-85 所示。其次在舞台窗口中适当的位置输入大小为 10、字体为"Arial"的白色英文，文字效果如图 16-86 所示。再次在舞台窗口中适当的位置输入大小为 30、字体为"方正兰亭粗黑简体"的黑色文字，文字效果如图 16-87 所示。

（4）在舞台窗口中适当的位置输入大小为 30、字体为"Amazone BT"的白色英文，文字效果如图 16-88 所示。

（5）在"时间轴"面板中创建新图层并将其命名为"产品介绍"，将"库"面板中的影片剪辑元件"产品介绍"拖曳到舞台窗口中。化妆品网页制作完成，按 Ctrl+Enter 组合键即可查看效果，效果如图 16-89 所示。

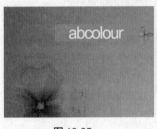

图 16-85

图 16-86

图 16-87

图 16-88

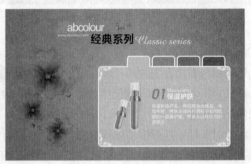

图 16-89

16.4 制作房地产网页

16.4.1 案例分析

房地产网页的功能是让用户可以更便捷地浏览楼盘项目，了解楼盘新闻、建设、装饰等信息。除了界面效果要吸引用户眼球，设计时还要注意房产网页的行业特点和构成要素。页面的布局设计和动态交互要使客户更加容易地了解项目的特点和价值。

在设计制作过程中，使用豪华优美的别墅照片作为网页背景，点明主旨。将导航栏放在上面，有利于用户点击浏览。将项目介绍文字放在效果图的中间位置，方便用户的阅读。界面设计要突出楼盘的实景效果，着力表现项目的特色。通过按钮图形和文字动画的互动，体现出房地产项目的优势。

本例将使用"矩形"工具、"文本"工具和"颜色"面板制作按钮元件；使用"遮罩层"命令制作遮罩效果；使用"创建传统补间"命令制作传统补间动画；使用"动作"面板添加动作脚本。

16.4.2 案例设计

本案例的设计流程如图 16-90 所示。

图 16-90

16.4.3　案例制作

1．导入图片并绘制按钮图形

（1）选择"文件 > 新建"命令，在弹出的"新建文档"对话框中选择"ActionScript 3.0"选项，单击"确定"按钮，进入新建文档舞台窗口。按 Ctrl+J 组合键，弹出"文档设置"对话框，将"舞台大小"选项设为 600 × 450 像素，将"舞台颜色"选项设为黑色，单击"确定"按钮，完成舞台属性的修改。

（2）将"图层 1"重命名为"底图"。选择"文件 > 导入 > 导入到舞台"命令，在弹出的"导入"对话框中选择"Ch16 > 素材 > 制作房地产网页 > 01"文件，单击"打开"按钮，文件被导入到舞台窗口中，如图 16-91 所示。

（3）在"库"面板中新建一个按钮元件"建筑概念"，舞台窗口也随之转换为按钮元件的舞台窗口。选择"矩形"工具 ，在矩形工具"属性"面板中，将"笔触颜色"设为白色，"填充颜色"设为灰色（#999999），"笔触"选项设为 1，其他选项的设置如图 16-92 所示，在舞台窗口中绘制1 个圆角矩形，效果如图 16-93 所示。

图 16-91

图 16-92

图 16-93

（4）选择"窗口 > 颜色"命令，弹出"颜色"面板，单击"填充颜色"按钮 ，在"颜色类型"选项下拉列表中选择"线性渐变"，在色带上将左边的颜色控制点设为橘红色（#D97806），将右边的颜色控制点设为深黄色（#EFCB2B），生成渐变色，如图 16-94 所示。

（5）选择"颜料桶"工具 ，在矩形内部从下向上拖曳渐变色，如图 16-95 所示，松开鼠标后，渐变色被填充进去，如图 16-96 所示。选中"图层 1"的"指针经过"帧，按 F5 键插入普通帧。

（6）选择"选择"工具 ，选中渐变矩形，按 Ctrl+C 组合键将其复制。单击"时间轴"面板下方的"新建图层"按钮 ，新建"图层 2"。选中"图层 2"的"指针经过"帧，按 F6 键插入关键帧。按 Ctrl+Shift+V 组合键，将复制的图形原位粘贴到"图层 2"中。

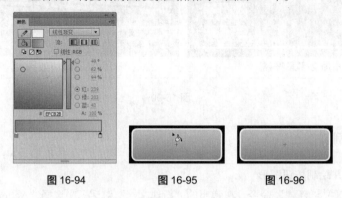

图 16-94　　　　　图 16-95　　　　　图 16-96

（7）选择"窗口 > 颜色"命令，弹出"颜色"面板，单击"填充颜色"按钮 ，在"颜色类型"选项的下拉列表中选择"线性渐变"，在色带上将左边的颜色控制点设为白色，在"Alpha"选项中将其不透明度设为 0%，将右边的颜色控制点设为白色，在"Alpha"选项中将其不透明度设为 80%，生成渐变色，如图 16-97 所示。

（8）选择"颜料桶"工具 ，在矩形内部从下向上拖曳渐变色，如图 16-98 所示，松开鼠标后，渐变色被填充进去，如图 16-99 所示。

（9）单击"时间轴"面板下方的"新建图层"按钮 ，新建"图层 3"。选择"文本"工具 ，在文本工具"属性"面板中进行设置，在舞台窗口中适当的位置输入大小为 25、字体为"方正兰亭黑简体"的白色文字，文字效果如图 16-100 所示。选中"图层 3"的"指针经过"帧，按 F6 键插入关键帧，在工具箱中将"填充颜色"设为褐色（#A24802），舞台窗口中文字颜色也随之改变，如图 16-101 所示。

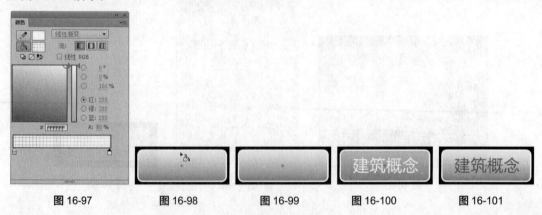

图 16-97　　　　图 16-98　　　　图 16-99　　　　图 16-100　　　　图 16-101

（10）用上述的方法制作按钮元件"户型空间"、"交通设施"、"周边环境"，分别如图 16-102、图 16-103 和图 16-104 所示。

图 16-102　　　　　　　图 16-103　　　　　　　图 16-104

2．制作元件动画

（1）在"库"面板中新建一个影片剪辑元件"色条动"，舞台窗口也随之转换为影片剪辑元件的舞台窗口。将"库"面板中的位图"01"文件拖曳到舞台窗口中，效果如图 16-105 所示。选中"图层 1"的第 30 帧，按 F5 键插入普通帧。单击"时间轴"面板下方的"新建图层"按钮，新建"图层 2"。

（2）选择"矩形"工具，在工具箱中将"笔触颜色"设为无，"填充颜色"设为白色，在舞台窗口中绘制多个矩形条，如图 16-106 所示。选择"选择"工具，选中舞台窗口中的所有矩形，按 F8 键，弹出"转换为元件"对话框，在"名称"选项的文本框中输入要转换为元件的名称，在"类型"下拉列表中选择"图形"元件，如图 16-107 所示，单击确定按钮，图形转换为图形元件。

图 16-105　　　　　　　　　　　　　图 16-106

图 16-107

（3）分别选中"图层 2"的第 15 帧、第 30 帧，按 F6 键插入关键帧。选中"图层 2"的第 15 帧，在舞台窗口中将"多矩形条"实例垂直向下拖曳到适当的位置，如图 16-108 所示。

（4）分别用鼠标右键单击"图层 2"的第 1 帧、第 15 帧，在弹出的快捷菜单中选择"创建传统补间"命令，生成传统补间动画。

（5）单击"时间轴"面板下方的"新建图层"按钮，新建"图层 3"。选中"图层 3"的第 15 帧，按 F6 键插入关键帧。

（6）选择"矩形"工具，在工具箱中将"笔触颜色"设为无，"填充颜色"设为黄色（#FFFF00），在舞台窗口中绘制 1 个矩形条，如图 16-109 所示。选择"选择"工具，选中矩形，按 F8 键，弹出"转换为元件"对话框，在"名称"选项的文本框中输入"单色条"，在"类型"下拉列表中选择"图形"元件，单击确定按钮，图形转换为图形元件。

图 16-108 图 16-109

（7）选中"图层 3"的第 30 帧，按 F6 键插入关键帧。选择"任意变形"工具 ，调整矩形块的大小，如图 16-110 所示。用鼠标右键单击"图层 3"的第 15 帧，在弹出的快捷菜单中选择"创建传统补间"命令，生成传统补间动画。将"图层 1"删除。

（8）选中"图层 3"的第 30 帧，按 F9 键，在弹出的"动作"面板中输入动作脚本，如图 16-111 所示。设置好动作脚本后，关闭"动作"面板。在"图层 3"的第 30 帧上显示出一个标记"a"。

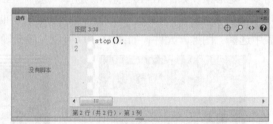

图 16-110 图 16-111

3．制作场景动画

（1）将"舞台颜色"选项设为白色。单击舞台窗口左上方的"场景 1"图标 场景 1，进入"场景 1"的舞台窗口。选中"底图"图层的第 40 帧，按 F5 键插入普通帧。在"时间轴"面板中创建新图层并将其命名为"色块"。选中"色块"图层的第 37 帧，按 F6 键插入关键帧。

（2）选择"窗口 > 颜色"命令，弹出"颜色"面板，将"笔触颜色"选项设为白色，"填充颜色"设为土红色（#A24802），将"Alpha"选项设为 50%，如图 16-112 所示。

（3）选择"矩形"工具 ，在矩形工具"属性"面板中，将"笔触"选项设为 2，其他选项的设置如图 16-113 所示，在舞台窗口中绘制 1 个圆角矩形，如图 16-114 所示。

图 16-112 图 16-113 图 16-114

（4）在"时间轴"面板中创建新图层并将其命名为"按钮"。选中"按钮"图层的第 37 帧，按 F6 键插入关键帧。分别将"库"面板中的按钮元件"建筑概念"、"户型空间"、"交通设施"、"周边环境"拖曳到舞台窗口中，并放置到合适的位置，如图 16-115 所示。

（5）选择"选择"工具 ，在舞台窗口中选中"建筑概念"实例，在按钮"属性"面板"实例名称"选项的文本框中输入 a，如图 16-116 所示。选中"周边环境"实例，在按钮"属性"面板"实例名称"选项的文本框中输入 b，如图 16-117 所示。

图 16-115　　　　　　　　　图 16-116　　　　　　　　　图 16-117

（6）选中"户型空间"实例，在按钮"属性"面板"实例名称"选项的文本框中输入 c，如图 16-118 所示。选中"交通设施"实例，在按钮"属性"面板"实例名称"选项的文本框中输入 d，如图 16-119 所示。

（7）在"时间轴"面板中创建新图层并将其命名为"文字"。分别选中"文字"图层的第 37 帧、第 38 帧、第 39 帧和第 40 帧，按 F6 键插入关键帧。选中"文字"图层的第 37 帧，选择"文本"工具 T ，在文本工具"属性"面板中进行设置，在舞台窗口中适当的位置输入大小为 12，字体为"方正兰亭黑简体"的白色文字，文字效果如图 16-120 所示。

图 16-118　　　　　　　　　图 16-119　　　　　　　　　图 16-120

（8）用相同的方法分别在第 38 帧、第 39 帧、第 40 帧的舞台窗口中输入需要的文字，分别如图 16-121、图 16-122 和图 16-123 所示。

253

图 16-121

图 16-122

图 16-123

（9）在"时间轴"面板中创建新图层并将其命名为"动作脚本"，选中"动作脚本"图层的第 37 帧，按 F6 键插入关键帧。按 F9 键，在弹出的"动作"面板中输入动作脚本，如图 16-124 所示。设置好动作脚本后，关闭"动作"面板。在"动作脚本"的第 37 帧上显示出一个标记"a"。

（10）选中"底图"图层，单击"时间轴"面板下方的"新建图层"按钮，创建新图层并将其命名为"形状"。将"库"面板中的影片剪辑元件"色条动"拖曳到舞台窗口的上方外侧，如图 16-125 所示。

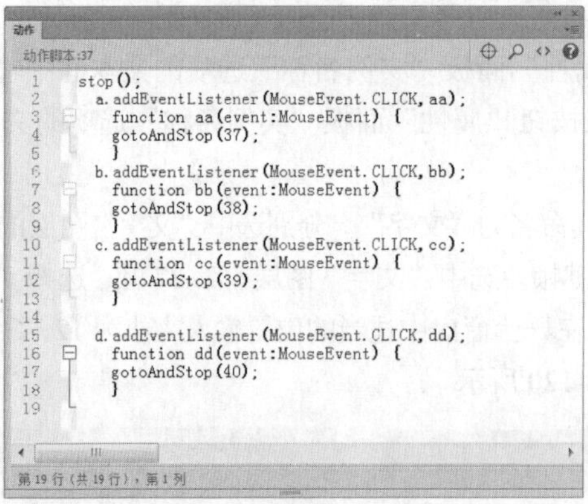

图 16-124

图 16-125

（11）用鼠标右键单击"形状"图层的图层名称，在弹出的菜单中选择"遮罩层"命令，将"形状"图层转为遮罩层，"底图"图层转为被遮罩的层，"时间轴"面板如图 16-126 所示。房地产网页制作完成，按 Ctrl+Enter 组合键即可查看效果，如图 16-127 所示。

图 16-126

图 16-127

课堂练习——制作美肤网页

练习知识要点

使用"钢笔"工具，绘制引导线效果；使用"文本"工具，添加文字效果；使用"椭圆"工具，制作按钮效果；使用"动作"面板，设置脚本语言，效果如图 16-128 所示。

效果所在位置

光盘/Ch16/效果/制作美肤网页.fla。

图 16-128

课后习题——制作美发网页

习题知识要点

使用"矩形"工具，制作按钮效果；使用"属性"面板，为实例命名；使用"动作"面板，设置语言脚本，效果如图 16-129 所示。

效果所在位置

光盘/Ch16/效果/制作美发网页.fla。

图 16-129

第 17 章　节目片头设计

当前，Flash 动画在节目片头、影视剧片头、游戏片头以及 MTV 制作上的应用越来越广泛。节目包装体现了节目的风格和档次，它的质量将直接影响整个节目的效果。本章讲解了多个节目的包装制作过程。读者通过学习，要掌握节目包装的设计思路和制作技巧，从而制作出更多精彩的节目包装。

课堂学习目标	/ 了解节目包装的作用
	/ 掌握节目包装的设计思路
	/ 掌握节目包装的制作方法和技巧

17.1　节目片头设计

节目包装可以起到如下的作用：突出自己节目的个性特征和特点；确立并增强观众对自己节目的识别能力；确立自己节目的品牌地位；使包装的形式和节目有机地融合在一起；好的节目包装能赏心悦目，本身就是精美的艺术品。典型的节目包装如图 17-1 所示。

图 17-1

17.2　制作时装节目包装动画

17.2.1　案例分析

本例的时装节目是展现现代都市女性服装潮流的专栏节目，节目宗旨是追踪时装的流行趋势，引导着装的品位方向。在节目包装中要强化时装的现代感和潮流感。

在设计制作过程中，背景的处理采用蓝色及简单线条的搭配，给人时尚和品位感，同时表现出现代感和生活气息。漂亮的都市女性身穿靓丽的时装，以照片的形式在画面中表现，体现时装节目的主题。标题和图片居中显示使其更加醒目直观。

本例将使用"矩形"工具和"椭圆"工具绘制图形制作动感的背景效果；使用"文本"工具添加主题文字；使用"任意变形"工具旋转文字的角度；使用"动作"面板设置脚本语言。

17.2.2　案例设计

本案例的设计流程如图 17-2 所示。

图 17-2

17.2.3　案例制作

1．导入素材并制作图形元件

（1）选择"文件 > 新建"命令，在弹出的"新建文档"对话框中选择"ActionScript 3.0"选项，单击"确定"按钮，进入新建文档舞台窗口。按 Ctrl+J 组合键，弹出"文档设置"对话框，将"舞台颜色"选项设为灰色（#999999），单击"确定"按钮，完成舞台属性的修改。

（2）选择"文件 > 导入 > 导入到库"命令，在弹出的"导入到库"对话框中选择"Ch17 >素材 > 制作时装节目包装动画 > 01 ~ 08"文件，单击"打开"按钮，文件被导入到"库"面板中，如图 17-3 所示。

（3）在"库"面板中新建一个图形元件"人物 1"，如图 17-4 所示，舞台窗口也随之转换为图形元件的舞台窗口。将"库"面板中的位图"03"拖曳到舞台窗口中，如图 17-5 所示。

图 17-3

图 17-4

图 17-5

257

（4）用相同的方法将"库"面板中的位图"04"和"05"制作成图形元件"人物2"和人物3，如图17-6和图17-7所示。在"库"面板中新建一个图形元件"照片"，如图17-8所示，舞台窗口也随之转换为图形元件的舞台窗口。

图 17-6　　　　　　　　图 17-7　　　　　　　　图 17-8

（5）选择"窗口 > 颜色"命令，弹出"颜色"面板，将"填充颜色"设为无，单击"笔触颜色"按钮 ，在"颜色类型"选项下拉列表中选择"线性渐变"，在色带上将左边的颜色控制点设为深黄色（#EFC241），将右边的颜色控制点设为红色（#E93A19），生成渐变色，如图17-9所示。

（6）选择"铅笔"工具 ，在工具箱下方的"铅笔模式"选项组中选择"平滑"模式 ，在铅笔工具"属性"面板中将"笔触"选项设为5，其他选项的设置如图17-10所示，在舞台窗口中绘制一条曲线，如图17-11所示。

图 17-9　　　　　　　　图 17-10　　　　　　　　图 17-11

（7）在"时间轴"面板中创建新图层并将其命名为"照片1"。选择"矩形"工具 ，在工具箱中将"填充颜色"设置为白色，"笔触颜色"设置为无，在舞台窗口中绘制一个矩形，效果如图17-12所示。将"填充颜色"设置为青色（#0BB5F2），再次绘制一个矩形，效果如图17-13所示。

（8）将"库"面板中的位图"03"拖曳到舞台窗口中，选择"任意变形"工具 ，调整其大小并拖曳到适当的位置，效果如图17-14所示。

（9）选中"照片1"图层，选中图形，旋转适当角度并拖曳到适当的位置，效果如图17-15所示。将"库"面板中的位图"07"拖曳到舞台窗口中，旋转适当角度并拖曳到适当的位置，效果如图17-16所示。

图 17-12　　　　图 17-13　　　　图 17-14　　　　图 17-15　　　　图 17-16

（10）在"时间轴"面板中创建两个新图层并分别命名为"照片 2"和"照片 3"，如图 17-17 所示，用步骤（7）~步骤（9）中的方法制作"照片 2"和"照片 3"，如图 17-18 所示。

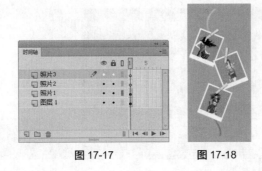

图 17-17　　　　　　　图 17-18

2．制作文字元件

（1）在"库"面板中新建一个图形元件"文字 1"，舞台窗口也随之转换为图形元件的舞台窗口。选择"文本"工具 T ，在文本工具"属性"面板中进行设置，在舞台窗口中适当的位置输入大小为 25、字体为"方正兰亭粗黑简体"的白色文字，文字效果如图 17-19 所示。

（2）选中文字"时装"，如图 17-20 所示，在文本"属性"面板中，将"大小"选项设为 35，效果如图 17-21 所示。选中文字"展示"，在文本"属性"面板中，将"系列"选项设为"方正兰亭黑简体"，"大小"选项设为 35，效果如图 17-22 所示。

图 17-19 　　　　　　　　　　　　图 17-20

图 17-21 　　　　　　　　　　　　图 17-22

（3）选择"椭圆"工具 ，在椭圆工具"属性"面板中，将"笔触颜色"设为白色，"填充颜色"设为无，"笔触"选项设为 2，按住 Shift 键的同时在舞台窗口绘制圆形边线，效果如图 17-23 所示。

（4）选择"文本"工具 T ，在文本工具"属性"面板中进行设置，在舞台窗口中适当的位置输入大小为 14、字体为"方正兰亭粗黑简体"的白色文字，文字效果如图 17-24 所示。

259

图 17-23   图 17-24

（5）用上述方法制作图形元件"文字 2"和"文字 3"，如图 17-25 和图 17-26 所示。

（6）在"库"面板中新建一个图形元件"文字 4"，舞台窗口也随之转换为图形元件的舞台窗口。在文本工具"属性"面板中进行设置，在舞台窗口中适当的位置输入大小为 35、字体为"方正兰亭粗黑简体"的橙色（#FF6600）文字，文字效果如图 17-27 所示。

图 17-25   图 17-26   图 17-27

（7）选中文字"潮流"，如图 17-28 所示，在文本"属性"面板中，将"系列"选项设为"方正兰亭黑简体"，"大小"选项设为 48，效果如图 17-29 所示。

图 17-28   图 17-29

（8）在文本工具"属性"面板中进行设置，在舞台窗口中适当的位置输入大小为 24、字体为"方正兰亭粗黑简体"的灰色（#666666）文字，文字效果如图 17-30 所示。

（9）单击"时间轴"面板下方的"新建图层"按钮，新建图层"图层 2"，并将其拖曳到"图层 1"的下方，如图 17-31 所示。选择"椭圆"工具，在椭圆工具"属性"面板中，将"笔触颜色"设为无，"填充颜色"设为白色，在舞台窗口中绘制多个椭圆，效果如图 17-32 所示。

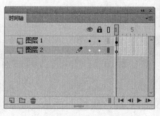

图 17-30   图 17-31   图 17-32

3．制作文字动画

（1）在"库"面板中新建一个影片剪辑元件"文字动"，舞台窗口也随之转换为影片剪辑元件的舞台窗口。将"库"面板中的图形元件"文字 4"拖曳到舞台窗口中，如图 17-33 所示。选中"图层 1"的第 12 帧，按 F5 键插入普通帧。

（2）选中"图层 1"的第 4 帧、第 7 帧、第 10 帧，按 F6 键插入关键帧。选中第 1 帧，按 Ctrl+T 组合键，弹出"变形"面板，将"缩放宽度"和"缩放高度"的比例均设为 85，如图 17-34 所示。舞台窗口中的显示效果如图 17-35 所示。用相同的方法设置第 7 帧。

图 17-33　　　　　　　　　　图 17-34　　　　　　　　　　图 17-35

4．绘制图形动画

（1）在"库"面板中新建一个影片剪辑元件"背景动画"，舞台窗口也随之转换为影片剪辑元件的舞台窗口。选择"矩形"工具，在工具箱中将"填充颜色"设为青色（#0BB5F2），"笔触颜色"设为无，在工具箱下方选中"对象绘制"按钮，在舞台窗口中绘制多个矩形，效果如图 17-36 所示。

（2）选择"椭圆"工具，在工具箱中将"填充颜色"设为无，"笔触颜色"设为青色（#0BB5F2），按住 Shift 键的同时在舞台窗口中绘制多个圆形边线，效果如图 17-37 所示。

（3）选中"图层 1"的第 2 帧，按 F6 键插入关键帧。再次应用"椭圆"工具和"矩形"工具绘制图形，效果如图 17-38 所示。用相同的方法，分别在第 3 帧、第 4 帧、第 5 帧、第 6 帧、第 7 帧、第 8 帧、第 9 帧和第 10 帧上插入关键帧，并绘制出需要的图形，"时间轴"面板上的效果如图 17-39 所示。

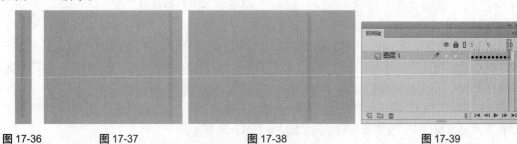

图 17-36　　　　　　图 17-37　　　　　　　　　　图 17-38　　　　　　　　　　图 17-39

5．制作动画效果

（1）单击舞台窗口左上方的"场景 1"图标，进入"场景 1"的舞台窗口。将"图层 1"重命名为"背景"。将"库"面板中的位图"01"拖曳到舞台窗口中，并放置在与舞台中心重叠的位置，如图 17-40 所示。将"库"面板中的影片剪辑元件"背景动画"拖曳到舞台窗口中，效果如

图 17-41 所示。选中"背景"图层的第 140 帧，按 F5 键插入普通帧。

（2）在"时间轴"面板中创建新图层并将其命名为"翅膀"。将"库"面板中的位图"02"拖曳到舞台窗口中并放置在适当的位置，如图 17-42 所示。

图 17-40

图 17-41

图 17-42

（3）保持图像的选取状态，按 F8 键，弹出"转换为元件"对话框，在"名称"选项的文本框中输入"翅膀"，"类型"选项下拉列表中选择"图形"，如图 17-43 所示，单击"确定"按钮，图像转换为图形元件。

（4）在图形"属性"面板中选择"色彩效果"选项组，在"样式"选项下拉列表中选择"色调"，各选项的设置如图 17-44 所示，舞台窗口中的效果如图 17-45 所示。

图 17-43

图 17-44

图 17-45

（5）将"库"面板中的图形元件"翅膀"拖曳到舞台窗口中，并放置在适当的位置，效果如图 17-46 所示。选中"翅膀"图层的第 122 帧，按 F7 键插入空白关键帧。

（6）在"时间轴"面板中创建新图层并将其命名为"人物 1"，将"库"面板中的图形元件"人物 1"拖曳到舞台窗口中，并放置在适当的位置，如图 17-47 所示。选择"选择"工具 ，在舞台窗口中选中"人物 1"实例，在图形"属性"面板中选择"色彩效果"选项组，在"样式"选项下拉列表中选择"色调"，各选项的设置如图 17-48 所示，舞台窗口中的效果如图 17-49 所示。

（7）选中"人物 1"图层的第 2 帧，按 F6 键插入关键帧。将"库"面板中的图形元件"人物 1"再次拖曳到舞台窗口中，并放置在适当的位置，如图 17-50 所示。

（8）分别选中"人物 1"图层的第 3 帧、第 4 帧、第 5 帧，按 F6 键插入关键帧。选中第 40 帧，按 F7 键插入空白关键帧。选中"人物 1"图层的第 4 帧，选中上方的"人物 1"实例，按 Delete 键将其删除，效果如图 17-51 所示。

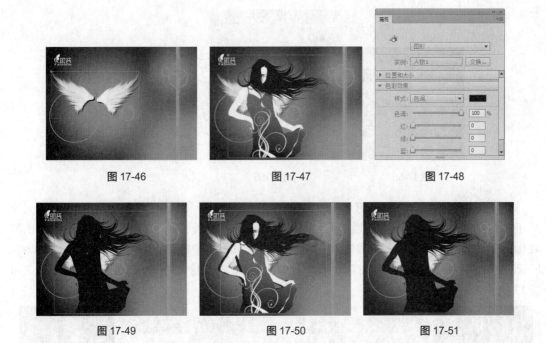

图 17-46　　　　　　　　　图 17-47　　　　　　　　　图 17-48

图 17-49　　　　　　　　　图 17-50　　　　　　　　　图 17-51

（9）在"时间轴"面板中创建新图层并将其命名为"文字 1"。选中"文字 1"图层的第 5 帧，按 F6 键插入关键帧。将"库"面板中的图形元件"文字 1"拖曳到舞台窗口中，并放置在适当的位置，如图 17-52 所示。

（10）选中"文字 1"图层的第 28 帧，按 F6 键插入关键帧，在舞台窗口中将"文字 1"实例垂直向下拖曳到适当的位置，如图 17-53 所示。选中"文字 1"图层的第 40 帧，按 F7 键插入空白关键帧。用鼠标右键单击"文字 1"图层的第 5 帧，在弹出的快捷菜单中选择"创建传统补间"命令，生成传统补间动画，如图 17-54 所示。

图 17-52　　　　　　　　　图 17-53　　　　　　　　　图 17-54

（11）在"时间轴"面板中创建新图层并将其命名为"人物 2"，选中"人物 2"图层的第 40 帧，按 F6 键插入关键帧。将"库"面板中的图形元件"人物 2"拖曳到舞台窗口中，并放置在适当的位置，如图 17-55 所示。保持实例的选取状态，在图形"属性"面板中选择"色彩效果"选项组，在"样式"选项下拉列表中选择"色调"，各选项的设置如图 17-56 所示，舞台窗口中的效果如图 17-57 所示。

图 17-55 图 17-56 图 17-57

（12）选中"人物 2"图层的第 41 帧，按 F6 键插入关键帧。将"库"面板中的图形元件"人物 2"再次拖曳到舞台窗口中，并放置在适当的位置，如图 17-58 所示。分别选中"人物 2"图层的第 42 帧、第 43 帧、第 44 帧，按 F6 键插入关键帧。选中第 81 帧，按 F7 键插入空白关键帧，如图 17-59 所示。选中"人物 2"图层的第 43 帧，选中上方的"人物 2"实例，按 Delete 键将其删除，效果如图 17-60 所示。

图 17-58 图 17-59 图 17-60

（13）在"时间轴"面板中创建新图层并将其命名为"文字 2"。选中"文字 2"图层的第 44 帧，插入关键帧。将"库"面板中的图形元件"文字 2"拖曳到舞台窗口中，并放置在适当的位置，如图 17-61 所示。选中"文字 2"图层的第 69 帧，按 F6 键插入关键帧，选中第 81 帧，按 F7 键插入空白关键帧。

（14）选中"文字 2"图层的第 44 帧，在舞台窗口中将"文字 2"实例垂直向下拖曳到适当的位置，如图 17-62 所示。用鼠标右键单击"文字 2"图层的第 44 帧，在弹出的快捷菜单中选择"创建传统补间"命令，生成传统补间动画，如图 17-63 所示。

图 17-61 图 17-62 图 17-63

（15）在"时间轴"面板中创建两个新图层并分别命名为"人物 3"和"文字 3"，用上述的方法分别对"人物 3"和"文字 3"图层进行操作，如图 17-64 所示。

（16）在"时间轴"面板中创建新图层并将其命名为"照片"。选中"照片"图层的第 122 帧，按 F6 键插入关键帧。将"库"面板中的图形元件"照片"拖曳到舞台窗口中，并放置到适当的位置，如图 17-65 所示。选中"照片"图层的第 130 帧，按 F6 键插入关键帧。

（17）选中"照片"图层的第 122 帧，在舞台窗口中将"照片"实例水平向右拖曳到适当的位置，如图 17-66 所示。用鼠标右键单击"照片"图层的第 122 帧，在弹出的快捷菜单中选择"创建传统补间"命令，生成传统补间动画。

图 17-64

图 17-65

图 17-66

（18）在"时间轴"面板中创建新图层并将其命名为"文字 4"。选中"文字 4"图层的第 130 帧，按 F6 键插入关键帧。将"库"面板中的影片剪辑元件"文字动"拖曳到舞台窗口中，并放置在适当的位置，如图 17-67 所示。选中"文字 4"图层的第 140 帧，按 F6 键插入关键帧。

（19）选中"文字 4"图层的第 130 帧，在舞台窗口中将"文字 4"实例垂直向上拖曳到适当的位置，如图 17-68 所示。用鼠标右键单击"文字 4"图层的第 130 帧，在弹出的快捷菜单中选择"创建传统补间"命令，生成传统补间动画。

（20）在"时间轴"面板中创建新图层并将其命名为"星星"。选中"星星"图层的第 28 帧，按 F6 键插入关键帧。将"库"面板中的位图"06"向舞台窗口中拖曳多个并调整大小，效果如图 17-69 所示。

图 17-67

图 17-68

图 17-69

（21）分别选中"星星"图层的第 30 帧、第 32 帧、第 34 帧、第 36 帧、第 38 帧，按 F6 键插入关键帧。选中第 40 帧，按 F7 键插入空白关键帧。

（22）选择"选择"工具 ，选中"星星"图层的第 30 帧，在舞台窗口中选择两个星星图形，按 Delete 键将其删除，效果如图 17-70 所示。用相同的方法对第 32 帧、第 34 帧、第 36 帧、第 38 帧进行操作。

（23）选中"星星"的第 28 帧，按住 Shift 键，再单击第 40 帧，选中第 28 帧到第 40 帧之间所有的帧。在选中的帧上单击鼠标右键，在弹出的快捷菜单中选择"复制帧"命令。选中"星星"的第 69 帧，在弹出的快捷菜单中选择"粘贴帧"命令。"时间轴"面板如图 17-71 所示。用相同的方法对第 110 帧进行操作，"时间轴"面板如图 17-72 所示。

图 17-70

图 17-71

图 17-72

（24）选中"星星"的第 141 帧，按住 Shift 键，再单击第 164 帧，选中第 141 帧到第 164 帧之间所有的帧。在选中的帧上单击鼠标右键，在弹出的快捷菜单中选择"删除帧"命令，将选中的帧删除。

（25）在"时间轴"面板中创建新图层并将其命名为"灰条"。选择"矩形"工具，在工具箱中将"填充颜色"设置为灰色（#E5E5E5），"笔触颜色"设置为无，在舞台窗口中绘制一个矩形条，如图 17-73 所示。用相同的方法再次绘制 3 个矩形条，效果如图 17-74 所示。

图 17-73

图 17-74

（26）在"时间轴"面板中创建新图层并将其命名为"音乐"。将"库"面板中的声音文件"08"拖曳到舞台窗口中。单击"音乐"图层的第 1 帧，调出帧"属性"面板，在"声音"选项组中，选择"同步"选项下拉列表中的"事件"，将"声音循环"选项设为"循环"，如图 17-75 所示。

（27）在"时间轴"面板中创建新图层并将其命名为"动作脚本"。选中"动作脚本"图层的第 140 帧，按 F6 键插入关键帧。按 F9 键，在弹出的"动作"面板中输入动作脚本，如图 17-76 所示。设置好动作脚本后，关闭"动作"面板。在"动作脚本"的第 140 帧上显示出一个标记"a"。时装节目包装动画制作完成，按 Ctrl+Enter 组合键预览效果。

图 17-75

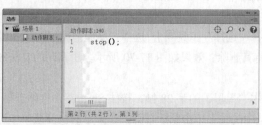
图 17-76

17.3　制作卡通歌曲

17.3.1　案例分析

卡通歌曲 MTV 是现在网络中非常流行的音乐播放形式。根据歌曲的内容，可以随意设计制作生动有趣的 MTV 节目，吸引人浏览和欣赏。注意这类 MTV 在设计上要表现童趣。

在设计过程中，首先考虑要把背景设计得欢快活泼，所以运用了白云、绿草和动物以剪纸的形式在画面中搭配，画面活泼生动，营造出欢快愉悦的歌曲氛围。

本例将使用"导入到库"命令，导入素材并制作图形元件；使用"创建传统补间"命令，制作补间动画；使用"动作"面板，添加动作脚本。

17.3.2　案例设计

本案例的设计流程如图 17-77 所示。

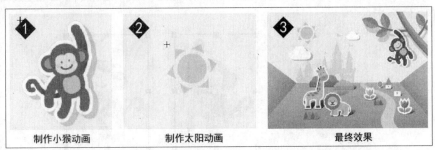

制作小猴动画　　制作太阳动画　　最终效果

图 17-77

17.3.3　案例制作

1．导入图片并制作图形元件

（1）选择"文件 > 新建"命令，在弹出的"新建文档"对话框中选择"ActionScript 3.0"选项，单击"确定"按钮，进入新建文档舞台窗口。按 Ctrl+J 组合键，弹出"文档设置"对话框，将"舞台大小"选项设为 566 × 397 像素，将"舞台颜色"选项设为浅蓝色（#EAF6FD），单击"确定"按钮，完成舞台属性的修改。

（2）选择"文件 > 导入 > 导入到库"命令，在弹出的"导入到库"对话框中选择"Ch17 > 素材 > 制作卡通歌曲 > 01～07"文件，单击"打开"按钮，文件被导入到"库"面板中，如图 17-78 所示。

（3）在"库"面板中新建一个图形元件"楼房"，舞台窗口也随之转换为图形元件的舞台窗口。将"库"面板中的位图"01"拖曳到舞台窗口中，如图 17-79 所示。用相同的方法将"库"面板中的位图"02""03""04""05"和"06"，分别制作成图形元件"草坪""树枝""小猴""太阳"和"白云"，如图 17-80 所示。

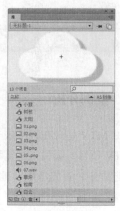

图 17-78　　　　　　　　　图 17-79　　　　　　　　图 17-80

2．制作小猴动与太阳动

（1）在"库"面板中新建一个影片剪辑元件"小猴动"，舞台窗口也随之转换为影片剪辑元件的舞台窗口。将"库"面板中的图形元件"小猴"拖曳到舞台窗口中，如图 17-81 所示。选择"任意变形"工具 ，在"小猴"实例的周围出现控制点，如图 17-82 所示，将中心点拖曳到适当的位置，如图 17-83 所示。

图 17-81　　　　　　　图 17-82　　　　　　　图 17-83

（2）分别选中"图层 1"的第 15 帧、第 30 帧、第 45 帧，按 F6 键插入关键帧。选中"图层 1"的第 15 帧，按 Ctrl+T 组合键，弹出"变形"面板，将"旋转"选项设为 50，如图 17-84 所示，按 Enter 键，小猴实例顺时针旋转 50°，效果如图 17-85 所示。

（3）选中"图层 1"的第 30 帧，在"变形"面板中将"旋转"选项设为-40，如图 17-86 所示，按 Enter 键，小猴实例逆时针旋转 40°。

图 17-84　　　　　　　图 17-85　　　　　　　图 17-86

（4）分别用鼠标右键单击"图层 1"的第 1 帧、第 15 帧、第 30 帧，在弹出的快捷菜单中选择"创建传统补间"命令，生成传统补间动画。

（5）在"库"面板中新建一个影片剪辑元件"太阳动"，舞台窗口也随之转换为影片剪辑元件的舞台窗口。将"库"面板中的图形元件"太阳"拖曳到舞台窗口中，如图 17-87 所示。选中"图层 1"的第 80 帧，按 F6 键插入关键帧。

（6）用鼠标右键单击"图层 1"的第 1 帧，在弹出的快捷菜单中选择"创建传统补间"命令，生成传统补间动画，如图 17-88 所示。

（7）选中第 1 帧，在帧"属性"面板中选择"补间"选项组，在"旋转"选项下拉列表中选择"顺时针"，将"旋转次数"选项设为 1，如图 17-89 所示。

 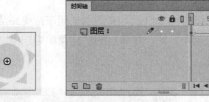 

图 17-87　　　　　　　　　　图 17-88　　　　　　　　　　图 17-89

3．制作动画效果

（1）单击舞台窗口左上方的"场景 1"图标 场景 1，进入"场景 1"的舞台窗口。将"图层 1"重命名为"楼房"。将"库"面板中的图形元件"楼房"拖曳到舞台窗口中，并放置在适当的位置，如图 17-90 所示。

（2）选中"楼房"图层的第 30 帧，按 F6 键插入关键帧。选中第 101 帧，F5 键插入普通帧。选中"楼房"图层的第 1 帧，在舞台窗口中将"楼房"实例垂直向上拖曳到适当的位置，如图 17-91 所示。

（3）用鼠标右键单击"楼房"图层的第 1 帧，在弹出的快捷菜单中选择"创建传统补间"命令，生成传统补间动画，如图 17-92 所示。

 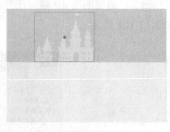 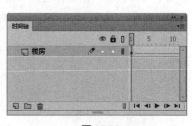

图 17-90　　　　　　　　　　图 17-91　　　　　　　　　　图 17-92

（4）在"时间轴"面板中创建新图层并将其命名为"草坪"。将"库"面板中的图形元件"草坪"拖曳到舞台窗口中，并放置在适当的位置，如图 17-93 所示。选中"草坪"图层的第 30 帧，按 F6 键插入关键帧。

（5）选中"草坪"图层的第 1 帧，在舞台窗口中将"草坪"实例垂直向下拖曳到适当的位置，如图 17-94 所示。用鼠标右键单击"草坪"图层的第 1 帧，在弹出的快捷菜单中选择"创建传统补间"命令，生成传统补间动画，如图 17-95 所示。

图 17-93

图 17-94

图 17-95

（6）在"时间轴"面板中创建新图层并将其命名为"白云"。将"库"面板中的图形元件"白云"拖曳到舞台窗口中，并放置在适当的位置，如图 17-96 所示。选中"白云"图层的第 50 帧，按 F6 键插入关键帧。

（7）选中"白云"图层的第 1 帧，在舞台窗口中将"白云"实例水平向左拖曳到适当的位置，如图 17-97 所示。用鼠标右键单击"白云"图层的第 1 帧，在弹出的快捷菜单中选择"创建传统补间"命令，生成传统补间动画，如图 17-98 所示。

图 17-96

图 17-97

图 17-98

（8）在"时间轴"面板中创建新图层并将其命名为"白云 2"。选中"白云 2"图层的第 10 帧，按 F6 键插入关键帧。将"库"面板中的图形元件"白云"拖曳到舞台窗口中，缩放大小并放置在适当的位置，如图 17-99 所示。选中"白云 2"图层的第 67 帧，按 F6 键插入关键帧。

（9）选中"白云 2"图层的第 10 帧，在舞台窗口中将"白云"实例水平向右拖曳到适当的位置，如图 17-100 所示。用鼠标右键单击"白云 2"图层的第 10 帧，在弹出的快捷菜单中选择"创建传统补间"命令，生成传统补间动画，如图 17-101 所示。

图 17-99

图 17-100

图 17-101

（10）在"时间轴"面板中创建新图层并将其命名为"树枝"。选中"树枝"图层的第 15 帧，按 F6 键插入关键帧。将"库"面板中的图形元件"树枝"拖曳到舞台窗口中，并放置在适当的位置，如图 17-102 所示。选中"树枝"图层的第 40 帧，按 F6 键插入关键帧。

（11）选中"树枝"图层的第 15 帧，在舞台窗口中将"树枝"实例水平向右拖曳到适当的位置，如图 17-103 所示。用鼠标右键单击"树枝"图层的第 15 帧，在弹出的快捷菜单中选择"创建传统补间"命令，生成传统补间动画，如图 17-104 所示。

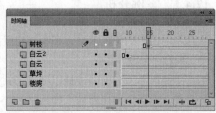

图 17-102　　　　　　　图 17-103　　　　　　　　　　图 17-104

（12）在"时间轴"面板中创建新图层并将其命名为"小猴"。选中"小猴"图层的第 40 帧，按 F6 键插入关键帧。将"库"面板中的影片剪辑元件"小猴动"拖曳到舞台窗口中，并放置在适当的位置，如图 17-105 所示。

（13）在"时间轴"面板中创建新图层并将其命名为"太阳"。将"库"面板中的影片剪辑元件"太阳动"拖曳到舞台窗口中，并放置在适当的位置，如图 17-106 所示。

（14）在"时间轴"面板中创建新图层并将其命名为"音乐"。将"库"面板中的声音文件"07"拖曳到舞台窗口中。单击"声音"图层的第 1 帧，调出帧"属性"面板，在"声音"选项组中，选择"同步"选项下拉列表中的"事件"，将"声音循环"选项设为"循环"，如图 17-107 所示。

图 17-105　　　　　　　图 17-106　　　　　　　　图 17-107

（15）在"时间轴"面板中创建新图层并将其命名为"动作脚本"。选中"动作脚本"图层的第 101 帧，按 F6 键插入关键帧。按 F9 键，在弹出的"动作"面板中输入动作脚本，如图 17-108 所示。设置好动作脚本后，关闭"动作"面板。在"动作脚本"的第 101 帧上显示出一个标记"a"。卡通歌曲制作完成，按 Ctrl+Enter 组合键预览，如图 17-109 所示。

图 17-108　　　　　　　　　　图 17-109

<table>
<tr><td></td></tr>
</table>

17.4 制作圣诞宣传片

17.4.1 案例分析

圣诞节是西方的传统节日，在我国也受到越来越多年轻人的追捧，要求制作圣诞节宣传片，使更多人认识和了解这个节日。

在设计过程中，界面的设计以插画形式进行设计，绿色的背景配上雪花、礼物，充分体现圣诞的特色元素，前方跳舞的麋鹿，增添了画面的幽默和趣味，动画的穿插使整个画面搭配合理，并且富有乐趣。

本例将使用"文本"工具输入祝贺语；使用"创建传统补间"命令制作传统补间动画；使用"属性"面板设置音乐的属性；使用"动作"面板添加脚本语言。

17.4.2 案例设计

本案例的设计流程如图 17-110 所示。

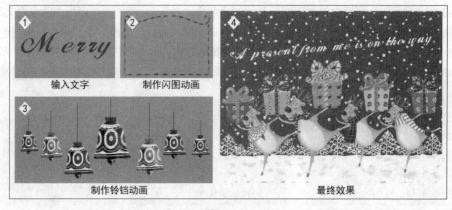

图 17-110

17.4.3 案例制作

1．导入图片并制作图形元件

（1）选择"文件 > 新建"命令，在弹出的"新建文档"对话框中选择"ActionScript 3.0"选项，单击"确定"按钮，进入新建文档舞台窗口。按 Ctrl+J 组合键，弹出"文档设置"对话框，将"舞台大小"选项设为 800 × 600 像素，将"舞台颜色"选项设为灰色（#999999），单击"确定"按钮，完成舞台属性的修改。

（2）选择"文件 > 导入 > 导入到库"命令，在弹出的"导入到库"对话框中选择"Ch17 >素材 > 制作圣诞宣传片 > 01～22"文件，单击"打开"按钮，文件被导入到"库"面板中，如图 17-111所示。

（3）在"库"面板中新建一个图形元件"铃铛1"，如图 17-112 所示，舞台窗口也随之转换为图形元件的舞台窗口。将"库"面板中的位图"03"拖曳到舞台窗口中，如图 17-113 所示。

（4）用相同的方法分别将"库"面板中的位图"04""05""06""07""08""09""11""12""13""15""16""18""19""20"和"21"，制作成图形元件"铃铛2""铃铛3""铃铛4""铃铛5""铃铛6""铃铛7""房子1""房子2""房子3""树""圣诞老人""圣诞鹿1""圣诞鹿2""圣诞鹿3"和"圣诞鹿4"，如图 17-114 所示。

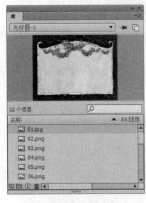   

图 17-111　　　　　　图 17-112　　　　　图 17-113　　　　　图 17-114

2．制作铃铛动画

（1）在"库"面板中新建一个影片剪辑元件"铃铛动"，舞台窗口也随之转换为影片剪辑元件的舞台窗口。将"图层1"重命名为"线条1"。选中"线条1"图层的第 10 帧，按 F6 键插入关键帧。选中第 75 帧，按 F5 键插入普通帧。

（2）选中"线条1"图层的第 10 帧，选择"线条"工具 ∕，在线条工具"属性"面板中，将"笔触颜色"设为红色（#FF0033），"填充颜色"设为无，"笔触"选项设为 2，在舞台窗口中适当的位置绘制一条垂直线，如图 17-115 所示。

（3）选中"线条1"图层的第 39 帧，按 F6 键插入关键帧。选择"任意变形"工具 ，在舞台窗口中将线条的高度拉长，效果如图 17-116 所示。用鼠标右键单击"线条1"图层的第 10 帧，在弹出的快捷菜单中选择"创建补间形状"命令，生成形状补间动画，如图 17-117 所示。

  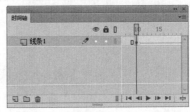

图 17-115　　　图 17-116　　　　　图 17-117

（4）在"时间轴"面板中创建新图层并将其命名为"铃铛1"。选中"铃铛1"图层的第 10 帧，按 F6 键插入关键帧。将"库"面板中的图形元件"铃铛1"拖曳到舞台窗口中，并放置到适当的位置，如图 17-118 所示。

（5）选中"铃铛1"图层的第 39 帧，按 F6 键插入关键帧。在舞台窗口中将"铃铛1"实例垂直向下拖曳到适当的位置，如图 17-119 所示。用鼠标右键单击"铃铛1"图层的第 10 帧，在弹出的快

273

捷菜单中选择"创建传统补间"命令，生成传统补间动画，如图 17-120 所示。

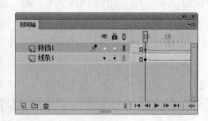

图 17-118　　　图 17-119　　　　　　　图 17-120

（6）用上述的方法制作其他动画效果，并分别调整动画的入场时间，"时间轴"面板如图 17-121 所示。

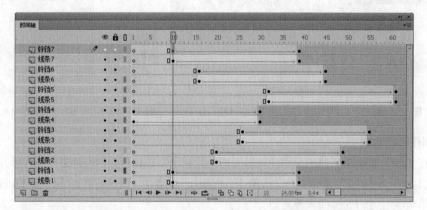

图 17-121

（7）在"时间轴"面板中创建新图层并将其命名为"动作脚本"。选中"动作脚本"图层的第 75 帧，按 F6 键插入关键帧。按 F9 键，在弹出的"动作"面板中输入动作脚本，如图 17-122 所示。设置好动作脚本后，关闭"动作"面板。在"动作脚本"的第 75 帧上显示出一个标记"a"。

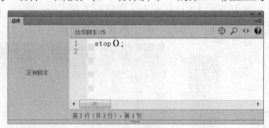

图 17-122

3．制作闪图动画

（1）在"库"面板中新建一个影片剪辑元件"闪图"，舞台窗口也随之转换为影片剪辑元件的舞台窗口。将"库"面板中的位图"02"拖曳到舞台窗口中，如图 17-123 所示。选中"图层 1"的第 21 帧，按 F5 键插入普通帧。

（2）分别选中"图层 1"的第 10 帧、第 20 帧，按 F6 键插入关键帧，选中第 5 帧、第 15 帧，按 F7 键插入空白关键帧，如图 17-124 所示。

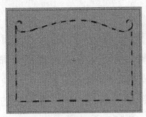

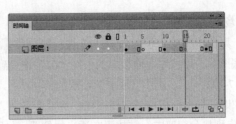

图 17-123　　　　　　　　　　　　图 17-124

4．制作文字元件

（1）在"库"面板中新建一个图形元件"文字 1"，舞台窗口也随之转换为图形元件的舞台窗口。选择"文本"工具 T，在文本工具"属性"面板中进行设置，在舞台窗口中适当的位置输入大小为80、字体为"Alison"的红色（#BF0000）英文，文字效果如图 17-125 所示。用相同的方法制作图形元件"文字 2"，如图 17-126 所示。

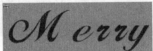

图 17-125　　　　　　　　　　　　图 17-126

（2）在"库"面板中新建一个图形元件"文字 3"，舞台窗口也随之转换为图形元件的舞台窗口。在文本工具"属性"面板中进行设置，在舞台窗口中适当的位置输入大小为 63、字体为"Alison"的白色英文，文字效果如图 17-127 所示。用相同的方法制作图形元件"文字 4"和"文字 5"，分别如图 17-128 和图 17-129 所示。

（3）在"库"面板中新建一个图形元件"文字 6"，舞台窗口也随之转换为图形元件的舞台窗口。在文本工具"属性"面板中进行设置，在舞台窗口中适当的位置输入大小为 47、字体为"Alison"的红色（#BF0000）英文，文字效果如图 17-130 所示。

图 17-127　　　　　　　　　　　　图 17-128

图 17-129　　　　　　　　　　　　图 17-130

（4）在"库"面板中新建一个图形元件"文字 7"，舞台窗口也随之转换为图形元件的舞台窗口。在文本工具"属性"面板中进行设置，在舞台窗口中适当的位置输入大小为 50、字体为"Alison"的白色英文，文字效果如图 17-131 所示。

图 17-131

5. 制作场景 1 动画

（1）单击舞台窗口左上方的"场景 1"图标 ，进入"场景 1"的舞台窗口。将"图层 1"重命名为"底图"。将"库"面板中的位图"01"拖曳到舞台窗口中，并放置在与舞台中心重叠的位置，如图 17-132 所示。选中"底图"图层的第 90 帧，按 F5 键插入普通帧。

（2）在"时间轴"面板中创建新图层并将其命名为"铃铛"。将"库"面板中的影片剪辑元件"铃铛动"拖曳到舞台窗口中，并放置在适当的位置，如图 17-133 所示。

图 17-132   图 17-133

（3）在"时间轴"面板中创建新图层并将其命名为"闪图"。将"库"面板中的影片剪辑元件"闪图"拖曳到舞台窗口中，并放置在适当的位置，如图 17-134 所示。

（4）在"时间轴"面板中创建新图层并将其命名为"文字 1"。选中"文字 1"图层的第 60 帧，按 F6 键插入关键帧。将"库"面板中的图形元件"文字 1"拖曳到舞台窗口中，并放置在适当的位置，如图 17-135 所示。

图 17-134   图 17-135

（5）选中"文字 1"图层的第 75 帧，按 F6 键插入关键帧。选中"文字 1"图层的第 60 帧，在舞台窗口中将"文字 1"实例水平向左拖曳到适当的位置，如图 17-136 所示。用鼠标右键单击"文字 1"图层的第 60 帧，在弹出的快捷菜单中选择"创建传统补间"命令，生成传统补间动画。

（6）在"时间轴"面板中创建新图层并将其命名为"文字 2"。选中"文字 2"图层的第 60 帧，按 F6 键插入关键帧。将"库"面板中的图形元件"文字 2"拖曳到舞台窗口中，并放置在适当的位置，如图 17-137 所示。

（7）选中"文字 2"图层的第 75 帧，按 F6 键插入关键帧。选中"文字 2"图层的第 60 帧，在舞台窗口中将"文字 2"实例水平向右拖曳到适当的位置，如图 17-138 所示。用鼠标右键单击"文字 2"图层的第 60 帧，在弹出的快捷菜单中选择"创建传统补间"命令，生成传统补间动画。

图 17-136   图 17-137   图 17-138

6. 制作场景 2 动画

（1）在"时间轴"面板中创建新图层并将其命名为"底图 2"。选中"底图 2"图层的第 90 帧，按 F6 键插入关键帧。将"库"面板中位图"10"拖曳到舞台窗口中，并放置在与舞台中心重叠的位置如图 17-139 所示。选中"底图 2"图层的第 141 帧，按 F5 键插入普通帧。

（2）在"时间轴"面板中创建新图层并将其命名为"房子 1"。选中"房子 1"图层的第 90 帧，按 F6 键，插入关键帧。将"库"面板中的图形元件"房子 1"拖曳到舞台窗口中，并放置在适当的位置，如图 17-140 所示。

（3）选中"房子 1"图层的第 105 帧，按 F6 键插入关键帧。选中"房子 1"图层的第 90 帧，在舞台窗口中将"房子 1"实例水平向右拖曳到适当的位置，如图 17-141 所示。用鼠标右键单击"房子 1"图层的第 90 帧，在弹出的快捷菜单中选择"创建传统补间"命令，生成传统补间动画。

图 17-139   图 17-140   图 17-141

（4）在"时间轴"面板中创建新图层并将其命名为"房子 2"。选中"房子 2"图层的第 90 帧，按 F6 键插入关键帧。将"库"面板中的图形元件"房子 2"拖曳到舞台窗口中，并放置在适当的位置，如图 17-142 所示。

（5）选中"房子 2"图层的第 105 帧，按 F6 键插入关键帧。选中"房子 2"图层的第 90 帧，在舞台窗口中将"房子 2"实例垂直向下拖曳到适当的位置，如图 17-143 所示。用鼠标右键单击"房子 2"图层的第 90 帧，在弹出的快捷菜单中选择"创建传统补间"命令，生成传统补间动画。

图 17-142　　　　　　　　　　　　　　图 17-143

（6）在"时间轴"面板中创建新图层并将其命名为"房子 3"。选中"房子 3"图层的第 90 帧，按 F6 键插入关键帧。将"库"面板中的图形元件"房子 3"拖曳到舞台窗口中，并放置在适当的位置，如图 17-144 所示。

（7）选中"房子 2"图层的第 105 帧，按 F6 键插入关键帧。选中"房子 3"图层的第 90 帧，在舞台窗口中将"房子 3"实例水平向左拖曳到适当的位置，如图 17-145 所示。用鼠标右键单击"房子 3"图层的第 90 帧，在弹出的快捷菜单中选择"创建传统补间"命令，生成传统补间动画。

（8）在"时间轴"面板中创建新图层并将其命名为"文字 3"。选中"文字 3"图层的第 105 帧，按 F6 键插入关键帧。将"库"面板中的图形元件"文字 3"拖曳到舞台窗口中，选择"任意变形"工具 ，旋转角度并放置在适当的位置，如图 17-146 所示。

图 17-144　　　　　　　图 17-145　　　　　　　图 17-146

（9）选中"文字 3"图层的第 120 帧，按 F6 键插入关键帧。选中"文字 3"图层的第 105 帧，在舞台窗口中将"文字 3"实例向上拖曳到适当的位置，如图 17-147 所示。用鼠标右键单击"文字 3"图层的第 105 帧，在弹出的快捷菜单中选择"创建传统补间"命令，生成传统补间动画。

（10）在"时间轴"面板中创建新图层并将其命名为"文字 4"。选中"文字 4"图层的第 105 帧，按 F6 键插入关键帧。将"库"面板中的图形元件"文字 4"拖曳到舞台窗口中，旋转角度并放置在适当的位置，如图 17-148 所示。

（11）选中"文字 4"图层的第 120 帧，按 F6 键插入关键帧。选中"文字 4"图层的第 105 帧，在舞台窗口中将"文字 4"实例向右拖曳到适当的位置，如图 17-149 所示。用鼠标右键单击"文字 4"图层的第 105 帧，在弹出的快捷菜单中选择"创建传统补间"命令，生成传统补间动画。

图 17-147　　　　　　　　　　　图 17-148　　　　　　　　　　图 17-149

（12）在"时间轴"面板中创建新图层并将其命名为"文字 5"。选中"文字 5"图层的第 105 帧，按 F6 键插入关键帧。将"库"面板中的图形元件"文字 5"拖曳到舞台窗口中，旋转角度并放置在适当的位置，如图 17-150 所示。

（13）选中"文字 5"图层的第 120 帧，按 F6 键插入关键帧。选中"文字 5"图层的第 105 帧，在舞台窗口中将"文字 5"实例向下拖曳到适当的位置，如图 17-151 所示。用鼠标右键单击"文字 5"图层的第 105 帧，在弹出的快捷菜单中选择"创建传统补间"命令，生成传统补间动画。

图 17-150　　　　　　　　　　　　图 17-151

7．制作场景 3 动画

（1）在"时间轴"面板中创建新图层并将其命名为"底图 3"。选中"底图 3"图层的第 141 帧，按 F6 键插入关键帧。将"库"面板中的位图"14"拖曳到舞台窗口中，并放置在与舞台中心重叠的位置，如图 17-152 所示。选中"底图 3"图层的第 204 帧，按 F5 键插入普通帧。

（2）在"时间轴"面板中创建新图层并将其命名为"树 1"。选中"树 1"图层的第 141 帧，按 F6 键插入关键帧。将"库"面板中的图形元件"树"拖曳到舞台窗口中，并放置在适当的位置，如图 17-153 所示。

（3）选中"树 1"图层的第 160 帧，按 F6 键插入关键帧。选中"树 1"图层的第 141 帧，在舞台窗口中将"树"实例水平向右拖曳到适当的位置，如图 17-154 所示。用鼠标右键单击"树 1"图层的第 141 帧，在弹出的快捷菜单中选择"创建传统补间"命令，生成传统补间动画。

（4）在"时间轴"面板中创建新图层并将其命名为"树 2"。选中"树 2"图层的第 141 帧，按 F6 键插入关键帧。将"库"面板中的图形元件"树"拖曳到舞台窗口中，并放置在适当的位置，如图 17-155 所示。

（5）选中"树 2"图层的第 160 帧，按 F6 键插入关键帧。选中"树 2"图层的第 141 帧，在舞台窗口中将"树"实例水平向左拖曳到适当的位置，如图 17-156 所示。用鼠标右键单击"树 2"图层的第 141 帧，在弹出的快捷菜单中选择"创建传统补间"命令，生成传统补间动画。

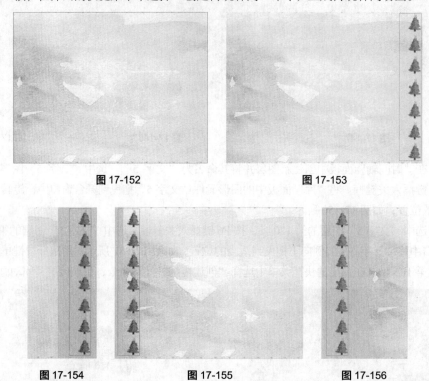

图 17-152   图 17-153

图 17-154   图 17-155   图 17-156

（6）在"时间轴"面板中创建新图层并将其命名为"圣诞老人"。选中"圣诞老人"图层的第 160 帧，按 F6 键插入关键帧。将"库"面板中的图形元件"圣诞老人"拖曳到舞台窗口中，并放置在适当的位置，如图 17-157 所示。

（7）选中"圣诞老人"图层的第 175 帧，按 F6 键插入关键帧。选中"圣诞老人"图层的第 160 帧，在舞台窗口中选中"圣诞老人"实例，在图形"属性"面板中选择"色彩效果"选项组，在"样式"选项的下拉列表中选择"Alpha"，将其值设为 0%。

（8）用鼠标右键单击"圣诞老人"图层的第 160 帧，在弹出的快捷菜单中选择"创建传统补间"命令，生成传统补间动画，如图 17-158 所示。

图 17-157

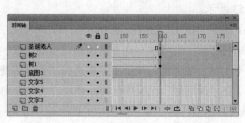

图 17-158

（9）在"时间轴"面板中创建新图层并将其命名为"文字 6"。选中"文字 6"图层的第 175 帧，按 F6 键插入关键帧。将"库"面板中的图形元件"文字 6"拖曳到舞台窗口中，选择"任意变形"工具 ，旋转角度并放置在适当的位置，如图 17-159 所示。

（10）选中"文字 6"图层的第 186 帧，按 F6 键插入关键帧。选中"文字 6"图层的第 175 帧，在舞台窗口中将"文字 6"实例向上拖曳到适当的位置，如图 17-160 所示。用鼠标右键单击"文字 6"图层的第 175 帧，在弹出的快捷菜单中选择"创建传统补间"命令，生成传统补间动画。

图 17-159

图 17-160

8．制作场景 4 动画

（1）在"时间轴"面板中创建新图层并将其命名为"底图 4"。选中"底图 4"图层的第 205 帧，按 F6 键插入关键帧。将"库"面板中的位图"17"拖曳到舞台窗口中，并放置在与舞台中心重叠的位置，如图 17-161 所示。选中"底图 4"图层的第 295 帧，按 F5 键插入普通帧。

（2）在"时间轴"面板中创建新图层并将其命名为"圣诞鹿 1"。选中"圣诞鹿 1"图层的第 205 帧，按 F6 键插入关键帧。将"库"面板中的图形元件"圣诞鹿 1"拖曳到舞台窗口中，并放置在适当的位置，如图 17-162 所示。

（3）选中"圣诞鹿 1"图层的第 220 帧，按 F6 键插入关键帧。选中"圣诞鹿 1"图层的第 205 帧，在舞台窗口中将"圣诞鹿 1"实例水平向右拖曳到适当的位置，如图 17-163 所示。用鼠标右键单击"圣诞鹿 1"图层的第 205 帧，在弹出的快捷菜单中选择"创建传统补间"命令，生成传统补间动画。

图 17-161

图 17-162

图 17-163

（4）在"时间轴"面板中创建新图层并将其命名为"圣诞鹿 2"。选中"圣诞鹿 2"图层的第 220 帧，按 F6 键插入关键帧。将"库"面板中的图形元件"圣诞鹿 2"拖曳到舞台窗口中，并放置在适当的位置，如图 17-164 所示。

（5）选中"圣诞鹿 2"图层的第 235 帧，按 F6 键插入关键帧。选中"圣诞鹿 2"图层的第 220 帧，在舞台窗口中将"圣诞鹿 2"实例水平向右拖曳到适当的位置，如图 17-165 所示。用鼠标右键单击"圣诞鹿 2"图层的第 220 帧，在弹出的快捷菜单中选择"创建传统补间"命令，生成传统补间动画。

（6）在"时间轴"面板中创建新图层并将其命名为"圣诞鹿 3"。选中"圣诞鹿 3"图层的第 235 帧，按 F6 键插入关键帧。将"库"面板中的图形元件"圣诞鹿 3"拖曳到舞台窗口中，并放置在适当的位置，如图 17-166 所示。

图 17-164

图 17-165

图 17-166

（7）选中"圣诞鹿 3"图层的第 250 帧，按 F6 键插入关键帧。选中"圣诞鹿 3"图层的第 235 帧，在舞台窗口中将"圣诞鹿 3"实例水平向右拖曳到适当的位置，如图 17-167 所示。用鼠标右键单击"圣诞鹿 3"图层的第 235 帧，在弹出的快捷菜单中选择"创建传统补间"命令，生成传统补间动画。

（8）在"时间轴"面板中创建新图层并将其命名为"圣诞鹿 4"。选中"圣诞鹿 4"图层的第 250 帧，按 F6 键插入关键帧。将"库"面板中的图形元件"圣诞鹿 4"拖曳到舞台窗口中，并放置在适当的位置，如图 17-168 所示。

（9）选中"圣诞鹿 4"图层的第 265 帧，按 F6 键插入关键帧。选中"圣诞鹿 4"图层的第 250 帧，在舞台窗口中将"圣诞鹿 4"实例水平向右拖曳到适当的位置，如图 17-169 所示。用鼠标右键单击"圣诞鹿 4"图层的第 250 帧，在弹出的快捷菜单中选择"创建传统补间"命令，生成传统补间动画。

图 17-167

图 17-168

图 17-169

（10）在"时间轴"面板中创建新图层并将其命名为"文字 7"。选中"文字 7"图层的第 265 帧，按 F6 键插入关键帧。将"库"面板中的图形元件"文字 7"拖曳到舞台窗口中，旋转角度并放置在适当的位置，如图 17-170 所示。

（11）选中"文字 7"图层的第 276 帧，按 F6 键插入关键帧。选中"文字 7"图层的第 265 帧，在舞台窗口中将"文字 7"实例向上拖曳到适当的位置，如图 17-171 所示。用鼠标右键单击"圣诞鹿 7"图层的第 265 帧，在弹出的快捷菜单中选择"创建传统补间"命令，生成传统补间动画。

图 17-170

图 17-171

9．添加音乐与动作脚本

（1）在"时间轴"面板中创建新图层并将其命名为"音乐"。将"库"面板中的声音文件"22"，拖曳到舞台窗口中。单击"音乐"图层的第 1 帧，调出帧"属性"面板，在"声音"选项组中，选择"同步"选项下拉列表中的"事件"，将"声音循环"选项设为"循环"，如图 17-172 所示。

（2）在"时间轴"面板中创建新图层并将其命名为"动作脚本"。选中"动作脚本"图层的第 295 帧，按 F6 键插入关键帧。按 F9 键，在弹出的"动作"面板中输入动作脚本，如图 17-173 所示。设置好动作脚本后，关闭"动作"面板。在"动作脚本"的第 295 帧上显示出一个标记"a"。圣诞宣传片制作完成，按 Ctrl+Enter 组合键预览。

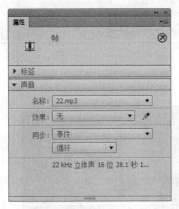
图 17-172

图 17-173

课堂练习——制作动画片片头

练习知识要点

使用"属性"面板，设置元件的透明度；使用"创建传统补间"命令，制作传统补间动画；使用"文本"工具，添加文本；使用"动作"面板，添加动作脚本，效果如图 17-174 所示。

效果所在位置

光盘/Ch17/效果/制作动画片片头.fla。

图 17-174

课后习题——制作英文歌曲

习题知识要点

使用"导入到库"命令，导入素材文件；使用"帧"命令，延长动画的播放时间；使用"新建元件"命令，创建影片剪辑；使用"插入关键帧"命令，制作帧动画效果；使用"动作"面板，添加动作脚本；使用"声音"文件，为动画添加音效，使动画变得更生动，效果如图 17-175 所示。

效果所在位置

光盘/Ch17/效果/制作英文歌曲.fla。

图 17-175